贝　壳

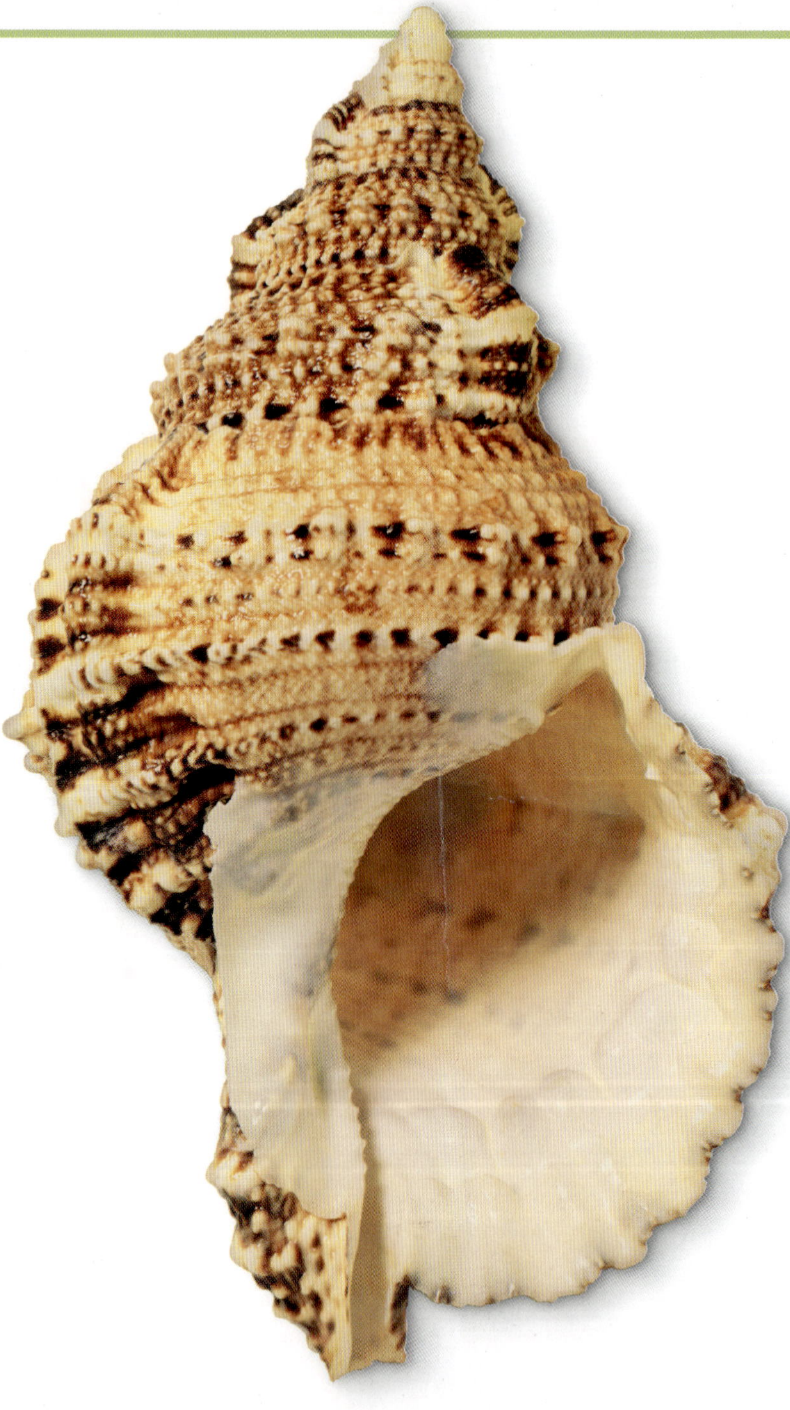

DK 博物系列
HANDBOOKS

贝　壳

[英] S. 彼得·丹斯　著

尉　鹏　刘　毅　译

张素萍　审订

科学普及出版社

· 北　京 ·

Original Title: Shells
Text copyright © S. Peter Dance
Copyright © Dorling Kindersley Limited., 1992, 2000, 2022
A Penguin Random House Company
本书中文版由 Dorling Kindersley Limited
授权科学普及出版社出版，未经出版社许可不得以
任何方式抄袭、复制或节录任何部分。
著作权合同登记号为：01-2024-3246

图书在版编目（CIP）数据

贝壳 /（英）S. 彼得·丹斯著；尉鹏，刘毅译. --
北京：科学普及出版社，2024.7
（DK博物系列）
书名原文：HAND BOOKS SHELLS
ISBN 978—7—110—10746—1

Ⅰ. ①贝… Ⅱ. ①S… ②尉… ③刘… Ⅲ. ①贝类—
儿童读物 Ⅳ. ①Q959.215-49

中国版本图书馆CIP数据核字(2024)第089649号

版权所有　侵权必究

策划编辑	邓　文　王惠珊
责任编辑	白李娜
装帧设计	金彩恒通
责任校对	邓雪梅
责任印制	徐　飞
出　　版	科学普及出版社
发　　行	中国科学技术出版社有限公司
地　　址	北京市海淀区中关村南大街16号
邮　　编	100081
电　　话	010-62173865
传　　真	010-62173081
网　　址	http://www.cspbooks.com.cn
开　　本	880mm×1230mm　1/32
字　　数	308千字
印　　张	8
版　　次	2024年7月第1版
印　　次	2024年7月第1次印刷
印　　刷	惠州市金宣发智能包装科技有限公司
书　　号	ISBN 978-7-110-10746-1/Q·205
定　　价	88.00元

（凡购买本社图书，如有缺页、倒页、脱页者，本社销售中心负责调换）

作者

S. 彼得·丹斯：当今世界最著名的贝类学家之一，著名的自然史学家。曾任职于多家博物馆。独立撰写或合著17部专著。

译者

尉鹏：中国贝类学会会员，贝类学者，长期从事海洋贝类系统分类工作，贝类爱好者联盟创始人之一。

刘毅：厦门大学环境科学博士。科普作家，青年科学家。长期从事滨海湿地及其生物多样性的保育、科普和研究工作。

审订

张素萍：中国科学院海洋研究所研究员，长期从事海洋贝类分类学与底栖生态学研究。先后主持和参与多项国家和部级科研项目的研究工作。

www.dk.com

目录

入门指导 6
贝壳收集 6
阅读指导 11
世界贝类地理分布图 12
贝类栖息地 14
活生生的贝类 16
贝壳的特征 18
贝壳鉴定要点 20

腹足纲 30
帽贝和笠贝 30
钥孔蜮 32
鲍 33
翁戎螺 34
丽口螺、
马蹄螺和扭柱螺 35
雉螺 39
蝾螺 40
星螺 43
海豚螺 45
蜑螺 46
锥螺 47
蛇螺 48
独齿螺 49
汇螺 49
蟹守螺 50
平轴螺 51
麂眼螺 51
滨螺 52
凤螺 53
鼻螺 61
鸵足螺 64
鹅足螺 64
衣笠螺 65
尖帽螺 66
帆螺 66
宝贝 67
梭螺 73
猎女神螺 74
玉螺 75
鹑螺 78
冠螺 83
法螺 88
扭螺 95
蛙螺 96
琵琶螺 101
异足类 102
梯螺 103
海蜗牛 104
光螺 104
蛾螺 105
美洲香螺 110
土产螺 111
蛇首螺 112
核螺 113
泡织纹螺 116
织纹螺 117
盔螺 122
角螺 124
细肋螺 125
细带螺 126
部分中小型细带螺 127
纺锤螺 130
骨螺 133
岩螺 140
核果螺 145
管骨螺 146
饵螺 147
珊瑚螺 148
芜菁螺 149
肩棘螺 150
犬齿螺 151
圣螺 154
类鸠螺 156
肋脊螺 157
东风螺 158
竖琴螺 159
涡螺 162
缘螺 168
衲螺 171
笔螺 173
榧螺 176
侍女螺 181
假榧螺 182
芋螺 183
塔螺 193
笋螺 195
轮螺 200
小塔螺 200
泡螺 201
龟螺 204

掘足纲 205
角贝 205

多板纲 207
石鳖 207

双壳纲 210
蚶蜊 210
胡桃蛤 210
爱神蛤 211
厚壳蛤 211
心蛤 212
海神蛤 212
刀蛏 213
里昂司蛤 214
色雷西蛤 214
鸭嘴蛤 215
筒蛎和棒蛎 215
海笋 216
海螂 217
满月蛤 217
棱蛤 218
鸟蛤 219
砗磲 222
同心蛤 223
囊螂 223
蛤蜊 224
斧蛤 225
紫云蛤 226
樱蛤 227
双带蛤 230
帘蛤 230
猿头蛤 234
三角蛤 234
蚶 235
蚶蜊 237
不等蛤 238
牡蛎 238
扇贝 239
海菊蛤 243
锉蛤 244
贻贝 244
江瑶 245
珍珠贝与珠母贝 246
锯齿蛤 247
丁蛎 247

头足纲 248
鹦鹉螺 248
旋乌贼 249
船蛸 249

术语表 250

索引 252

致谢 256

入门指导
贝壳收集

从古至今,贝壳一直为人们所喜爱,它们以奇特的外形、绚丽的色彩和精美的花纹成为自然界中最迷人的物品之一。

当我们赞叹贝壳之美的时候,也许对它们的形成一无所知,甚至根本不知道贝壳其实是一类叫作软体动物的外骨骼而已。这本书就是为那些想进一步了解这个美丽而神奇的海贝世界,想开始或拓展贝壳收藏的人们准备的。

开始收集

通常有三种收集贝壳的方法:①亲自去海贝的栖息地采集;②与其他贝壳收藏者交换;③向贝壳商购买。而海边拾贝是最充满乐趣和有益身心的选择,也可能是最省钱的方法,尤其对于那些提倡环保的贝壳收藏者来说,这个方法堪称完美,因为这样不会破坏海贝的栖息环境。海滩上的贝壳,尤其是那些被狂风巨浪冲上岸的新鲜个体,它们通常保存完好,因此非常适合收藏,我们只需要花费极小的力气,就有可能采集到数量庞大且种类繁多的贝壳。对于其他的采贝方法,诸如从礁石上采集

虽然有些贝壳脆弱易碎,但大多数贝壳都是很坚固的,而这种特质使它们非常适合成为研究和收集的对象。

冲上岸的海贝可能非常新鲜

临时装贝壳用的塑料袋

多功能不锈钢刀

采集工具
装贝壳用的塑料袋或塑料盒、一把能将贝壳从岩石上撬下来的小刀

装小贝壳用的塑料盒

入门指导 | 7

或者潜入水中去捕捉海贝，最终都会面临去除软体的问题，尽管这些采贝方法存在争议，但优点是能更近距离地接触到活体海贝并走进它们真实的世界。

户外须知

如果你想对贝壳进行观察和适当采集，一些基本装备是必不可少的。首先，要注意自我保护，要穿好防护服，戴上帽子，避免烈日灼伤。最好穿上粗帆布底鞋或橡胶靴，能够有效防止被珊瑚或锋利岩石割伤。除了图中所示的必需品之外，还应准备 1~2 只塑料桶（用于存放装备和标本）、1 个小耙子（用于挖掘泥沙），以及白色标签纸（用于记录采集信息）。

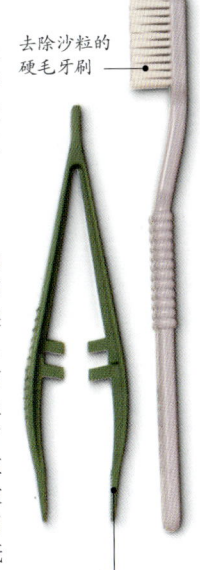

安全措施

提前查阅当地的潮汐表。

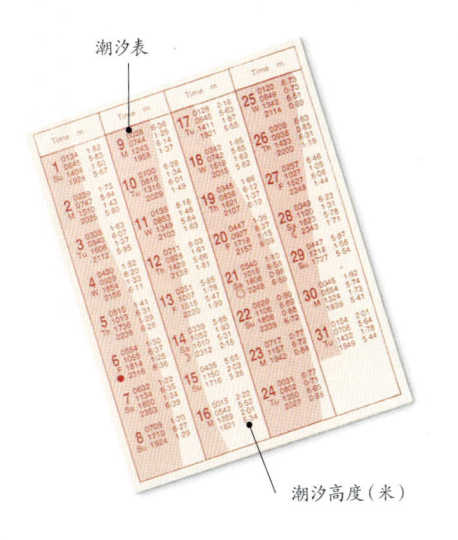

去除沙粒的硬毛牙刷

用于从石缝中夹取贝壳的塑料镊子

作书签用的橡皮圈

笔记本

油性笔

用细绳系住的低倍放大镜

做笔记

你需要带一支笔和一个笔记本，随时记录现场情况，如活体海贝的样貌、海贝栖息地的特点以及潮汐状况等。

潮汐表

潮汐高度（米）

观察活体海贝

在采集任何一种活体海贝之前，请一定要遵守当地的保护法规。在一些地方，你可能需要办理许可证。在海水中观察活体海贝是一件既有趣又有益的事。就像图中的斑马宝贝，许多活体海贝种类既活泼又漂亮。

清洗贝壳

如果采集到活体海贝，必须尽快处理，将软体从贝壳中取出来，这可是一项辛苦的工作。除了那些精致又富有光泽的贝壳种类外，一般的处理方法是：将贝壳放入滤网，并置于煮沸的水中约5分钟，然后用金属镊子、解剖刀、刮牙器或针等工具趁热将贝肉取出。对于双壳纲贝类，可趁贝壳张开时处理掉软体，并将闭壳肌剔除干净。另一种处理活体的方法是：将海贝装进塑料袋中，并放入冰箱冷冻，1～2天后取出，待解冻后用镊子、刀或其他工具将软体取出，然后用水将贝壳内的所有残肉冲洗干净，再用卫生纸或棉签将贝壳内外彻底擦拭，一定要确保贝壳在收纳之前完全干燥。清洗贝壳时有个小窍门：可用卫生纸塞住壳口，以便吸收海贝腐臭的体液。

可以用不同浓度的漂白水浸泡贝壳，这能够使贝壳表面的珊瑚或藻类变得松散，浸泡一段时间后，先用清水冲洗干净，然后用针、小钻子及硬毛刷等工具剔除贝壳上的各种附着物。

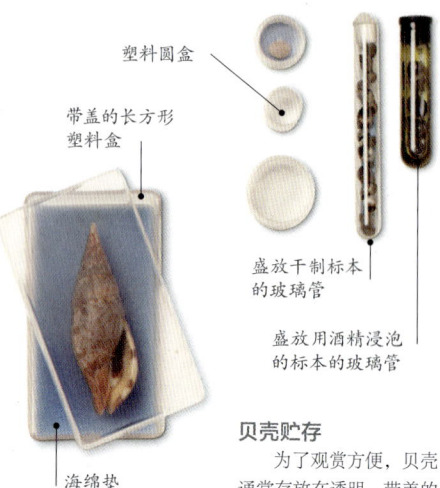

测量贝壳尺寸

测量贝壳尺寸的最可靠的方法是使用游标卡尺，在贝壳的最长或最宽的两点间进行测量。但由于贝壳是有弧度的，所以测量结果也只是一个近似值。

下水采集海贝自然会用到一些特殊的装备。在浅水区采集，面罩和呼吸管就够用了；但若想潜入深水采集，就需要更专业的潜水呼吸器材。

贝壳贮存

为了观赏方便，贝壳通常存放在透明、带盖的塑料容器中。

鉴定贝壳

不要指望一下子就能把你所拥有的贝壳都鉴定到种，甚至是属，因为鉴定贝壳可不是一件容易的事，而且很花时间。无论能否鉴定出来，你都要记录下每一枚贝壳的相关信息。如果缺少了这些信息——名字反而是最次要的——贝壳就失去了重要的科学价值（当然不会损失观赏价值）。一定要为每一枚贝壳配备一张手写或打印的标签，上面详细标明贝壳的产地、栖息环境等采集信息。你还要测量贝壳的尺寸，研究它的形状、

清理工具

在清理贝壳时，心灵手巧和耐心比任何昂贵的工具都有用。身边的各种常见工具都可以用来清理贝壳。

外表轮廓、颜色和花纹，争取找到贝壳在某些特征上的差异或变化。你还可以考虑在电脑上为自己的贝壳藏品建立一个数据库，里面包含你所收藏的贝壳的各种信息和照片。有朝一日，你收藏的贝壳还有可能成为某个大型博物馆研究馆藏的一部分，为科学地理解软体动物和生态系统贡献力量，因为只有可获取信息的标本才具有研究价值。

陈列贝壳

大部分收藏者喜欢将贝壳存放在铁柜的浅抽屉中，这样既经济又方便，尤其对于大规模的收藏来说，这种方式是不二之选。尽量将贝壳避光储存，因为光线会使它们逐渐褪色。如果你想对自己的藏品进行系统的分门别类，可以参考本书中的顺序，它能帮你快速找到你所需要的贝壳种类。

CITES公约

《濒危野生动植物种国际贸易公约》(the Convention on International Trade in Endangered Species of Wild Fauna and Flora）简称"CITES公约"，它对濒危动植物的采集进行管理和调控，其中有些内容是禁止某些物种跨国运输的。请务必随时查看CITES公约所保护的贝类名录（可从其网站上获取），因为受保护的贝类名录会不时发生变化。大多数受保护的海贝都是因为被人们当成食物或是旅游纪念品而被过度采集，如果不加以控制或保护，将会损害整个生态系统。本书也介绍了几种受保护的海贝，具体请阅读第53页、222页和248页的内容。

容器

千姿百态的贝壳需要用各式各样的容器来盛放，如图中的橱柜抽屉。

用小巧的圆盒子来展示形态各异的贝壳，非常引人注目

长方形的盒子最省空间

把标签放在贝壳的下方

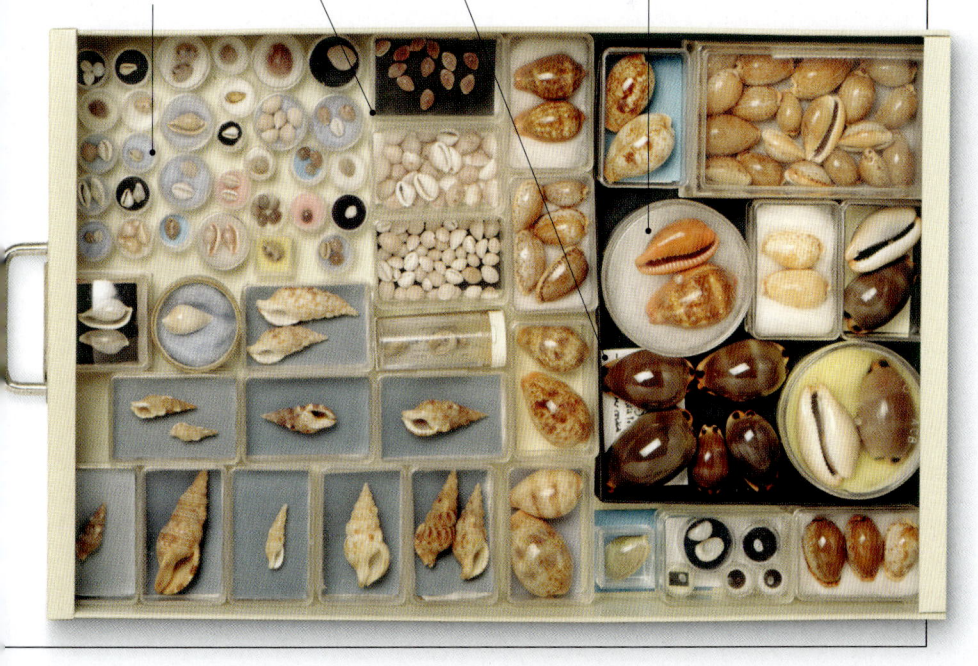

将两枚同种的贝壳放在一起，可分别展示壳口和背部

在每层抽屉的正面，贴上贝壳的科的名字。在抽屉内用小浅盒子按照不同的贝壳形状分类存放；还可以在盒子下方铺上一层薄薄的棉垫，并将标签压在贝壳下面展示。每层抽屉尽量不要装得太满，要为今后扩充贝壳藏品预留出足够的空间。

专题收藏

这批芋螺藏品展现出高度的家族相似性，同时也显示出物种间的无尽差异，这对于收藏家来说是极具吸引力的。

专业收藏家

对大部分人来说，收藏多姿多彩的贝壳是为了获得快乐。但还有一类收藏者则是天生的专家，他们乐于将注意力集中在某个特定的领域内，而海贝也为他们的专业化道路提供了无限的机会。已经有贝壳收藏家成为某个领域的权威，如宝螺科、芋螺科、笔螺科、榧螺科等。专业收藏不需要占用很大的空间，而且你还可以与其他的收藏专家聚会、交流及交换标本。

橄榄皮芋螺

无敌芋螺

带斑芋螺

希伯来芋螺

高雅芋螺

阳刚芋螺

保留厣

收藏者常常忽略，甚至丢弃附着于腹足类足部肌肉上的角质或石灰质厣（也称口盖），但大多数严谨的收藏者都能意识到，这扇"活动门"其实是贝壳的一个重要组成部分。他们会小心地从海贝的腹足上将厣取下，然后粘在棉花团上，并塞到壳口中最合适的位置。

将厣的内侧粘在棉花团上

关于本书

本书既包含了最受收藏家喜爱的贝壳类群，也有许多来自世界各地的罕见贝类物种。从鲜为人知的龟螺，到令人难忘的法螺和砗磲，所选物种充分展现了动物界第二大类群非凡的多样性。尽管它们只占软体动物家族中的极小部分，但代表了收藏者们可能遇到的大多数贝类类群。

阅读指导

本书是根据软体动物门的五个主要类群进行编排的，它们是腹足纲、双壳纲、掘足纲、多板纲及头足纲，每一个纲又分成若干个不同的族群，而每一个独立的族群都有一段关于其基本特征的简短介绍。下列的各个条目是某个类群入选贝类的详细资料，既有图片，又有文字说明。从这个带有注释的范例中，能够了解书中各个条目的意义、用途。

贝类的命名

一个贝类物种的俗名会因地区和语言的差异而有不同，但其学名却是世界通用的。然而，由于科学知识的进步，有些贝类物种的学名可能会被修改。学名主要由四部分组成：属名、种名、命名人（最先描述此物种的人），以及命名时间。

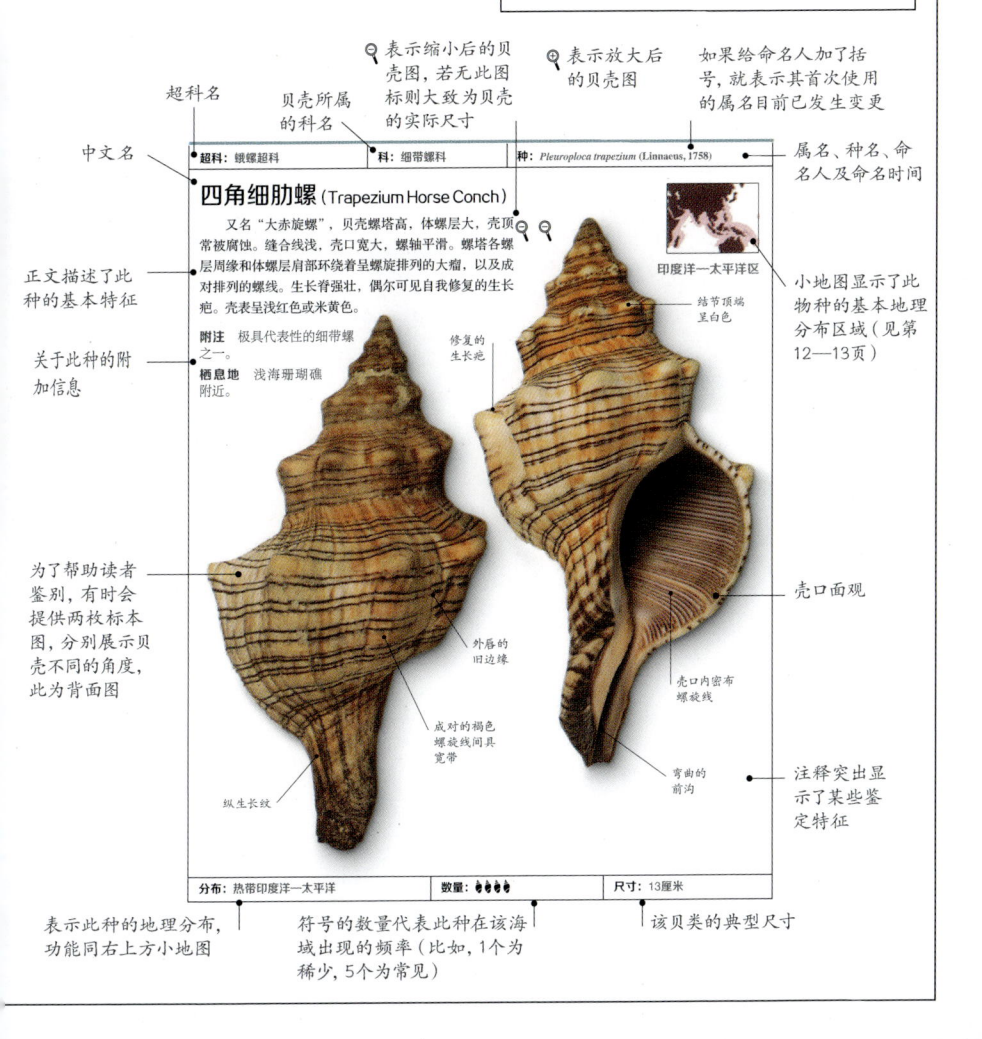

- 表示缩小后的贝壳图，若无此图标则大致为贝壳的实际尺寸
- 表示放大后的贝壳图
- 如果给命名人加了括号，就表示其首次使用的属名目前已发生变更

- 超科名
- 贝壳所属的科名
- 中文名
- 属名、种名、命名人及命名时间

超科： 蛾螺超科　　**科：** 细带螺科　　**种：** *Pleuroploca trapezium* (Linnaeus, 1758)

四角细肋螺 (Trapezium Horse Conch)

又名"大赤旋螺"，贝壳螺塔高，体螺层大，壳顶常被腐蚀。缝合线浅，壳口宽大，螺轴平滑。螺塔各螺层周缘和体螺层肩部环绕着呈螺旋排列的大瘤，以及成对排列的螺线。生长脊强壮，偶尔可见自我修复的生长疤。壳表呈浅红色或米黄色。

附注 极具代表性的细带螺之一。

栖息地 浅海珊瑚礁附近。

- 正文描述了此种的基本特征
- 关于此种的附加信息
- 印度洋—太平洋区
- 小地图显示了此物种的基本地理分布区域（见第12—13页）
- 结节顶端呈白色
- 修复的生长疤
- 壳口面观
- 为了帮助读者鉴别，有时会提供两枚标本图，分别展示贝壳不同的角度，此为背面图
- 外唇的旧边缘
- 壳口内密布螺旋线
- 成对的褐色螺旋线间具宽带
- 弯曲的前沟
- 注释突出显示了某些鉴定特征
- 纵生长纹

分布： 热带印度洋—太平洋　　**数量：** ◆◆◆◆　　**尺寸：** 13厘米

- 表示此种的地理分布，功能同右上方小地图
- 符号的数量代表此种在该海域出现的频率（比如，1个为稀少，5个为常见）
- 该贝类的典型尺寸

世界贝类地理分布图

因为所有物种都要适应各种不同的生存环境,软体动物的分布也遵循着某种模式。为了帮助识别不同的贝类物种,本书中介绍的所有海贝都附有一张微型地图,突出显示了其分布位置。每一张微型地图都代表了一个地区或动物地理区划,以下这幅世界地图中有详细说明。

北欧区
包括北美洲东北部、冰岛南部及欧洲西北部海域

加州区
位于北美洲西海岸,起自不列颠哥伦比亚省到下加利福尼亚州的太平洋沿岸

地中海区
包括地中海、黑海、加那利群岛、亚速尔群岛,直至摩洛哥南部的比斯开湾

巴拿马区
自加利福尼亚湾至厄瓜多尔,包括加拉帕戈斯群岛

美东区
从科德角至佛罗里达东南部的北美洲东海岸

西非区
非洲西海岸

秘鲁区
从厄瓜多尔至智利南部的南美洲西海岸

加勒比海区
从佛罗里达南端至里约热内卢

巴塔哥尼亚所
从里约热内卢至火地岛北部的南美洲东海岸

麦哲伦区
智利南部、火地岛、南极洲、南乔治亚岛及福克兰群岛

海洋深度图

世界上的每一块陆地都被一个浅海大陆架(水深200～2000米)所包围,这是大多数海贝的栖息之所;大陆架的外围是深水区,尽管周围一片黑暗,但也同样生活着许多与众不同的海贝物种。

海水深度(米)
0
5000
10000

大陆坡
深海区
海洋平均深度

入门指导 | 13

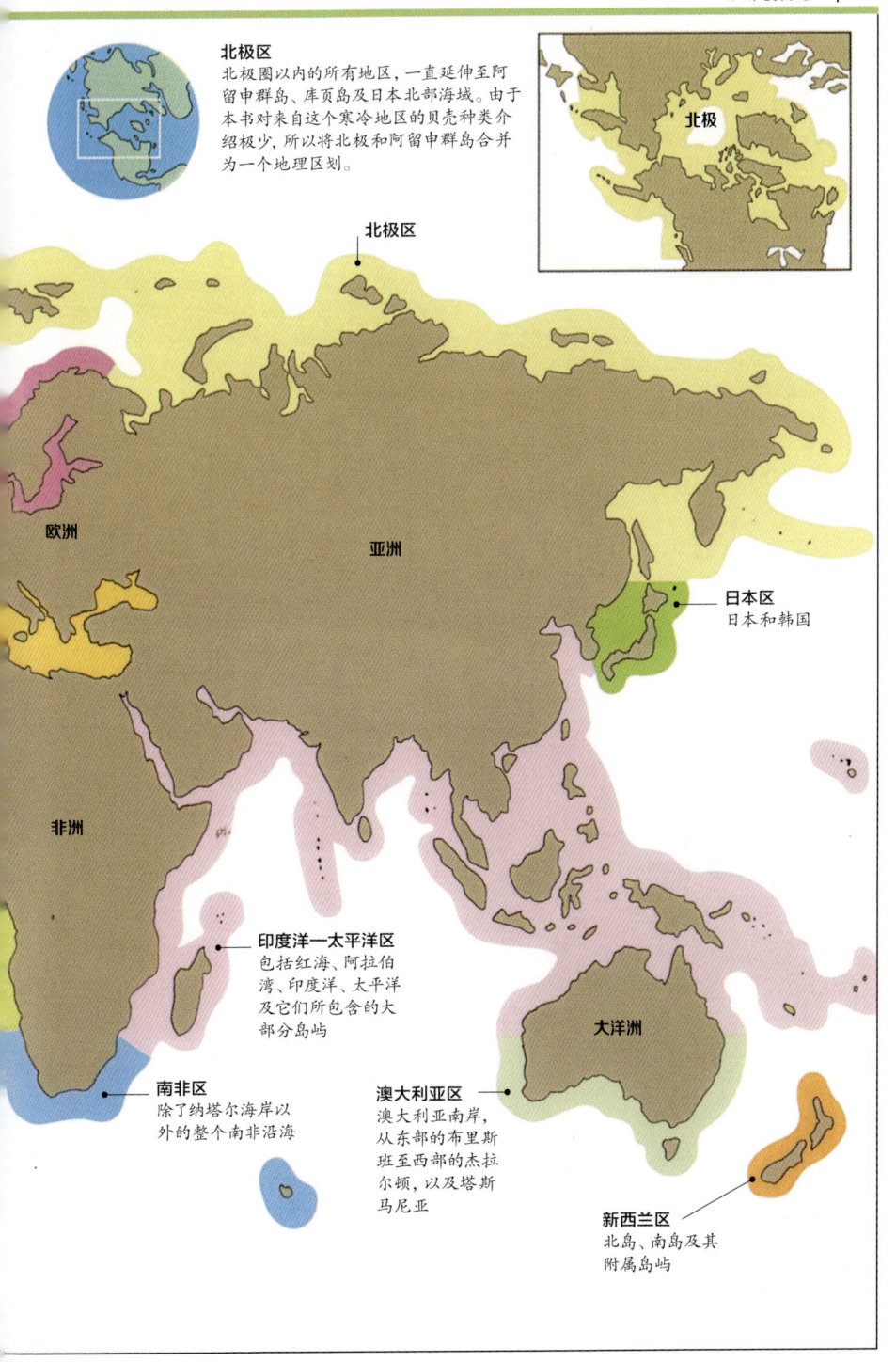

北极区
北极圈以内的所有地区，一直延伸至阿留申群岛、库页岛及日本北部海域。由于本书对来自这个寒冷地区的贝壳种类介绍极少，所以将北极和阿留申群岛合并为一个地理区划。

北极

北极区

欧洲

亚洲

日本区
日本和韩国

非洲

印度洋—太平洋区
包括红海、阿拉伯湾、印度洋、太平洋及它们所包含的大部分岛屿

大洋洲

南非区
除了纳塔尔海岸以外的整个南非沿海

澳大利亚区
澳大利亚南岸，从东部的布里斯班至西部的杰拉尔顿，以及塔斯马尼亚

新西兰区
北岛、南岛及其附属岛屿

贝类栖息地

和其他动物一样，软体动物已经适应了千变万化的生存环境。从仅能被浪花飞溅到的岩石带，到大洋最深处的软泥质海底，各种形态的栖息地类型都拥有其独特的软体动物群。潮汐影响着生活在海洋边缘的软体动物的特征和分布，而它们所生活的底质表面和内部性质也同样对它们带来影响。更重要的是，阳光在食物供给中产生了有益影响。

热带海域最适合软体动物生长，也是发现物种最多、生物多样性最丰富的地区。珊瑚礁是形形色色的芋螺、宝贝、涡螺及砗磲的家园。在红树林沼泽中，牡蛎依附在树根上，蜑螺在树叶上爬行，而蟹守螺和汇螺则在泥滩上爬行。温带海域的贝类也同样丰富多彩，沙滩上埋栖着各种不同的双壳类，还有一些善于挖掘的腹足类，如玉螺。在河口地区，淤泥混合着沙粒，为海贝提供了一个食物更加丰富的栖息环境，有些鸟蛤的数量可以达到惊人的程度。岩石海岸是采集腹足类的好地方，在遇到危险时，它们能迅速紧贴于岩石表面。

对环境的适应

软体动物已发展出多种生存方式以应对不同的生存环境。有些贝类能钻入珊瑚并与之一起生长；有些贝类，如珊瑚螺，能吸附在根状的珊瑚底部；还有些薄壳的穴居贝则大量栖息于珊瑚砂中。双壳类在红树林中比较常见，它们会附着于红树的根部，并逐渐与周围融于一体。那些拥有细长贝壳的双壳类能够在坚硬的沙子中毫不费力地移动。流线型的竹蛏和刀蛏，它们挖掘泥沙的速度甚至比人还要快。笠贝和帽贝更是适应岩石环境的成功典范，它们圆顶形的贝壳能有效抵御海浪的冲击。

保护栖息地

尽可能少地干扰贝类的栖息地是至关重要的。几乎在每一块岩石或珊瑚下方，都有一个活生生的动植物群落，如果它们的小世界被推翻而没有恢复到原来的状态，就会给它们带来灭顶之灾。哪怕是将最小的一块活珊瑚从珊瑚礁上移走，剩余的一部分珊瑚也会死亡。如果你在浮潜或水肺潜水，一定要让你的脚蹼远离珊瑚和海绵，因为它们特别脆弱易损。如果有收藏者或其他人不断地去某片海滩翻找贝壳，那这块自然栖息地便会逐渐被破坏直至消失殆尽。所以，请一定要给予自然栖息地及那些脆弱的"居民们"足够的尊重和保护。

活体海贝

有些收藏者可能毕生都在搜集贝壳，却从未见过它们的活体，因为大多数软体动物都善于隐藏且有昼伏夜出的习性。在温暖海域和热带海域，有些海贝的软体部分美丽异常，甚至连供它藏身的贝壳都黯然失色。图中展示的活体罗斯福缘螺就生动地证明了这一点。即使在温带海域和冷水水域，许多海贝的软体部分也美得令人惊叹。

岩石海岸

岩石海岸可能由圆形巨石、平坦的铺岩、锋利的岩石或峭壁组成。善于攀爬的软体动物，如滨螺、坚果螺、笠贝和帽贝等，都栖息在岩礁间的潮池中，如下图所示。

珊瑚礁

在热带海区，阳光充足，日照强烈，珊瑚蓬勃生长，吸引了大大小小、五颜六色的软体动物，如图中的这只大西洋法螺。

沙滩

许多在沙滩上发现的贝壳都是空的，这是因为活体海贝大部分时间都埋栖在沙中。沙滩是许多穴居型双壳纲贝类的家园，如图中的鸟蛤。

活生生的贝类

在全世界的海岸上堆积着数以亿计的贝壳，而每一枚贝壳都有属于自己的一段生命史。当微小的幼虫从卵中孵化出来之后，会经历数天甚至数月的浮游期，然后在海底定居下来。随着幼虫的摄食和生长，会逐渐分泌出一层坚硬的外壳包裹在身体周围；当它再长大一些的时候，就变成了人们常见的软体动物的模样：身体柔软但不分节，身体外有一个坚硬的保护壳。然后继续生长，直至完全成熟。此时，腹足类会长出触角、眼睛、吻和一个宽阔的肌肉质腹足；而双壳类则长出鳃、水管、感觉触手和一只狭窄的斧足。

贝壳的成分

构成贝壳的最基本成分是碳酸钙，另一种成分是贝壳硬蛋白，是有机大分子基质的一部分，存在于腹足类的厣中。这些成分的层层分泌使得贝壳的结构逐渐增强，有时还会产生珍珠般的光泽。贝类的硬壳从外缘处开始变大，起初薄而脆，随着贝类的不断生长而逐渐增厚。贝类还会在生长边缘分泌出结节、鳞片、棘刺和各种肋。由于贝壳生长的周期性和连续性，所以壳表会呈现出各种花纹、色斑和色带。

能够伸缩的吻

活体腹足类

这是一只活活乐谱涡螺，它的足部宽大，吻部可自由伸缩，生有一对尖触角及一双位于基部的眼睛。其软体部分的花纹与贝壳截然不同。

厣　　肌肉质腹足　　眼

活体双壳类

一只产自佛罗里达的花布海湾扇贝正张开双壳，展示出外套膜边缘的感觉触手和众多的蓝色小眼睛，也可以看到壳内的鳃。

感觉触手

鳃

眼点

入门指导 | 17

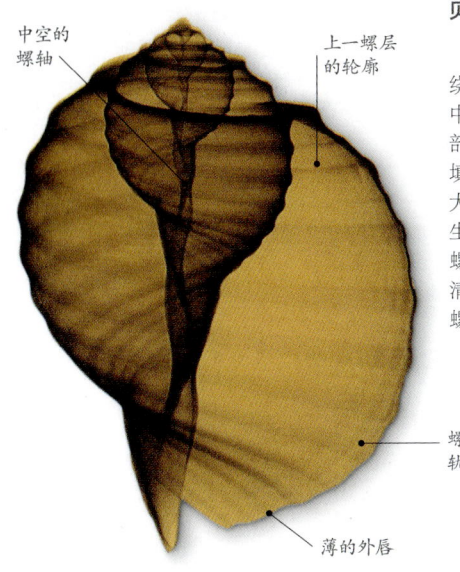

贝壳的结构

大多数腹足类的贝壳尽管形态各异，均围绕着一条中空的螺轴盘绕。在贝壳生长的过程中，每个螺层会保持基本形状不变，因此软体部分只需同步生长，就能以最"节俭"的方式填充空间。有些种类的贝壳沿着平面盘卷，但大多数贝壳都是从壳顶以不同的形状变化向下生长的；我们所欣赏的大部分腹足类贝壳都有螺塔。左图是一枚斑鹑螺在 X 射线下的样貌，清楚地显示了各螺层之间是如何围绕着中空的螺轴相互盘绕的。

中空的螺轴
上一螺层的轮廓
螺旋肋的轨迹
薄的外唇

贝壳的生长

很多贝类在成长的过程中，贝壳的外部形态几乎没有明显变化，只不过在幼年时期尺寸很小。双壳类沿着两片贝壳的边缘生长，在不改变生长方向的情况下使个体增大。腹足类则沿着壳口方向不断生长，假如它们沿直线生长，就会变得又长又笨重，因此自我盘绕式生长才是最好的选择。如图中的这些大西洋法螺，显示了贝壳在不同生长期的样貌。

幼贝
成熟的螺脊已经出现
颜色逐渐变深
胚壳经过多年的腐蚀，最终破损脱落
成贝壳质增厚，有着更明显的螺脊和更大的螺层
成贝壳口发育出齿列

贝壳的特征

本书介绍了软体动物门的五个主要类群,所属成员绝大多数都拥有贝壳,而大多数海贝隶属于其中的两个类群:腹足纲和双壳纲。腹足纲通常有一枚呈螺旋形的贝壳;双壳纲则通常有两枚铰合在一起的贝壳。为了正确辨别贝壳的种类,首先必须要熟悉贝壳的各个部位及特征。下面的贝壳示意图,概括了所有出现在本书中的腹足纲和双壳纲的贝壳特征。

腹足纲贝壳

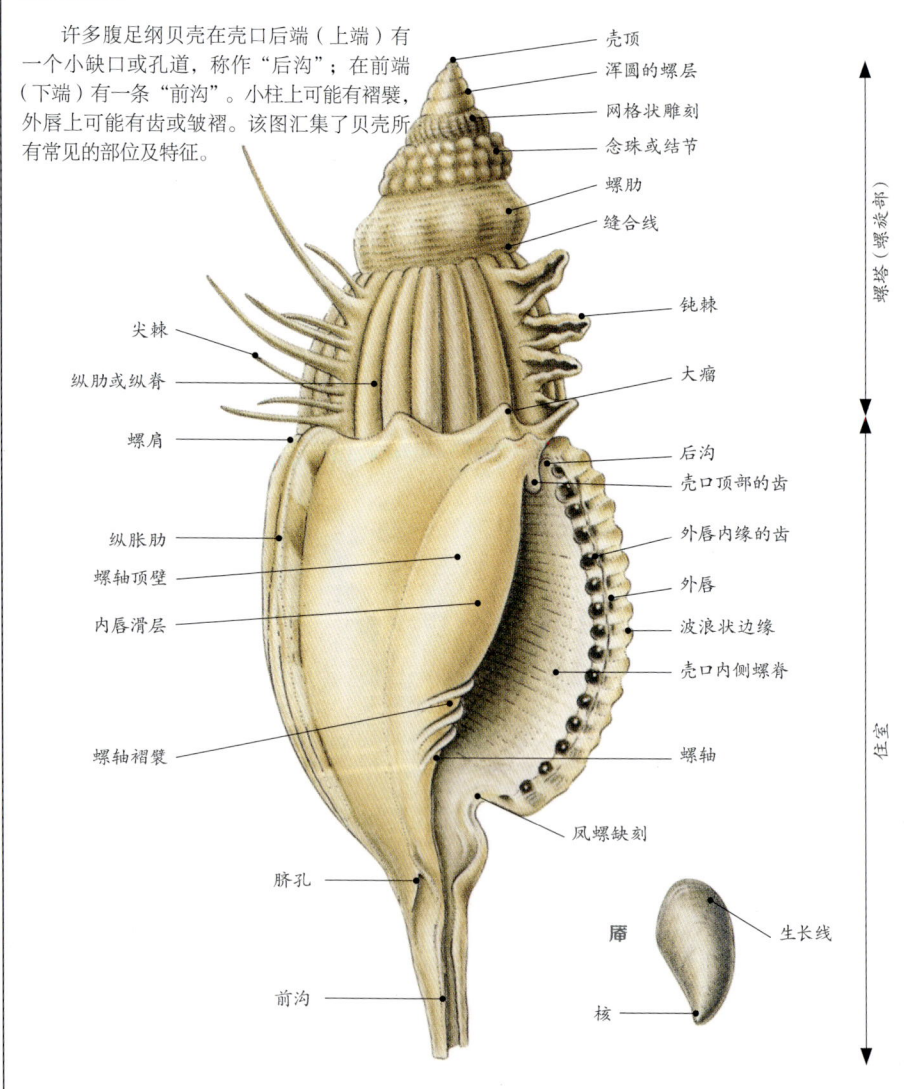

许多腹足纲贝壳在壳口后端(上端)有一个小缺口或孔道,称作"后沟";在前端(下端)有一条"前沟"。小柱上可能有褶襞,外唇上可能有齿或皱褶。该图汇集了贝壳所有常见的部位及特征。

壳顶
浑圆的螺层
网格状雕刻
念珠或结节
螺肋
缝合线
钝棘
尖棘
纵肋或纵脊
大瘤
螺肩
后沟
壳口顶部的齿
纵胀肋
外唇内缘的齿
螺轴顶壁
外唇
内唇滑层
波浪状边缘
壳口内侧螺脊
螺轴褶襞
螺轴
凤螺缺刻
脐孔
厣
生长线
前沟
核

螺塔(螺旋部)
住室

双壳纲贝壳

这幅双壳纲示例图显示了壳表和壳内的一般结构。左右两片贝壳通过一条韧带相连,当两壳关闭时,通常可以从外部看到韧带。将壳顶朝上,使外韧带位于你和贝壳之间,位于右侧的为右壳,位于左侧的为左壳。

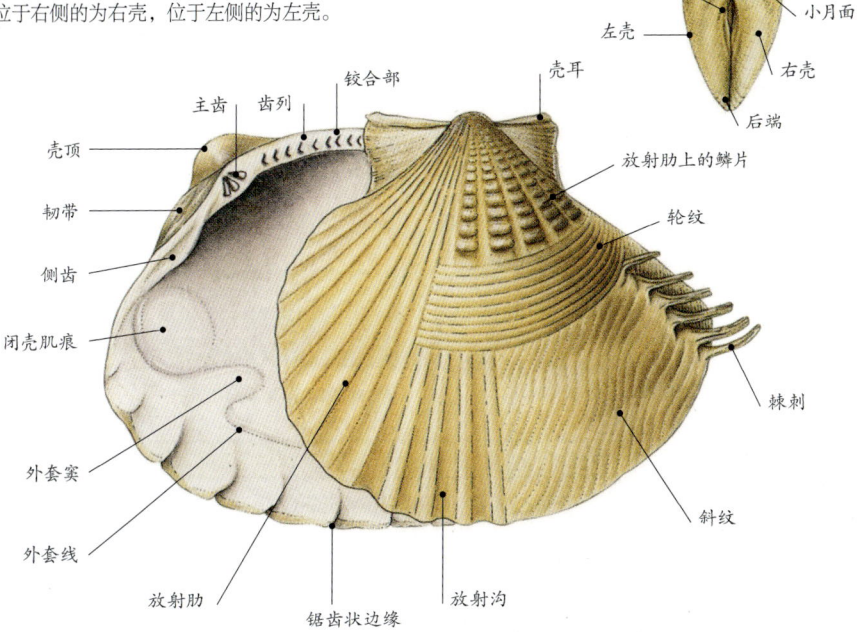

双壳纲贝壳的铰合面观

前端 / 壳顶 / 韧带 / 左壳 / 小月面 / 右壳 / 后端

主齿 / 齿列 / 铰合部 / 壳耳 / 放射肋上的鳞片 / 轮纹 / 壳顶 / 韧带 / 侧齿 / 闭壳肌痕 / 外套窦 / 外套线 / 放射肋 / 锯齿状边缘 / 放射沟 / 斜纹 / 棘刺

掘足纲、多板纲和头足纲的贝壳

这三个纲的贝类,无论是种类数量还是形态变化,都远远不及腹足纲和双壳纲贝壳。掘足纲贝壳形态单调;头足纲拥有贝壳的种类非常少,且形态、大小相似;只有多板纲贝壳的壳板上会有些装饰。

掘足纲贝壳

掘足纲贝壳的外壳如同一根中空的管子,开口端宽敞,另一端窄而尖,有时带有栓塞或狭缝。

后端具栓塞 / 壳口

多板纲贝壳

多板纲的贝壳由8块相互铰合的壳板组成,周围环绕着一圈肌肉质的环带。

头板 / 中间板 / 环带 / 环带上的颗粒 / 尾板

头足纲贝壳

只有鹦鹉螺科具备真正的外壳。其他头足纲动物,如乌贼,只有内壳。

螺轴顶壁 / 壳口 / 体螺层

贝壳鉴定要点

步骤1

本章节所述"要点"将帮助你鉴定各种贝壳。第一步,先确定需要鉴定的贝壳属于贝类五个主要纲中的哪一个(见右图步骤1);第二步,将每一个纲中的贝壳按照不同的基础形状分成若干组,然后确定需要鉴定的贝壳属于哪一组;第三步,将步骤2中的基础形状再进一步分成若干子形状,判断你手中的贝壳与哪一个子形状最相似,然后参照图例旁的页码,就可以找到它的属名了——当然,前提是你要鉴定的贝壳,是本书中包含的500余种海贝之一。

除极少数的类群外,贝类主要分成五个大纲,其中大约80%的现生物种属于腹足纲,具体特征请参阅第18页;双壳纲为第二大类群(见第19页);而掘足纲、多板纲和头足纲的数量则少得多(见第19页)。

贝类五大主要纲

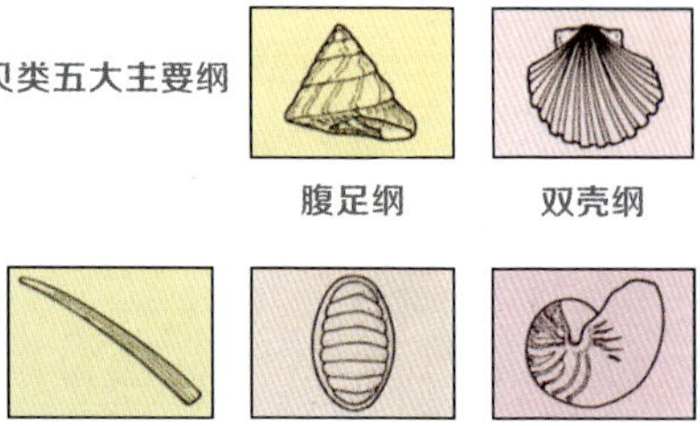

腹足纲　双壳纲

掘足纲　多板纲　头足纲

步骤2

腹足纲

贝壳的形状模式图主要是基于贝壳的外形和轮廓而建立的,并且不考虑贝壳外部的任何结节或棘刺等装饰。当尝试鉴定某种贝壳的时候,首先要将实物与模式图从同一个角度进行观察对照——腹足纲通常从壳口面进行观察。

有些种类的贝壳是笠形或耳形的,但更常见的是倒纺锤形和螺丝形。大多数腹足纲贝壳的形状可粗略地描述为梨形、纺锤形、桶形或棒形。先确定要鉴定的贝壳与下列哪一类形状最相似,然后再翻到第22—27页做进一步查询。

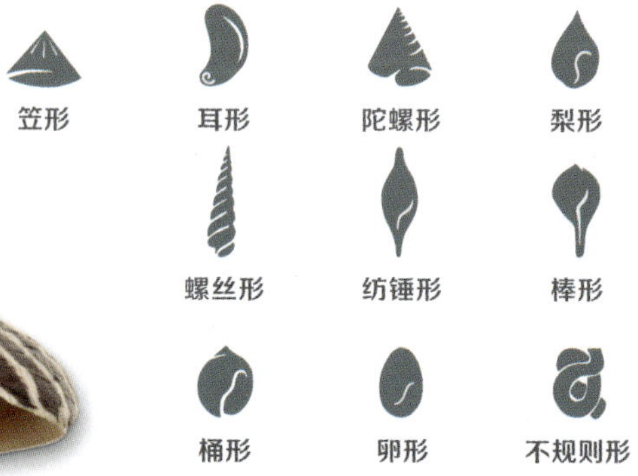

笠形　耳形　陀螺形　梨形

螺丝形　纺锤形　棒形

桶形　卵形　不规则形

双壳纲

双壳纲贝壳的外形种类不像腹足纲贝壳那么多，常见的有圆盘形和扇形，但更普遍的是三角形，如樱蛤。数量最多的是船形，包括各种蚶类和其他扁平且宽阔的双壳类。贻贝类的贝壳为桨形，还有些类群为不规则形，另有2～3个类群大致呈心形。为了便于识别，请始终从壳顶朝上的位置观察贝壳。另外，正确识别左壳和右壳对于贝壳鉴定来说也非常重要（见第19页）。请先对照下列模式图，找出与手中的贝壳相匹配的形状，然后翻到第26—29页做进一步查阅。

圆盘形　扇形　三角形　船形　桨形　不规则形　心形

掘足纲

所有象牙形或角形的贝壳均属于掘足纲，除了长短或弯曲度有区别外，一些细微特征的不同不足以影响它们的基本形状。也正因如此，掘足纲贝壳的鉴定并不是件容易的事。

象牙形或角形

多板纲

乍看之下，陈列在一起的石鳖似乎形态各异，其实归纳起来只有一种外形：无论宽窄、长短，都形似铰接成一块的盾牌。

盾形

头足纲

大约只有8种头足纲动物拥有贝壳，全部为鹦鹉螺科成员。本书把旋乌贼的内壳及船蛸的壳也归入此类，尽管后者只是临时分泌用来储存卵的"假外壳"而已。

盔形

步骤3

贝壳鉴定的最后步骤,将指引您快速找到某个贝壳的特定条目。一旦确定了需要查找的腹足纲贝壳与哪种形状相对应,例如笠形或是纺锤形,接下来就可以进一步核对该形状下所对应的次级形状。

腹足纲

笠形

帽贝30—31,
花帽贝31,
拟帽贝31

孔螆32

钥孔螆32

耳形

鲍33

靴螺66,
似鲍红螺142

鳖螺46

陀螺形

轮螺200

翁戎螺34

丽口螺35,毛利丽口螺35,
海神螺36,蝎螺37,
马蹄螺37,扭柱螺38

梨形

甲螺35,
蝾螺40—42,
独齿蛾螺49,
腹螺51,
塔滨螺52,
优美衲螺172

雏螺39,
细斑蛾螺109,
织纹螺117—120,
亮螺121,
鱼篮螺121

五彩游螺46,
平轴螺51,滨螺52,
鸵足螺64,
蛾螺105—106,
诺氏织纹螺121,
荔枝螺144,
饵螺147

螺丝形

珠带拟蟹守螺50,
欧洲蟹守螺50,
粗纹锉棒螺50

彩带雉马蹄螺36,
华丽光螺104,
泡织纹螺116

彩环小塔螺200

入门指导 | 23

换句话说,先确定您要查找的贝壳最接近哪一种形状,然后再参照图旁的页码,找出相对应的贝壳种类即可。

凹缘蜮32

尖帽螺66

龙骨螺102

紫螺142

乳玉螺76,
窦螺77

口螺37

玫瑰底尖轴螺36,
海蜗牛104

刺螺43,
盔星螺43—44,
星螺44,
海豚螺45,
衣笠螺65

望远镜螺49

法螺88,土发螺96—97,
蛙螺98—99,叶棘螺135,
细雕叶状骨螺137,环棘螺138,
刍秣螺140,轮肋螺140,
坚果螺140,荔枝螺144,
珊瑚螺148

细带螺126,
单齿刺坚果螺141,
脉红螺143,
鹧鸪篮螺143

翼嵌线螺89,百眼嵌线螺90,
俄勒冈网目螺90,紫端蛴蚪螺91,
地中海嵌线螺91,灯笼嵌线螺92,
角嵌线螺92,黑齿嵌线螺93,
美法螺94,扭法螺95,赤蛙螺100,
环带蛾螺108,纺锤真螺109,
甲虫螺111,苍白中柱螺111,
蛇首螺112,海豹骨螺139

锥螺47,
麻布阿玛螺103

笋螺195—198,
双层螺199,
矛螺199

腹足纲

纺锤形

大西洋棕螺123,
角螺124,
索氏纺锤螺130,
圆角纺锤螺131,
花斑纺锤螺131—132

长笛螺61,
珍笛螺62,
优美长鼻螺62,
沟纹笛螺63,
网纹小鼻螺63,
钝梭螺73

尖榧螺179,
侍女螺181

美东棱鸽螺128
蜡台北方饵螺147
塔螺193
摺塔螺194

奇异宽肩螺194

海德利深海犬齿螺153

棒形

梨形盔螺123,
白兰地芭蕉螺134,
犬齿螺151—152,
印度圣螺154

长口核螺113,
条纹缘螺170,
芋螺183—192

长刺骨螺137

银杏螺139

盔螺122,
刺球骨螺138,
涡螺162—163,
女神涡螺166

桶形

鹑螺78—81,
竖琴螺159—160

苹果螺82,
冠螺83—85,
宝冠螺86,
粗皮鬘螺86,
棋盘鬘螺87,
欧洲斑带鬘螺87,
桑葚螺161

钩刺鸽螺129,
假榧螺182

| 入门指导 | 25

优美核螺113,
科森核螺113,
杂色牙螺114,
黄核螺114,
斑核螺114,
普通核螺115,
凤核螺115

钻螺63,
阿莫斯前锥螺112,
舌形核螺115,
菖蒲螺157,
笔螺173—175

阿拉伯毛利涡螺164,
平濑电光螺164,
德氏琴涡螺165

凤螺53—58,
苗条管螺106,
香螺107,
细纹管蛾螺108,
细肋螺125,
部分中小型细带螺127—129,
紫唇拟棘螺134,
卡氏褶骨螺134,
棘螺136,
澳大利亚大圣螺155

鹈鸪链棘螺133,
染料骨螺135,
芜菁螺149

古氏非螺109,
类鸠螺156

泵骨螺133

琵琶螺101—102

美洲香螺110

真玉螺77,
核果螺145,
肩棘螺150,
花仙螺150,
深沟衲螺171,
渔夫衲螺171

希伯来玉螺75,
路易斯扁玉螺75,
星斑玉螺76,
黑口乳玉螺76,
闪亮镰玉螺77

大肚织纹螺120,
东风螺158,
阿地螺201,
三彩斑捻螺201,
华贵红纹螺202,
宽带饰纹螺202,
壶腹枣螺203

26 | 贝壳

腹足纲

卵形
眼球贝67—68, 货贝68, 黄金宝贝69, 卵黄宝贝69, 虎斑宝贝70, 鼠宝贝71, 绶贝71, 图纹宝贝72, 蛇目宝贝72, 袖扣凸梭螺73, 辐射蛹螺74

卵梭螺74

不规则形
蚯蚓锥螺48 　　覆瓦小蛇螺48 　　三翼翼紫螺141, 管骨螺146

双壳纲

圆盘形
环镜蛤232 　　厚满月蛤218 　　蚶蜊237

扇形
射肋珠母贝246, 彩绘锯齿蛤247, 大扇贝239, 冰岛栉孔扇贝240, 粗面类栉孔扇贝240, 女王扇贝241, 长肋日月贝241, 荣套扇贝242, 狮爪扇贝242

斜纹鸟蛤220 　　海菊蛤243

三角形
粟色爱神蛤211, 斧蛤225, 小樱蛤227—228　　欧洲胡桃蛤210 　　辐射樱蛤227, 西非肌樱蛤227, 叶樱蛤229, 光滑樱蛤229

| 入门指导 | 27

榧螺176—178，
扭轴弹头榧螺180，
紫色小榧螺180

南非大缘螺168，
小桃螺168—169，
泡缘螺169，
缘螺169—170

棕线涡螺165，
白兰地涡螺165，
巨乳涡螺166，
亨特涡螺167，
欧拉宽口涡螺167

蜘蛛螺59，
紫罗兰蜘蛛螺60，
水字螺60，
鹅足螺64

龟螺204

厚唇螺204

刻纹厚大蛤217

异纹满月蛤218，
盾弧樱蛤228

欧洲鸟蛤219，
莓实脊鸟蛤220，
欧洲棘鸟蛤220，
巨卵鸟蛤221

新三角蛤234

蟒砗磲222

南澳厚壳蛤211，阶梯鬼帘蛤231

蛤蜊224

伯氏娜樱蛤229

贝壳

双壳纲

船形

厚壳帘心蛤212，
对生萌蛤226，
巴非蛤233

棕带仙女蛤232，
泥蚶235

长梭蛤218

紫双带蛤230，
女神刺帘蛤230，
美女蛤231，
歧脊加夫蛤231，
鸡帘蛤233，
光壳蛤233

桨形

鳞江瑶245 　　习见锉蛤244 　　贻贝244

不规则形

白丁蛎247 　　扭蚶236 　　扭喙珍珠贝246

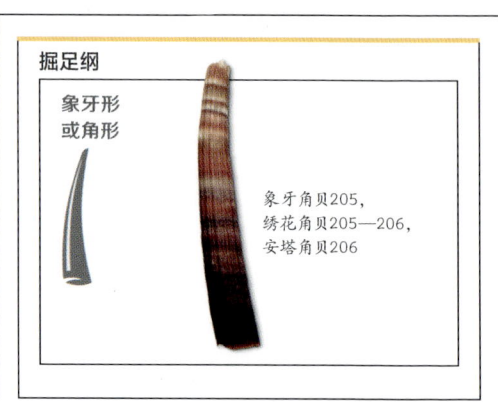

心形

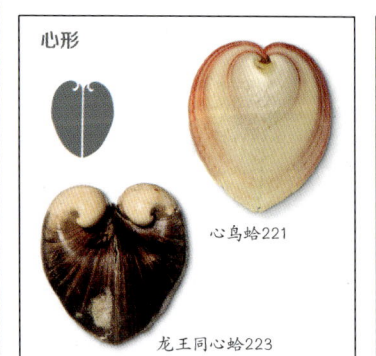

心鸟蛤221

龙王同心蛤223

掘足纲

象牙形或角形

象牙角贝205，
绣花角贝205—206，
安塔角贝206

入门指导 | 29

蛏螂210,
大弯刀蛏213,
辐射英蛏213

诺亚蚶235, 鹅绒粗饰蚶235,
棕蚶236, 叶蚶236

欧洲海神蛤212, 加州里昂司蛤214, 欧洲色雷西蛤214,
鸭嘴蛤215, 指形海笋216, 天使之翼海笋216,
砂海螂217, 血红紫蛤226, 双线紫蛤226

旗江瑶245

尖顶滑鸟蛤219

欧洲不等蛤238

脊牡蛎238

多板纲

盾形

石鳖207—208, 智利玉带石鳖208,
颗粒花棘石鳖208, 花斑锉石鳖209,
蝶斑毛带石鳖209, 高贵小玉带石鳖209

头足纲

盔形

鹦鹉螺248,
旋乌贼249,
船蛸249

腹足纲

帽贝、花帽贝和笠贝

帽贝、花帽贝和笠贝被统称为"笠螺",有着或高或扁的贝壳,成员遍及全世界的海岸。壳面平滑或具有放射肋;壳内光滑,常有一马蹄形的肌肉痕。这些动物能够紧密地吸附在岩石的表面,贝壳的结构能够帮助它们抵御海浪的冲击。

| 超科:帽贝超科 | 科:帽贝科 | 种:*Patella vulgata* Linnaeus, 1758 |

欧洲帽贝(Common European Limpet)

又名"欧洲笠螺",本种为属模式种。贝壳坚固,呈圆形、盾形或深杯形。放射肋常被磨损。壳面呈蓝绿色或棕黄色,壳内具一块灰白色的马蹄形印记,周围环绕着灰蓝色的肌痕。白天紧紧吸附在岩石表面,夜间以藻类为食。

栖息地 潮间带岩石表面。

壳顶因被腐蚀而变平

北欧区

灰白色的马蹄形印记被深色肌痕环绕

| 分布:欧洲西北部 | 数量: | 尺寸:6厘米 |

| 超科:帽贝超科 | 科:帽贝科 | 种:*Scutellastra longicosta* (Lamarck, 1819) |

长肋星帽贝(Long-ribbed Limpet)

又名"大星笠螺",贝壳坚厚、略高。放射肋粗壮,且一直延伸出边缘之外,形成尖刺状突起。壳面呈棕色;壳内呈白色。

栖息地 海岸岩石带。

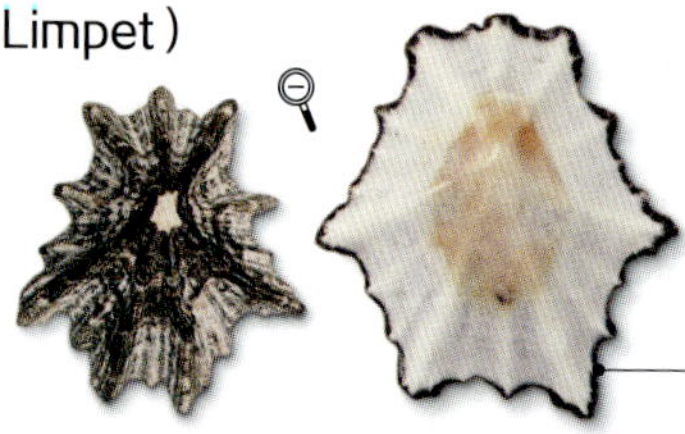

南非区

镶黑边的壳缘

| 分布:南非 | 数量: | 尺寸:7.5厘米 |

| 超科:帽贝超科 | 科:帽贝科 | 种:*Cymbula miniata* (Born, 1778) |

朱红帽贝(Cinnabar Limpet)

又名"朱红笠螺",贝壳中等厚度,扁平状;放射肋排列规则。壳面呈棕红色,并散布有淡棕色的杂斑。壳内面平滑且具有光泽,肌痕呈白色。自然状态下,壳表常覆盖有一层硬壳。

附注 阳光可改变贝壳的颜色。
栖息地 潮间带岩石表面。

南非区

放射肋在边缘处形成尖角

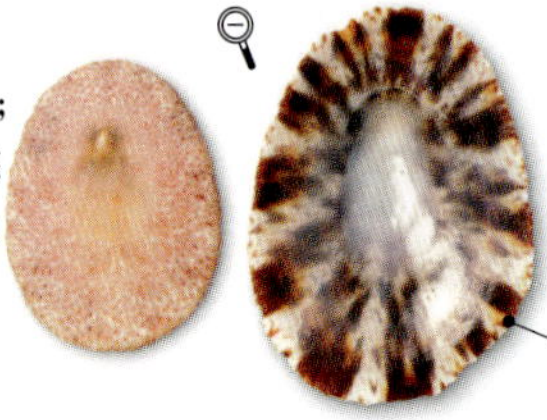

| 分布:南非 | 数量: | 尺寸:6厘米 |

腹足纲 | 31

| 超科：帽贝超科 | 科：帽贝科 | 种：*Patella pellucida* Linnaeus, 1758 |

蓝线帽贝（Blue-rayed Limpet）

又名"透光笠螺"，贝壳薄且半透明，外表光滑。壳底呈圆形或椭圆形。壳顶靠近前端，从壳顶辐射出数条淡蓝色的线纹，在水中显得明亮耀眼。肌痕呈炭灰色。

附注 栖息在海藻茎上的个体通常无蓝色线纹。

栖息地 近海海藻丛。

从壳顶辐射而出的淡蓝色线纹

晦暗的肌痕

北欧区

| 分布：大西洋东部 | 数量： | 尺寸：2厘米 |

| 超科：帽贝超科 | 科：花帽贝科 | 种：*Nacella deaurata* (Gmelin, 1791) |

镀金花帽贝（Golden Limpet）

又名"南极笠螺"或"巴塔哥尼亚铜笠螺"，贝壳较薄却质地坚固，呈深斗笠形。壳顶靠近前端，并向四周散发出许多宽窄相间的放射肋，与环形的生长纹交错在一起。壳内富有光泽，壳表呈灰褐色。

栖息地 近海海藻丛。

波浪形的边缘

红棕色的内壁上具有珍珠光泽

巴塔哥尼亚区、麦哲伦区

| 分布：巴塔哥尼亚、福克兰群岛 | 数量： | 尺寸：5厘米 |

| 超科：笠贝超科 | 科：笠贝科 | 种：*Patelloida saccharina* (Linnaeus, 1758) |

鸟爪拟帽贝（Pacific Sugar Limpet）

又名"鹅足青螺"，贝壳较小却质地坚固。壳顶较低，位于贝壳的中心前方，由此向四周发出7～8条粗壮的放射脊，其间分布有小脊，并与不规则的环形生长纹交错。壳面呈暗灰白色；内面呈不透明白色，有时略带紫色；肌痕呈浅黄色，其上常有深棕色斑点；内侧边缘呈深褐色。

栖息地 潮间带岩石表面。

粗壮的脊突出于边缘之外

黄褐色的肌痕

印度洋—太平洋区

| 分布：热带太平洋 | 数量： | 尺寸：3厘米 |

钥孔蝛

这个拥有帽状或笠状贝壳的大家族，因在其壳顶具开孔或在前缘有裂缝而得名，又被称作"透孔螺"。壳表具放射肋，壳内如瓷质，并有一马蹄形的肌痕。此类动物都没有厣。自然状态下，常吸附于岩石表面，靠刮食上面的藻类为生。

超科：钥孔蝛超科	科：钥孔蝛科	种：*Fissurella barbadensis* (Gmelin, 1791)

巴巴多斯钥孔蝛（Barbados Keyhole Limpet）

又名"绿透孔螺"，贝壳坚厚而高，壳顶中央具一近圆形的开孔，由此向周围发出许多强壮、间距不等的放射肋，并与细弱的螺肋相互交错。壳表呈乳白色或略带褐色，有时还有紫褐色的斑点；壳内面呈浅绿色，具白色环带，边缘呈白色。

栖息地 潮间带岩石表面。

锐利的放射肋
加勒比海区
开孔内壁具绿色环边

分布：加勒比海	数量：	尺寸：2.5厘米

超科：钥孔蝛超科	科：钥孔蝛科	种：*Diodora listeri* (d'Orbigny, 1847)

李斯特孔蝛（Lister's Keyhole Limpet）

又名"利氏透孔螺"，贝壳坚固而高，呈卵圆形。表面交替排列着许多强弱不等的放射肋，并与螺肋相互交错而形成结节状突起。壳内壁与放射肋相对应的位置形成沟槽。壳表呈白色、乳白色或灰色。壳内面具光泽，周缘有皱褶。

栖息地 潮间带岩礁丛。

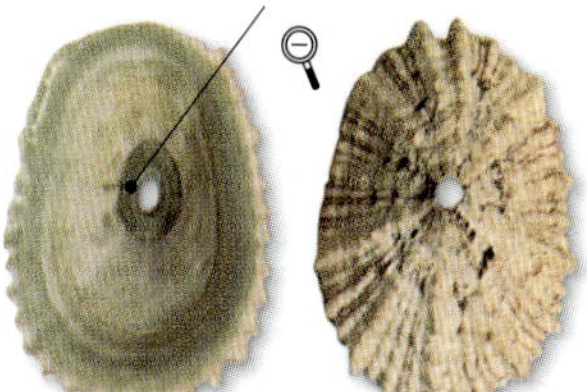

开孔内侧具黑色镶边
加勒比海区

分布：美国佛罗里达南部、西印度群岛	数量：	尺寸：4厘米

超科：钥孔蝛超科	科：钥孔蝛科	种：*Emarginula crassa* Sowerby, 1813

厚凹缘蝛（Thick Emarginula）

又名"厚裂螺"，贝壳中等高，质地坚厚，呈椭圆形。表面具40～50条放射肋，与细弱的螺肋相互交错呈网格状。边缘具一短的垂直裂缝，并通过内壁上一条平底沟延伸至壳顶。贝壳内面平滑，周缘具皱褶。壳表呈淡黄白色；内面呈瓷白色。

栖息地 岩石海岸的浅海底。

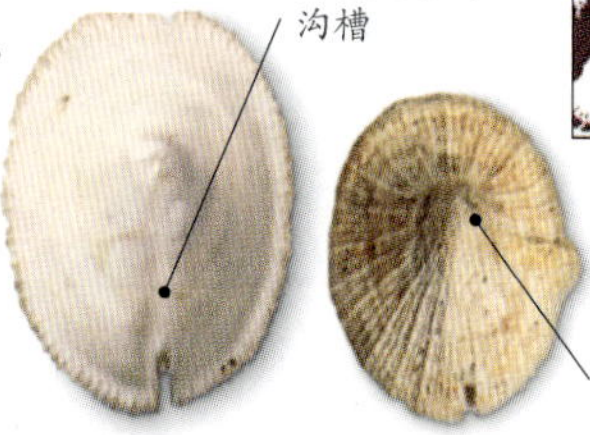

内壁光滑的沟槽
北欧区
壳顶靠近贝壳后端

分布：欧洲西北部、维尔京群岛	数量：	尺寸：2.5厘米

鲍

俗称"鲍鱼"或"鲍螺",贝壳扁平,螺层很少;体螺层巨大,表面开有供呼吸的孔洞。壳内面珍珠层发达,靠中间位置有一肌痕。鲍能够利用其宽大的腹足紧紧吸附于岩石或珊瑚的表面,它们的踪迹遍布全世界海域,但有些大型鲍类只分布于温暖海区。有些鲍类具有很高的经济价值,肉可供食用,贝壳内的珍珠层(又称珍珠质)可作装饰品。

| 超科: 鲍超科 | 科: 鲍科 | 种: *Haliotis rufescens* Swainson, 1822 |

红鲍(Red Abalone)

世界最大的鲍类,贝壳质地坚厚,体螺层巨大,呈椭圆形。表面装饰有不规则的脊状肋和细螺肋,有时还形成粗糙的生长脊。通常具3~4个开孔,且靠后面的孔常具突起缘。壳表呈粉红色或砖红色;壳内珍珠层发达,光泽耀眼。

栖息地 近海岩礁底。

早期螺层腐蚀,露出下面的壳质

部分肌痕藏在壳缘下方

加州区

| 分布: 美国俄勒冈州—墨西哥西部 | 数量: | 尺寸: 25厘米 |

| 超科: 鲍超科 | 科: 鲍科 | 种: *Haliotis asinina* Linnaeus, 1758 |

耳鲍(Donkey's-ear Abalone)

又名"驴耳鲍螺",贝壳较薄,呈长椭圆形,壳顶紧靠边缘。开孔有6~7个,孔缘略高于壳表。体螺层上稀疏排列有数条不规则的脊状肋和一些生长纹。壳表呈奶油色,上面点缀着许多绿色和褐色的斑块、三角纹和线纹。

栖息地 近海岩礁底。

沟槽与孔列平行

印度洋—太平洋区

| 分布: 西太平洋 | 数量: | 尺寸: 7.5厘米 |

翁戎螺

翁戎螺的壳薄易碎，呈陀螺形。这个家族在数百万年前曾盛极一时，如今只剩下极少数种类生活在深海底，因此是名副其实的"活化石"。它们的标志性特征是体螺层上具有一条狭长的裂缝，主要用来排泄体内废物。

| 超科：翁戎螺超科 | 科：翁戎螺科 | 种：*Mikadotrochus hirasei* (Pilsbry, 1903) |

红翁戎螺（Hirase's Slit Shell）

壳质坚固，且比大多数同尺寸的其他翁戎螺更为厚重。螺塔高，各螺层平坦或略凸，基部棱角明显。裂缝边缘在自然状态下平整且光滑，而且会随着贝壳的生长自动填充，但是捕获的大部分标本会因破损而变得粗糙不堪。螺轴具珍珠层，平滑且略弯曲。通体装饰有大量扁平的螺肋，并与细密的生长纹相互交错。壳表呈乳白色，布满粉红色或红色的条纹。

附注 最常见的翁戎螺之一。
栖息地 深海底。

印度洋—太平洋区、日本区

裂缝约占体螺层周长的1/3

裂缝带上的新月形斑纹

| 分布：中国、日本 | 数量： | 尺寸：10厘米 |

| 超科：翁戎螺超科 | 科：翁戎螺科 | 种：*Entemnotrochus rumphii* (Schepman, 1879) |

龙宫翁戎螺（Rumphius' Slit Shell）

贝壳大而重，但质地脆且易碎。螺塔中等高，各螺层略外凸。体螺层较大，周缘具有明显的棱角。裂缝细长，脐孔大而深。各螺层纵肋不明显。壳表呈乳白色或黄色，具粉红色的火焰纹。裂缝带上有新月纹。

附注 世界最大的现生翁戎螺类。
栖息地 深海底。

印度洋—太平洋区、日本区

裂缝边缘轻微上翻

| 分布：中国、日本、菲律宾和印度尼西亚 | 数量： | 尺寸：20厘米 |

腹足纲 | 35

丽口螺、马蹄螺和扭柱螺

早期的贝类学家将它们比作老式陀螺，因此英文名为"Top Shells"，又称"钟螺"，家族成员多达上百种，踪迹遍布世界各地。贝壳表面色彩丰富，内部珍珠层发达。有些种类具脐孔。厣角质，多旋纹。

| 超科：马蹄螺超科 | 科：丽口螺科 | 种：*Calliostoma zizyphinum* (Linnaeus, 1758) |

欧洲丽口螺（European Painted Top）

又名"欧洲钟螺"，贝壳坚固，两侧及底面平直。体螺层具锐利的螺脊，且形成一条粗厚的螺带，沿缝合线的上方一直环绕至壳顶尖端。壳底部具少量低平的螺脊，无脐，螺轴微凸。壳表呈浅黄色、浅红色或紫色，平滑且富有光泽。

两侧平直

地中海区、北欧区

螺带上布满花纹

栖息地 岩礁质浅海。

| 分布：地中海、西欧 | 数量： | 尺寸：2.5厘米 |

| 超科：马蹄螺超科 | 科：丽口螺科 | 种：*Maurea tigris* (Gmelin, 1791) |

虎斑毛利丽口螺（Tiger Maurea）

又名"虎斑毛利钟螺"，壳薄但坚固，体螺层大，螺塔高耸，壳顶尖锐。两侧平直，但基部外凸。螺肋不发达，在放大镜下可见细小的念珠状雕刻。无脐，壳口宽大。壳表呈奶油色，周身遍布"之"字形的棕色条纹。

次体螺层缝合线上方微隆起

新西兰区

螺轴底部具尖角

从壳口可透见壳表花纹

栖息地 潮间带至浅海岩礁底。

| 分布：新西兰 | 数量： | 尺寸：5.5厘米 |

| 超科：马蹄螺超科 | 科：马蹄螺科 | 种：*Cantharidus opalus* (Martyn, 1784) |

宝石甲螺（Opal Jewel Top）

又名"宝石钟螺"，壳薄但坚固，壳高大于壳宽。缝合线较浅，壳表隐约可见倾斜的生长纹。螺轴略弯曲，无脐孔。体螺层呈紫绿色，其上有"之"字形的红色条纹；螺塔偏绿色，条纹较模糊。

早期螺层两侧平直

新西兰区

壳口内具彩虹光泽

栖息地 近海海藻丛。

| 分布：新西兰 | 数量： | 尺寸：4厘米 |

| 超科：马蹄螺超科 | 科：马蹄螺科 | 种：*Phorcus turbinatus* (Born, 1778) |

方格海神螺（Chequered Top）

又名"交织钟螺"或"地中海钟螺"，贝壳坚固且厚重，螺层膨圆，缝合线细而深。较低的螺层表面被宽而平的螺肋环绕，其中体螺层上的螺肋排列紧凑，相邻之间形成夹角。壳表有倾斜的生长纹，在较低螺层更加明显。壳口边缘薄，螺轴上有突出的钝齿，脐孔被遮盖。壳表呈灰白色、淡黄色或米色，并有紫色、红色或黑色的斑带；壳口和螺轴呈白色。

附注 壳表常覆有海藻。
栖息地 潮间带岩石圈。

壳顶常被腐蚀
唇边可透见花纹
地中海区

| 分布：地中海 | 数量：●●●● | 尺寸：3厘米 |

| 超科：马蹄螺超科 | 科：马蹄螺科 | 种：*Oxystele sinensis* (Gmelin, 1791) |

玫瑰底尖轴螺（Rosy-base Top）

又名"玫瑰底钟螺"或"红唇钟螺"，壳质坚厚，螺塔低平，各螺层较膨圆，几乎没有缝合线。螺轴极倾斜，且与外唇下方相连。壳面光滑具淡蓝色光泽，其上包裹着厚实的黑色壳皮。壳口和螺轴均呈白色。

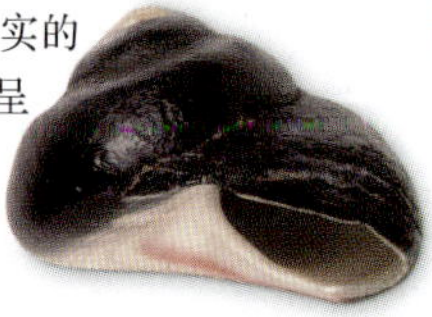

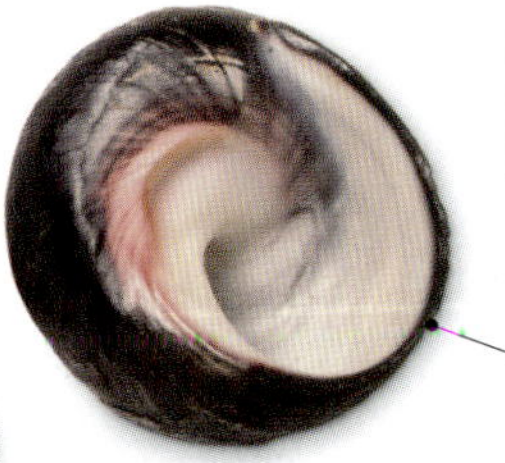

栖息地 岩礁间潮池。

南非区
黑边延伸至壳口内缘

| 分布：南非 | 数量：●●●● | 尺寸：3厘米 |

| 超科：马蹄螺超科 | 科：马蹄螺科 | 种：*Bankivia fasciata* (Menke, 1830) |

彩带雉马蹄螺（Banded Bankivia）

又名"彩带钟螺"，壳小而细长，壳顶尖锐，两侧平直或螺层微凸，缝合线浅却清晰可辨。壳口薄而易损。螺轴扭曲，内唇上壁覆盖有一层薄薄的滑层。壳表光滑，花纹绚丽。底色多呈白、黄或粉红色；花纹多为褐色，且形态多变，有带形、垂线形、"之"字形等。

附注 细长的螺塔在马蹄螺科中独树一帜。
栖息地 沿海海藻丛中。

半透明的线纹遮盖了缝合线
澳大利亚区
"之"字形的彩色花纹

| 分布：澳大利亚 | 数量：●●●●● | 尺寸：2厘米 |

腹足纲 | 37

| 超科：马蹄螺超科 | 科：马蹄螺科 | 种：*Umbonium vestiarium* (Linnaeus, 1758) |

蜑螺（Common Button Top）

又名"彩虹蜑螺"，本种为属模式种。贝壳小而扁平，富有光泽。体螺层具锐利的肩角，壳口相对较小。缝合线非常浅。脐孔被浅灰色的巨大滑层完全遮盖，使壳底显得十分难看。壳色多变，有褐色、粉红色、白色或黄色，并装饰着由条纹、斑点或斑块组成的螺带。

栖息地 沙质滩涂。

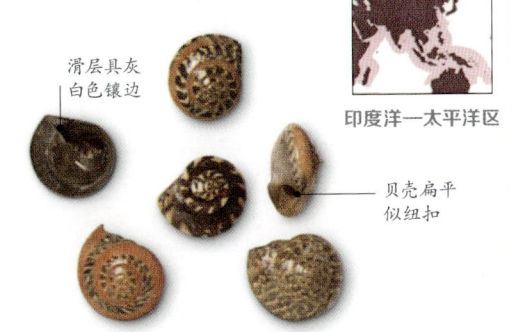

滑层具灰白色镶边

印度洋—太平洋区

贝壳扁平似纽扣

| 分布：热带印度洋—太平洋 | 数量：🐚🐚🐚🐚🐚 | 尺寸：1.2厘米 |

| 超科：马蹄螺超科 | 科：马蹄螺科 | 种：*Stomatia phymotis* Helbling, 1779 |

口螺（Swollen-mouth Shell）

又名"扭广口螺"，为属模式种，是一种辨识度极高的贝类。它们在幼年时，螺塔会按照常规盘卷，然后突然改变生长模式，发展成一个大而长的体螺层，而螺塔就显得非常矮小，整个贝壳看上去就像一只袖珍版的鲍鱼。壳表呈灰白色，点缀着褐色的杂斑。

附注 壳顶常腐蚀。
栖息地 近海岩礁底。

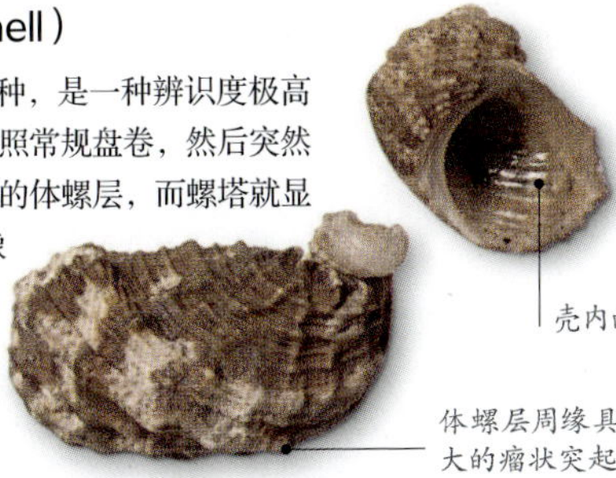

印度洋—太平洋区、日本区

壳内面晕色

体螺层周缘具大的瘤状突起

| 分布：印度洋—西太平洋、日本 | 数量：🐚🐚🐚 | 尺寸：3厘米 |

| 超科：马蹄螺超科 | 科：马蹄螺科 | 种：*Trochus maculatus* Linnaeus, 1758 |

马蹄螺（Mottled Top）

贝壳坚厚，壳高大于壳宽。壳底近平，在体螺层形成明显棱角。螺旋肋呈串珠状。缝合线大致与螺沟的深度相当。

附注 颜色和体形都非常多变的种类。
栖息地 珊瑚礁。

螺塔自一半处明显变窄

脐部无色

印度洋—太平洋区

| 分布：热带印度洋—太平洋 | 数量：🐚🐚🐚🐚 | 尺寸：5厘米 |

| 超科：马蹄螺超科 | 科：覆瓦螺科 | 种：*Rochia nilotica* (Linnaeus, 1767) |

大马蹄螺（Commercial Trochus）

曾用名"马蹄钟螺"，是覆瓦螺科中体形最大、最重的成员，外形几乎是一个等边三角形。成体的大部分螺层都是光滑的，仅有一些细弱的斜纹；而亚成体的早期螺层，以及所有幼体的整个螺层都装饰有管状结节，有时在浅缝合线处形成沟槽。螺轴上具一脊状齿。壳表呈浅粉白色，装饰着宽阔的深红色斜带。

附注 曾经是制作纽扣的材料，如今仍被少量捕捞，用作装饰。

栖息地 珊瑚礁附近。

译者注：此种虽然已不再是马蹄螺科中的成员，但中文名早已深入人心，故维持原状。下方尖角马蹄螺与此种情况一致。

印度洋—太平洋区

缝合线处具浅色窄带

成熟个体的体螺层下半部凸出

| 分布：热带印度洋—太平洋 | 数量： | 尺寸：11厘米 |

| 超科：马蹄螺超科 | 科：覆瓦螺科 | 种：*Rochia conus* (Gmelin, 1791) |

尖角马蹄螺（Cone-shaped Top）

曾用名"红斑钟螺"，贝壳坚固且粗壮，螺塔高而尖，顶部较钝。壳底圆，各螺层两侧近平直，缝合线浅。壳表遍布粗糙的螺肋，在体螺层周缘处的螺肋最粗壮，倾斜的生长纹极不明显。脐孔大而深，内壁平滑。螺轴光滑且底部增厚。壳表呈白色或浅粉红色，其上装饰有红色或灰色的条纹；壳底面具断断续续的纹线和斑点；壳口呈粉白色或浅灰色。

附注 壳口外缘非常锋利。
栖息地 珊瑚礁附近。

印度洋—太平洋区

螺轴基部增厚

断断续续的螺带

| 分布：太平洋 | 数量： | 尺寸：6厘米 |

雉螺

贝壳大多呈卵形，表面具光泽，无脐孔。螺层平滑且膨胀，具有迷人的色彩和多变的花纹，犹如雉鸡的羽毛，故此得名。壳口呈梨形，具白垩色的石灰质厣。雉螺科广泛分布于温暖海域。

| 超科：马蹄螺超科 | 科：雉螺科 | 种：*Phasianella solida* (Born, 1778) |

花斑雉螺（Variegated Pheasant）

又名"多变雉螺"，贝壳小而平滑，略带光泽。螺塔高，壳顶圆，螺层凸，缝合线浅。壳口呈梨形，螺轴平滑且略弯曲。壳表呈浅褐色、浅红色或乳白色，其上点缀有褐色斑点，以及褐色和白色的断续线纹。

附注 颜色和花纹多变。
栖息地 浅海的海藻丛中。

印度洋—太平洋区

外唇边缘可透见彩色花纹

| 分布：印度洋—西太平洋 | 数量：🐚🐚🐚 | 尺寸：2厘米 |

| 超科：马蹄螺超科 | 科：雉螺科 | 种：*Phasianella australis* (Gmelin, 1791) |

澳大利亚雉螺（Painted Lady）

本种为属模式种，贝壳厚度适中，富有光泽，壳高几乎是壳宽的2倍，壳顶尖，螺层膨圆，缝合线明显。体螺层较螺塔略长，壳口呈梨形，下缘凸出于螺轴基部的下方，上缘略向内弯曲。壳口内光泽暗淡，无珍珠层。最常见的色型是斑驳的粉红色，并装饰着由淡红色斑点、V字形花纹及纵向条纹组成的螺带。另外，褐色纵纹与白色螺线相互交错的个体也比较多见，还有些个体的壳表平行排列着由矩形褐色斑块组成的螺带。

附注 世界上最大的雉螺类，花纹千变万化，有些个体美丽非凡。
栖息地 浅海底。

壳顶螺层无花纹

澳大利亚区

白色螺线

缝合线正下方有短的垂直线纹

外唇上缘略增厚

螺轴基部

| 分布：南澳大利亚、塔斯马尼亚 | 数量：🐚🐚🐚🐚 | 尺寸：7.5厘米 |

蝾螺

这个大家族与马蹄螺科有几个方面的不同,尤其是拥有一个坚厚的石灰质厣,而且厣的表面总是凹凸不平或装饰有弯曲的脊。贝壳大多呈球形或陀螺形,壳表平滑或装饰繁复,有的还具有棘刺或沟槽,少数种类具脐孔。壳口内富有珍珠光泽。大多数蝾螺生活于温暖海域,尤其喜欢栖息在珊瑚礁附近。

超科:马蹄螺超科	科:蝾螺科	种: Turbo marmoratus Linnaeus, 1758

夜光蝾螺(Great Green Turban)

世界上最大的蝾螺类。体螺层极膨大,具2~3条龙骨状棱脊,其上间隔分布有许多瘤状突起,最下方的棱脊围绕脐部形成裙板。螺塔相对较小,各螺层较光滑。缝合线浅,螺轴光滑。壳表呈暗绿色,具褐色斑点。

附注 目前仍有商业捕捞,其珍珠层是制作纽扣、珠子、首饰等装饰品的原料。在中国为保护物种。

栖息地 珊瑚礁附近。

棱脊朝壳口方向增大

围绕脐部的厚实棱脊

壳口呈金色,厚实且富有珍珠光泽

体螺层上的生长疤

印度洋—太平洋区

分布:热带印度洋—太平洋	数量:	尺寸:15厘米

腹足纲 | 41

| 超科：马蹄螺超科 | 科：蝾螺科 | 种：*Turbo petholatus* Linnaeus, 1758 |

蝾螺（Tapestry Turban）

又名"猫眼蝾螺"，为属模式种。贝壳厚重，富有光泽，除少数浅纹外，整个壳体较为平滑。螺塔高，壳顶钝，缝合线浅。各螺层膨圆，但在体螺层的缝合线下方常有凹陷。壳口圆，外唇边缘锋利，无脐孔。除口缘呈黄色或黄绿色外，壳表颜色和花纹富于变化，常见到的是深褐色底搭配黑褐色带纹，并夹杂白色斑点和条纹，也有黄绿色和无花纹的个体存在。

栖息地 浅海珊瑚礁。

印度洋—太平洋区

体螺层上部几乎平坦

厣常被比喻成"猫眼"

宽窄相间的螺带

| 分布：热带印度洋—太平洋 | 数量： | 尺寸：6厘米 |

| 超科：马蹄螺超科 | 科：蝾螺科 | 种：*Turbo argyrostomus* Linnaeus, 1758 |

银口蝾螺（Silver Mouth Turban）

贝壳中等大小，质地厚重，壳高大于壳宽，螺塔不及壳高的一半。螺塔各层较圆，而体螺层两侧略呈方形。缝合线深，具小脐孔。通体具发达的扁平螺肋，有时肋上生有强壮的沟槽状鳞片。靠近口缘处的螺肋更加发达，并形成与其相对应的波浪形褶皱。壳面呈乳白色，具褐色或绿色斑点；口缘呈浅绿色，壳口内及螺轴呈银色。

附注 厣表面呈白色和绿色，生有许多疣状突起。

栖息地 潮间带珊瑚礁附近。

印度洋—太平洋区

螺肋上装饰着沟槽状鳞片

厣较厚，表面具颗粒，此为内面

螺轴向下方延伸

| 分布：热带印度洋—太平洋 | 数量： | 尺寸：7.5厘米 |

| 42 | 贝壳

| 超科：马蹄螺超科 | 科：蝾螺科 | 种：*Turbo sarmaticus* Linnaeus, 1758 |

南非蝾螺（South African Turban）

贝壳大而厚重，螺塔低，少旋。体螺层大，壳口极度扩张。螺轴极厚，并一直延伸至壳口下缘。壳表具3～4排生有瘤的螺肋，但常遭腐蚀。壳表覆盖着一层厚厚的红色角质层，壳口上方还延伸出一大块黑斑。

附注 壳表经过打磨，露出里面漂亮的珍珠层，常令收藏者爱不释手。

栖息地 近海岩礁底。

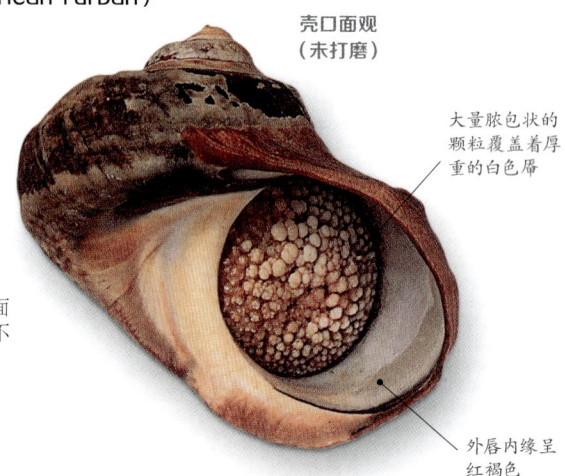

壳口面观（未打磨）

大量脓包状的颗粒覆盖着厚重的白色唇

外唇内缘呈红褐色

背面观（已打磨）

极厚的红色角质层

在抛光过的壳表沟壑处仍残留部分角质层

顶面观（已打磨）

抛光后露出下方光滑的珍珠层

南非区

| 分布：南非 | 数量： | 尺寸：7.5厘米 |

星螺

"星螺"是对蝾螺科中几个外表迷人的属的统称,它们有几个显著特征:厣坚厚且通常色彩艳丽;贝壳周缘常具有棘刺或锯齿状雕刻;通常无脐孔。大部分星螺种类栖息于潮下带的岩石周围,也有一些生活在深海。

| 超科:马蹄螺超科 | 科:蝾螺科 | 种:*Guildfordia triumphans* (Philippi, 1841) |

刺螺(Triumphant Star Turban)

又名"星螺",本种为属模式种。贝壳厚度适中,壳质轻,呈扁陀螺形,横截面犹如圆盘。体螺层周缘具8～9条向外伸出的尖刺,末端常破损。缝合线浅,脐孔常被滑层遮盖。螺塔表面具数排串珠状螺肋,壳底脐部周围也有螺肋环绕。螺塔呈浅粉色,饰有棕粉色暗带;壳底呈乳白色,脐部也有棕粉色暗带环绕;厣呈白色。

附注 刺螺属有3～4个近似种,本种是其中最常见者。

栖息地 深海底。

细长的棘刺从体螺层成直角向外突出

螺层顶缘的边角

日本区、印度洋—太平洋区

| 分布:日本—菲律宾 | 数量: | 尺寸:5厘米 |

| 超科:马蹄螺超科 | 科:蝾螺科 | 种:*Bolma aureola* (Hedley, 1907) |

棕黄盔星螺(Bridled Bolma)

又名"棕黄星螺",壳质坚实,螺塔高耸,体螺层两侧较平缓。各螺层周缘环绕具凹槽的短棘,而体螺层上的每根棘刺,都是由缝合线下方的一系列小鳞片逐渐变大、生长后形成的。壳口边缘薄,壳表呈红橙色;螺轴及壳口内面呈白色;厣呈白色,局部为橙色。

附注 高品质的标本十分罕见。

栖息地 深海底。

缝合线的斜下方具沟槽

凹槽状棘刺突出于缝合线之上

壳底具发达的串珠状环肋

厣

澳大利亚区

| 分布:澳大利亚东北部 | 数量: | 尺寸:7.5厘米 |

| 超科：马蹄螺超科 | 科：蝾螺科 | 种：*Bolma girgyllus* (Reeve, 1861) |

雷神盔星螺（Girgyllus Star Shell）

又名"雷神星螺"，壳质轻却坚实，螺层膨圆，其上环绕数排串珠状的螺肋，壳底面螺肋愈加强壮。缝合线细而深。螺层周缘的上下方各具一排叶状棘刺，使螺层显得棱角分明。壳表大多呈黄色或绿色，在缝合线和棘刺表面具褐色条纹。

附注 白色螺轴的边缘为橙色。

栖息地 深海底。

两排中空的周缘棘刺在末端发生扩张

印度洋—太平洋区

上排棘刺较下排更长

| 分布：日本南部—印度尼西亚 | 数量： | 尺寸：5厘米 |

| 超科：马蹄螺超科 | 科：蝾螺科 | 种：*Astraea heliotropium* (Martyn, 1784) |

向日葵星螺（Sunburst Star Turban）

贝壳大而坚实，螺塔高度适中，脐孔大而深。螺塔各层膨圆，体螺层基部具明显棱角。数个具沟槽的大型鳞片在体螺层周缘形成锯齿状的装饰，并将缝合线遮盖。由大量结节组成的螺肋覆盖在螺层表面，一直延伸到鳞片上。脐孔边缘光滑。新鲜的贝壳呈灰白色，脐孔周围呈淡黄色，壳口内具珍珠光泽。厣较厚，石灰质。

附注 库克船长在其著名的海上航行中发现的珍贵品种。

栖息地 深海底。

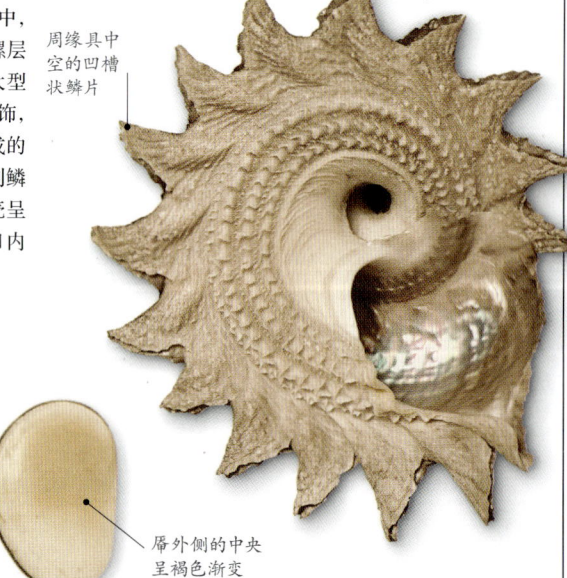

周缘具中空的凹槽状鳞片

厣外侧的中央呈褐色渐变

新西兰区

| 分布：新西兰 | 数量： | 尺寸：9厘米 |

海豚螺

又名"棘冠螺",家族成员并不多。它们的贝壳坚固而装饰华丽,色彩富于变化。脐孔大而深;壳口圆,内部具珍珠光泽;厣角质,呈圆形,可将壳口完全封闭。有些种类具长而弯曲的棘刺。喜欢栖息在珊瑚礁附近,尤其在菲律宾海域数量极多。

| 超科:马蹄螺超科 | 科:海豚螺科 | 种:Angaria sphaerula (Kiener, 1838) |

小球海豚螺(Kiener's Delphinula)

又名"花棘冠螺",壳质坚固,壳表装饰极富变化。体螺层大,螺塔低平,脐孔大而深。顶部各螺层缝合线不明显,一排扁平且弯曲的棘刺环绕在后面螺层的周缘。体螺层下半部具螺旋排列的短棘。螺带呈橄榄绿色和红色。

附注 直到20世纪末才发现较为完整的标本。
栖息地 珊瑚礁底。

印度洋—太平洋区

管状棘
脐部被弯曲的棘刺环绕
外唇边缘无珍珠光泽
体螺层上半部具粗螺肋

分布:菲律宾 | 数量: | 尺寸:6厘米

| 超科:马蹄螺超科 | 科:海豚螺科 | 种:Angaria vicdani Kosuge, 1980 |

宏凯海豚螺(Victor Dan's Delphinula)

壳质坚实,体螺层大,底部平坦,螺塔较短。各螺层周缘长有棘刺,早期螺层棘刺较直,细而扁平;愈接近壳口的棘刺愈长且弯曲,管状也愈明显。脐孔大而深,周围环绕两排短棘。除早期螺层外,其余各螺层上部具粗糙的螺肋,体螺层底部具强壮的螺肋。壳表呈橙色,略带浅粉红色,局部渲染绿色;壳底肋部呈白色。

附注 该贝类以著名贝类收藏家陈宏凯先生的名字命名,他是一位菲律宾华侨。
栖息地 深海底。

腹面观
顶面观
从壳顶俯视,可见棘刺呈螺旋状排列
脐孔周围呈深红色
次生棘
朝一侧开口的棘刺

印度洋—太平洋区

分布:菲律宾 | 数量: | 尺寸:7厘米

蜑螺

贝壳质地坚厚,螺塔低矮,外唇增厚且常具齿,轴唇具齿或犁沟。厣石灰质,表面常具颗粒状突起。无脐孔。有些蜑螺色彩极富变化。蜑螺在岩石海岸和红树林中往往产量极大。

超科:蜑螺超科	科:蜑螺科	种:*Nerita peloronta* Linnaeus, 1758

血齿蜑螺(Bleeding Tooth)

蜑螺科中较大的种类,贝壳坚厚,螺塔低矮,壳表具微微凸起的螺肋。厣呈暗红色,内侧具颗粒状突起。壳面呈黄色、浅红色或乳白色,具深色条纹或"之"字形花纹。

附注 以齿部特征命名。

栖息地 近岸岩礁丛。

浅底色上具"之"字形花纹

齿近方形,染有橙红色

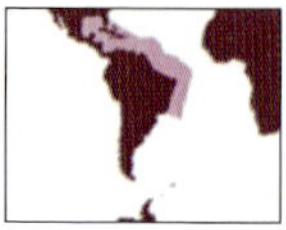

加勒比海区

分布:西印度群岛、美国佛罗里达西部和百慕大	数量:	尺寸:3厘米

超科:蜑螺超科	科:蜑螺科	种:*Nerita polita* Linnaeus, 1758

锦蜑螺(Polished Nerite)

又名"玉女蜑螺",贝壳厚重,壳顶近平,体螺层较扁,缝合线很浅。轴唇宽大呈盾状,表面光滑,其上具数个不规则或方形的齿。盾面和壳口呈乳白色,常有橘黄色的镶边。壳表其他部位呈粉红色或灰白色,装饰有白色、黑色或红色的云斑。

栖息地 近岸岩礁丛。

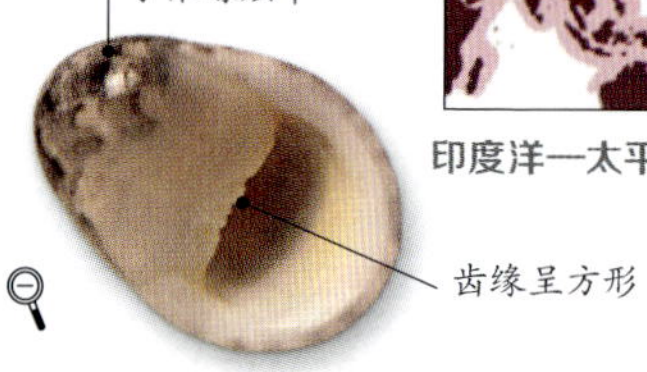

螺塔几乎埋没于体螺层中

齿缘呈方形

印度洋—太平洋区

分布:热带印度洋—太平洋	数量:	尺寸:3厘米

超科:蜑螺超科	科:蜑螺科	种:*Vittina waigiensis* (Lesson, 1831)

五彩游螺(Zigzag Nerite)

又名"红斑蜑螺",壳质薄但坚实,螺塔略高,体螺层膨大。壳面非常平滑且具光泽,仅有一些不明显的纵纹状雕刻。壳顶或尖或圆,缝合线极浅,轴唇上的齿细弱。壳表呈红色、粉色、黑色或黄色,常排列着"之"字形和带状图案。

栖息地 红树林沼泽。

体螺层朝壳口方向膨胀

印度洋—太平洋区

非常艳丽的花纹

分布:太平洋西南部	数量:	尺寸:2厘米

锥螺

贝壳匀称且修长，这种独特的体形比它们的色彩更引人注目。锥螺科的主要特征表现在与众不同的螺旋雕刻。缝合线清晰；无脐孔；外唇很少完整。在全世界的砂质或泥沙质海底几乎都能见到它们的踪迹。

超科：蟹守螺超科	科：锥螺科	种：*Turritellinella tricarinata* (Brocchi, 1814)

欧洲锥螺 (European Screw Shell)

又名"三棱锥螺"，贝壳薄而轻，壳顶尖锐，螺层较圆，缝合线深。各螺层具粗壮的螺肋和细弱的垂直线纹，偶尔可见参差排列的清晰的生长纹，彼此相互交错。壳表通常为浅红色或浅黄褐色，螺轴偏白色。

栖息地 浅海和深海的砂质海底。

螺层中部的螺肋更尖锐

壳口边缘参差不齐

北欧区、地中海区

分布：欧洲西部、地中海	数量：	尺寸：6厘米

超科：蟹守螺超科	科：锥螺科	种：*Turritella terebra* (Linnaeus, 1758)

锥螺 (Tower Screw Shell)

本种为属模式种，贝壳修长而优雅，具30多个呈规则盘绕的圆形螺层。壳口圆，外唇较薄，但通常保存完整。螺轴较圆。各螺层有多达6条的粗壮螺肋，其间又有数条细肋，并与细弱的纵纹相互交错。壳底面凹陷，具螺沟。壳表呈浅褐色或深褐色，无花纹。有些个体螺层非常膨胀，缝合线更深，而螺肋却更弱。

附注 世界上最大的锥螺类，其种加词的含义是指其外形与笋螺科中的 *Terebra* 属相似。

栖息地 泥沙质海底。

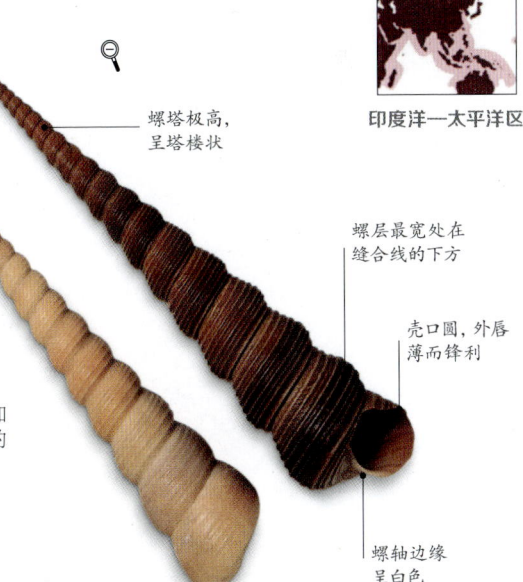

螺塔极高，呈塔楼状

印度洋—太平洋区

螺层最宽处在缝合线的下方

壳口圆，外唇薄而锋利

螺轴边缘呈白色

分布：热带印度洋—太平洋	数量：	尺寸：14厘米

蛇螺

顾名思义，所有蛇螺的贝壳都像蛇或蠕虫一样呈不规则的卷曲状。在早期生长阶段，有些蛇螺种类与锥螺几乎很难分辨，解剖结构也表明它们之间关系密切。但也有一些蛇螺生长更为随意，通常彼此盘绕在一起。

| 超科：蟹守螺超科 | 科：锥螺科 | 种：*Vermicularia spirata* (Philippi, 1836) |

蚯蚓锥螺（West Indian Worm Shell）

壳顶部分总是紧密盘绕，看上去与其他锥螺无异。早期各螺层光滑，并沿着深深的缝合线规则地结合在一起，后面螺层彼此分离。在解旋初期，螺层上明显可见2~3条发达的螺肋，随着解旋的继续，螺肋会逐渐变弱、甚至消失，当完全解旋时，除少数几条螺肋外，贝壳整体看上去几乎是光滑的。壳口圆而薄。早期螺层为深褐色，但随着解旋的开始，颜色会越来越淡。

附注 这种形似蛇螺的贝类其实是一种解螺旋的锥螺，如果观察其软体特征就能证明这一点。

栖息地 砂底或海绵体内。

译者注：将此种锥螺至于"蛇螺科"之下，实乃作者有意为之，只因其外形似蛇，被误认作"蛇螺"很多年，放在一起方便读者进行比较。

- 螺塔最初是紧密卷曲的
- 加勒比海区
- 不规则的螺肋
- 壳管的无肋面十分光滑

| 分布：西印度群岛 | 数量： | 尺寸：8.25厘米 |

| 超科：蛇螺超科 | 科：蛇螺科 | 种：*Thylacodes adamsii* (Mörch, 1859) |

覆瓦小蛇螺（Scaly Worm Shell）

与大多数蛇螺一样，它们可将贝壳固着在坚硬的物体上，外形不规则，不易分辨。早期螺层完全埋藏于后期生长的螺壳里。壳表布满了不规则的螺肋。

附注 两个个体可以连接在一起。

栖息地 岩石海岸。

- 日本区、印度洋—太平洋区
- 壳口呈圆形，边缘薄

| 分布：中国、日本 | 数量： | 尺寸：6厘米 |

独齿螺

独齿螺科种类稀少，喜欢栖息在温暖的浅海中，外形酷似"迷你版"的蝾螺。贝壳坚硬，呈球形，壳口宽大，在螺轴的基部有一枚小而钝的齿。螺塔扁平或呈圆锥形。脐孔小，隐藏或隐约可见。

超科：蟹守螺超科	科：独齿螺科	种：*Indomodulus tectum* (Gmelin, 1791)

平顶独齿螺（Covered Modulus）

又名"壶螺"，贝壳坚实，螺塔扁平，螺层周缘装饰有斜的褶皱，看上去犹如疙瘩一般。螺肋粗糙，螺轴光滑，底部具一枚明显的齿。壳表呈乳白色或淡黄色，具褐色斑点；螺轴呈白色或深褐色。

缝合线不明显

印度洋—太平洋区

轴齿朝壳口内弯曲

栖息地 长有海藻的砂质底。

分布：热带印度洋—太平洋	数量：	尺寸：2.5厘米

汇螺

汇螺又称"海蜷"，因主要栖息在咸淡水交汇之处，故此得名。汇螺的种类虽然不多，但是在红树林沼泽和泥滩上，它们的数量可能成千上万。壳质通常坚硬，色彩暗淡，螺层众多，常装饰有螺肋和结节状雕刻。外唇基部朝前沟的方向弯曲。

超科：蟹守螺超科	科：汇螺科	种：*Telescopium telescopium* (Linnaeus, 1758)

望远镜螺（Telescope Snail）

又名"望远镜海蜷"，贝壳厚重，螺塔高，两侧平直，看上去就像被拉长的马蹄螺。壳底平，通过一条深沟与螺轴分离。壳口不平整，从侧面看，口缘朝下方弯曲成一个弧度，并突出于底部。每个螺层具1条窄肋和3条宽肋。缝合线很浅，有时很难与这些扁平螺肋的边缘相区别。壳表呈黑褐色，有时会环绕一条浅褐色、白色或灰色的螺带。

灰白色的缝合线

印度洋—太平洋区

附注 尽管螺塔很高，但因为易被腐蚀，很少有超过16层的标本。

栖息地 红树林沼泽。

螺轴扭曲，形似瓶塞钻

壳口下缘朝前沟方向急剧弯曲

分布：热带印度洋—太平洋	数量：	尺寸：9厘米

| 超科：蟹守螺超科 | 科：汇螺科 | 种：*Pirenella cingulata* (Gmelin, 1791) |

珠带拟蟹守螺（Girdled Horn Shell）

又名"栓海蜷"。贝壳坚固，螺层两侧平直，缝合线深，壳顶常被腐蚀。除体螺层外，各螺层具发达的纵肋和3条螺旋沟，且彼此交错而形成结节状突起。外唇厚，呈弓形。壳表呈深褐色，各螺层具2～3条褐色或白色的线纹。

栖息地 红树林沼泽。

印度洋—太平洋区

体螺层上具更多灰色线纹

| 分布：热带印度洋—太平洋 | 数量： | 尺寸：4厘米 |

蟹守螺

蟹守螺是潮间带至浅海数量最多的腹足类之一。它们通常色彩单一，但有些却具迷人的色带。很多蟹守螺类在贝壳大小和壳面雕刻上变化极大，因此很难鉴定。它们大多栖息在潮间带，尤其偏爱珊瑚礁附近的沙质滩涂。

| 超科：蟹守螺超科 | 科：蟹守螺科 | 种：*Cerithium vulgatum* Bruguière, 1792 |

欧洲蟹守螺（European Cerith）

贝壳坚实，壳顶尖锐，螺层急剧倾斜，缝合线浅。中间螺层的螺沟最强，结瘤呈螺旋状排列，有的可形成短棘。螺轴略弯，内唇上端增厚，外唇边缘呈波浪状，前沟较短。壳表呈灰色或浅褐色，具深褐色的斑块。

栖息地 砂质环境。

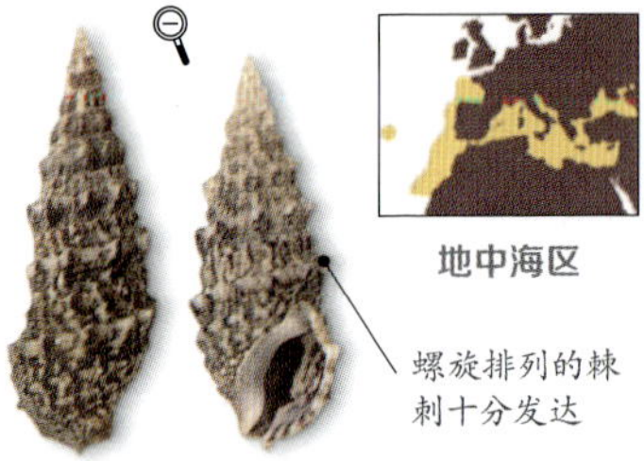

地中海区

螺旋排列的棘刺十分发达

| 分布：地中海 | 数量： | 尺寸：4.5厘米 |

| 超科：蟹守螺超科 | 科：蟹守螺科 | 种：*Rhinoclavis aspera* (Linnaeus, 1758) |

粗纹锉棒螺（Rough Cerith）

又名"秀美蟹守螺"或"皱蟹守螺"，是蟹守螺科中体形较修长的种类。壳顶尖锐，缝合线深，各螺层均匀扩张。内唇上部增厚，与体螺层明显分离。前沟短，朝壳口斜后方强烈弯曲。纵肋粗壮，其上有时具尖锐的小刺，在壳表呈倾斜状排列。贝壳呈白色，有时具褐色螺纹或斑点。

栖息地 砂质环境。

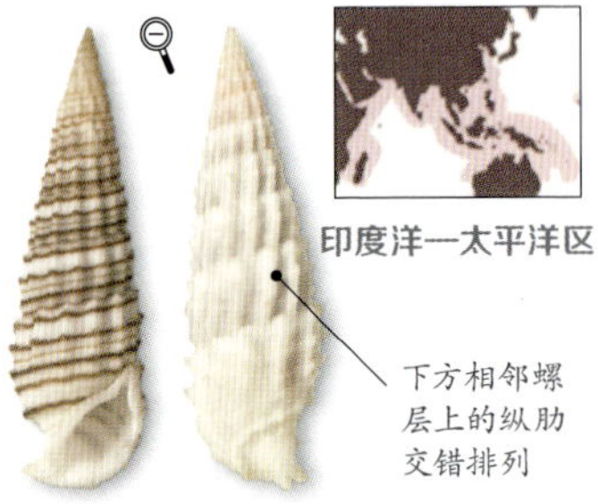

印度洋—太平洋区

下方相邻螺层上的纵肋交错排列

| 分布：印度洋—太平洋 | 数量： | 尺寸：5厘米 |

平轴螺

又名"芝麻螺",家族成员很少。贝壳质地坚厚,呈圆锥形。有的壳面光滑,有的具螺肋。壳口内常有脊,螺轴上具独齿,前沟明显可见。厣很薄,角质。它们通常栖息在潮间带的岩石上。

| 超科: 蟹守螺超科 | 科: 平轴螺科 | 种: *Planaxis sulcatus* (Born, 1778) |

平轴螺 (Furrowed Planaxis)

又名"芝麻螺",本种为属模式种。体螺层占整个壳高的2/3。螺肋宽平,有时不明显。内唇滑层发达,螺轴末端形成一缺口。壳表呈紫褐色和灰色,排列有线纹和斑点。

附注 壳表具不透明的角质层。
栖息地 潮间带岩礁丛。

体螺层在缝合线处具褶皱

印度洋—太平洋区

内凹的螺轴

| 分布: 热带印度洋—太平洋 | 数量: | 尺寸: 2.5厘米 |

麂眼螺

目前已发现超过1000种麂眼螺,无论从热带到极地,还是从潮间带到深海,它们的踪迹遍布全世界各个海域。许多麂眼螺的种类具有发达的雕刻和花纹,但也有些贝壳表面平滑且颜色单调。通常可利用放大镜或低倍显微镜来观察从海岸边拾来的沙粒而收集它们。

| 超科: 麂眼螺超科 | 科: 麂眼螺科 | 种: *Alvania cancellata* (da Costa, 1778) |

方格腹螺 (Latticed Rissoa)

又名"方格麂眼螺",贝壳微小,具4个阶梯状的螺层,通体布满明显的格子状雕刻。壳口圆,螺唇厚并具小圆齿,无脐孔。壳表呈白色或浅黄褐色。

附注 地中海区相对常见的物种之一。
栖息地 潮下带砂底。

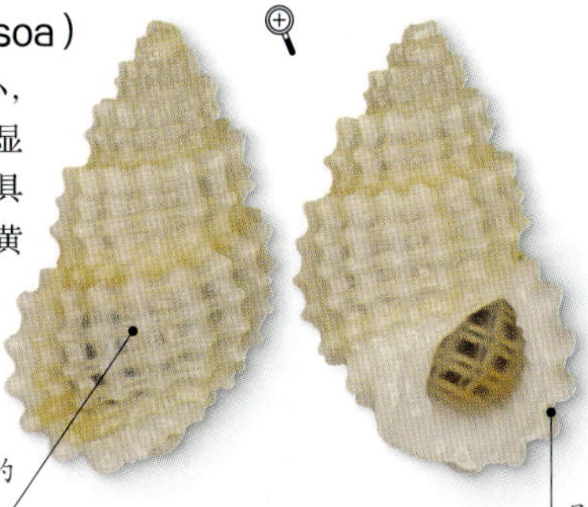

地中海区

西非区

格子状的雕刻

具细圆齿的壳唇

| 分布: 地中海、欧洲西部、非洲西部 | 数量: | 尺寸: 0.3厘米 |

滨螺

又称"玉黍螺",是贝壳质地坚固的小型腹足类,在温暖海区和寒冷海区都能见到,它们常成群地聚集在岩石和港湾的防波堤上。有些种类花纹醒目,色彩千变万化。缝合线较浅,无脐孔。厣较薄,角质。

超科:滨螺超科	科:滨螺科	种:*Littorina littorea* (Linnaeus, 1758)

滨螺(Common Periwinkle)

又名"欧洲玉黍螺",本种为属模式种。壳质坚厚,螺塔短小,缝合线细弱,螺层中度膨圆,壳顶尖。壳表光滑,具弱的螺肋和生长纹。壳表大多呈深褐色或灰色,常具螺带,偶尔也会发现橙色或浅红色的标本。

附注 尽管这些贝壳很小,但它们仍被当作食物而被大量采集,人们用大头针或牙签来挑取贝壳中的软体食用。
栖息地 潮间带岩石圈。

- 纤细的螺肋和螺沟
- 北欧区
- 上唇倾斜角度与螺塔夹角相似

分布:欧洲西部、美国东北部	数量:	尺寸:3厘米

超科:滨螺超科	科:滨螺科	种:*Littoraria scabra* (Linnaeus, 1758)

粗糙拟滨螺(Mangrove Periwinkle)

壳质薄但坚实,螺塔高,螺层圆,具螺旋肋,缝合线明显。螺轴直,与外唇底部形成明显的锐角。壳表呈淡黄色或灰白色,夹杂着深褐色和浅褐色的线纹。

附注 亦称"粗纹玉黍螺"。
栖息地 红树林中。

- 螺塔高,具尖顶
- 印度洋—太平洋区
- 螺轴与外唇构成棱角

分布:印度洋—太平洋、南非	数量:	尺寸:3厘米

超科:滨螺超科	科:滨螺科	种:*Tectarius coronatus* Valenciennes, 1832

塔滨螺(Crowned Prickly Periwinkle)

又名"金塔玉黍螺",贝壳两侧平直,体表遍布由小结节组成的螺肋,缝合线隐藏其中,不易察觉。愈靠近体螺层周缘,小结节的尺寸愈大。螺塔呈乳白色到粉橙色渐变;壳底呈白色;外唇具褐色斑。

附注 滨螺科中雕刻极其粗糙的成员。
栖息地 潮间带岩石圈。

- 缝合线下方有深褐色的螺带
- 印度洋—太平洋区
- 小结节呈水平和垂直状整齐排列

分布:菲律宾	数量:	尺寸:3厘米

凤螺

又名"凤凰螺",贝壳色彩丰富且质地厚重。它们的一个重要特征就是在外唇的前端具"凤螺缺刻",它们可将具眼柄的左眼从缺刻中伸出来观察周围环境。它们主要栖息在热带或亚热带的浅海区,有些喜欢砂质环境,有些钟爱泥质或砾石质海底,还有一些则生活在珊瑚礁上。凤螺的厣长而弯曲,能够帮助它们以一连串笨拙的"跳跃"进行运动。蜘蛛螺虽然看上去与其他凤螺有明显区别,但实际上它们之间的关系是非常密切的。大部分凤螺具扩张的外唇,而蜘蛛螺还生有延长的指状突起。绝大多数凤螺都是可食用的。

超科:凤螺超科	科:凤螺科	种: *Aliger gigas* (Linnaeus, 1758)

大凤螺(Pink Conch)

又称"女王凤凰螺",壳质坚固而厚重,成熟个体具一宽大而扩张的外唇。螺塔上生有大瘤,常发育成长而钝的棘,这些棘刺在幼体贝壳上格外明显。成熟时,外唇扩展可超出壳长,唇缘薄而易碎。壳表呈乳白色,上面覆盖着一层褐色的壳皮;壳口呈鲜艳的粉红色。

附注 螺肉可食用,但由于过度捕捞,大凤螺已列入CITES物种名录(见第9页)。

栖息地 浅海的海草丛或砂质底。

成贝

加勒比海区

幼贝

未成熟的个体无伸展的外唇

成年个体具典型的粉红色壳口

分布:美国佛罗里达东南部、西印度群岛	数量:	尺寸:23厘米

| 超科：凤螺超科 | 科：凤螺科 | 种：*Aliger gallus* (Linnaeus, 1758) |

雄鸡凤螺 (Rooster Tail Conch)

又名"雄鸡凤凰螺"，贝壳坚固，螺塔较高，就尺寸而言，重量显得较轻。从壳口的斜上方伸展出一个突起，并与螺塔形成一个夹角，看上去恰好与反方向延伸的前沟形成平衡之势。缝合线细而深，其下方环绕着明显的结节。在体螺层和扩展的外唇表面装饰着扁的螺肋。凤螺缺刻深。壳表呈乳白色，具褐色的条纹；壳口呈金褐色。

附注 常见的底色有橙色、黄色或紫色。

栖息地 近海砂底。

外唇突起延伸呈脊状

扩张的外唇朝螺塔方向延伸

弯曲的前沟

加勒比海区

| 分布：西印度群岛 | 数量： | 尺寸：13厘米 |

| 超科：凤螺超科 | 科：凤螺科 | 种：*Latissistrombus sinuatus* ([Lightfoot], 1786) |

紫袖凤螺 (Sinuous Conch)

又名"紫袖凤凰螺"，壳质坚固，中等大小，螺塔高，呈阶梯状，具瘤状突起。外唇呈翼状，上缘薄，具4枚圆形、指甲状的突起。壳表呈乳白色，具黄褐色且呈波浪形的条纹；壳口呈紫色。

附注 许多个体的外唇具5个突起。

栖息地 浅海珊瑚砂底。

滑层遮盖螺塔一侧

增厚的外唇边缘呈波浪状

凤螺缺刻深

印度洋—太平洋区

| 分布：西南太平洋 | 数量： | 尺寸：10厘米 |

腹足纲 | 55

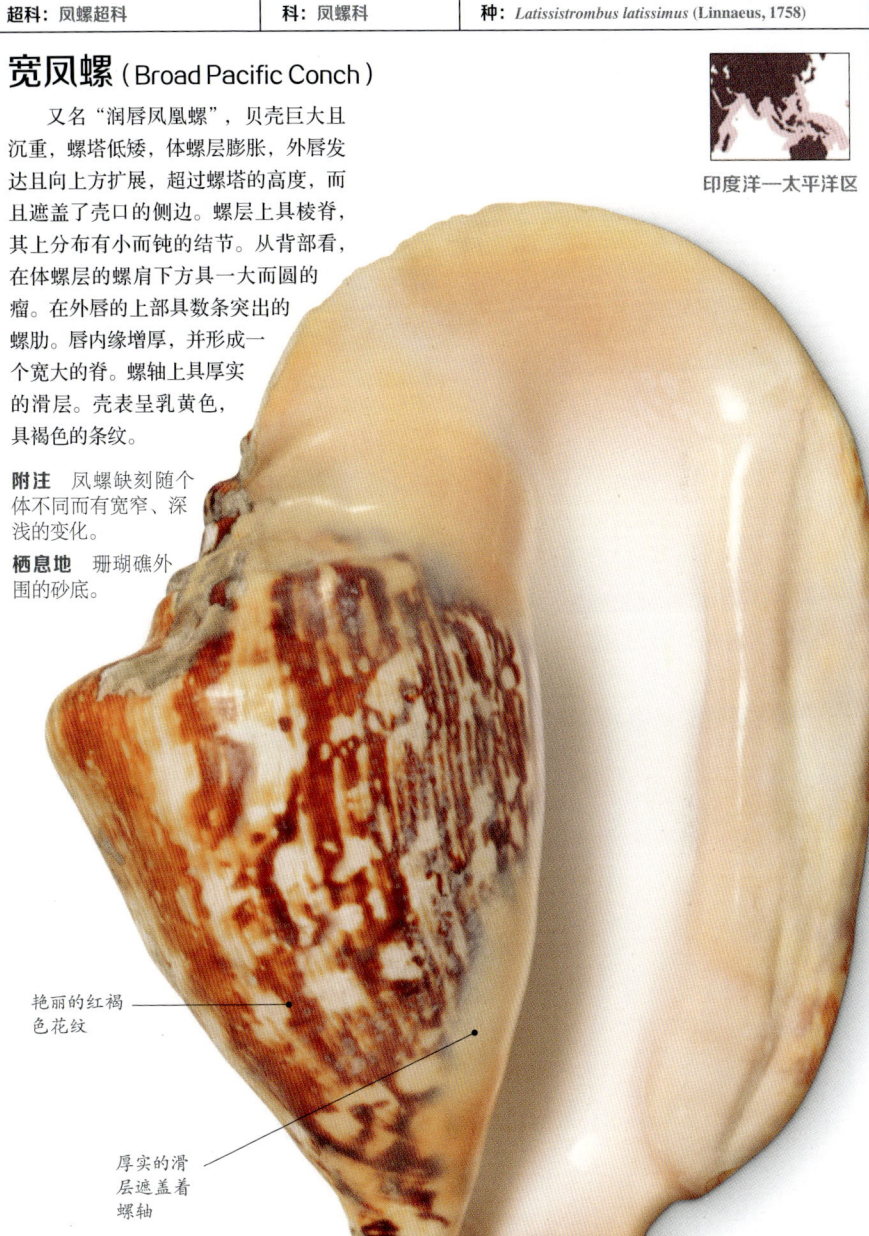

| 超科：凤螺超科 | 科：凤螺科 | 种：*Latissistrombus latissimus* (Linnaeus, 1758) |

宽凤螺（Broad Pacific Conch）

  又名"润唇凤凰螺"，贝壳巨大且沉重，螺塔低矮，体螺层膨胀，外唇发达且向上方扩展，超过螺塔的高度，而且遮盖了壳口的侧边。螺层上具棱脊，其上分布有小而钝的结节。从背部看，在体螺层的螺肩下方具一大而圆的瘤。在外唇的上部具数条突出的螺肋。唇内缘增厚，并形成一个宽大的脊。螺轴上具厚实的滑层。壳表呈乳黄色，具褐色的条纹。

附注 凤螺缺刻随个体不同而有宽窄、深浅的变化。

栖息地 珊瑚礁外围的砂底。

印度洋—太平洋区

艳丽的红褐色花纹

厚实的滑层遮盖着螺轴

舌状突起将前沟与凤螺缺刻隔开

| 分布：西太平洋 | 数量： | 尺寸：15厘米 |

| 超科: 凤螺超科 | 科: 凤螺科 | 种: *Mirabilistrombus listeri* (Gray, 1852) |

金斧凤螺（Lister's Conch）

又名"金斧凤凰螺"，壳薄而轻，螺塔修长，体螺层超过壳高的一半。螺塔早期螺层膨圆，后期开始倾斜，然后垂直下降。缝合线浅。体螺层光滑而弯曲，壳唇向外扩展，其外缘与螺轴平行，末端具一指状突起。螺轴光滑，具薄滑层。螺塔各层具明显的纵肋，并与细弱的螺肋相互交错。壳表呈白色，具褐色条纹和斑块。

附注 往昔被视为稀世珍品，如今在泰国海域大量出水。

栖息地 深海底。

外唇突起，朝螺塔方向弯曲

各螺层中央具一棱

体螺层浑圆，无棱角

凤螺缺刻形成异常宽大的凹陷

壳口呈瓷白色

印度洋—太平洋区

| 分布: 印度洋 | 数量: | 尺寸: 13厘米 |

| 超科: 凤螺超科 | 科: 凤螺科 | 种: *Strombus pugilis* Linnaeus, 1758 |

金拳凤螺（West Indian Fighting Conch）

又名"金拳凤凰螺"，壳质坚硬而厚重，螺塔短而尖，体螺层大。外唇增厚，凤螺缺刻较宽。早期螺层或光滑、或环绕有钝结节；后期螺层结节愈加尖锐，直到次体螺层发育成坚固的棘刺。体螺层中部光滑，其余各螺层具螺肋和螺沟。壳表呈淡褐色或橙黄色；壳口和螺轴呈红色。

附注 英文译名为"战斗凤凰螺"，该名源自其精力充沛的运动方式，当它们向前突进时，常用厣来挖掘砂砾。

栖息地 近岸砂底。

体螺层上的棘刺不如次体螺层的发达

水管沟具深色镶边

加勒比海区

| 分布: 加勒比海 | 数量: | 尺寸: 8厘米 |

腹足纲 | 57

| 超科：凤螺超科 | 科：凤螺科 | 种：*Canarium urceus* (Linnaeus, 1758) |

铁斑凤螺（Bear Conch）

又名"黑嘴凤凰螺"，贝壳较长，体形和颜色变化极大。体螺层长度几乎是螺塔的2倍以上。壳口上下端窄，内缘直且表面圆滑，凤螺缺刻或深或浅。螺塔各层有的光滑，有的具纵肋或瘤。壳口内常具较强的沟纹。体螺层上部光滑，下部具螺沟。壳表呈白色、乳白色或褐色，具深浅不一的褐色斑块或斑点，也有橙色或紫罗兰色的个体。

栖息地 砂质海底。

— 螺塔上具增厚的纵肋（纵胀肋）
— 印度洋—太平洋区
— 壳口外唇与内唇几乎平行
— 壳唇染黑的"变型"个体

| 分布：西太平洋 | 数量： | 尺寸：5厘米 |

| 超科：凤螺超科 | 科：凤螺科 | 种：*Canarium mutabile* (Swainson, 1821) |

花凤螺（Changeable Conch）

又名"花瓶凤凰螺"，贝壳坚实，矮胖，形状和颜色因产地不同而有较大变化。体螺层宽大，长度超过螺塔的2倍。螺顶尖锐，螺塔上的纵肋常变厚，呈瘤状。体螺层肩部具圆形突起。外唇增厚，壳口和螺轴具脊状肋。壳表呈白色或乳白色，具褐色杂斑，也有罕见的橙色或紫罗兰色的个体。

栖息地 近岸砂底。

— 印度洋—太平洋区
— 凤螺缺刻很浅

| 分布：热带印度洋—太平洋 | 数量： | 尺寸：3.5厘米 |

| 超科：凤螺超科 | 科：凤螺科 | 种：*Tridentarius dentatus* (Linnaeus, 1758) |

齿凤螺（Samar Conch）

又名"三齿凤凰螺"，贝壳具光泽，体螺层膨胀，长度超过螺塔的2倍，缝合线浅。各螺层平滑，纵肋较圆，在延伸至体螺层中间时逐渐消失。壳口刚好超过体螺层高度的一半，而且底部看上去就像被切掉了一般。外唇薄，凤螺缺刻较浅。螺轴平滑且具光泽。壳表呈米黄色，具褐色杂斑。

附注 壳口下部有时呈紫褐色。
栖息地 珊瑚礁附近。

— 螺层中间具纵肋
— 印度洋—太平洋区
— 壳口下部有时呈紫褐色
— 略弯曲的前沟

| 分布：西印度洋、红海 | 数量： | 尺寸：4厘米 |

| 超科：凤螺超科 | 科：凤螺科 | 种：*Lentigo lentiginosus* (Linnaeus, 1758) |

斑凤螺（Silver Conch）

又名"粗瘤凤凰螺"，贝壳坚厚，体螺层膨大，轮廓近方形，螺塔短而尖。外唇增厚，边缘反卷，并向外扩张，其高度几乎与壳顶齐平。凤螺缺刻深，前沟短而宽。缝合线深，呈波浪状。体螺层上具5排由结节组成的螺肋，最上面一排结节突出，呈关节状。各螺层具螺旋线纹。壳口及螺轴光滑，内唇上覆盖着一层透明的滑层。壳表呈乳黄色，具橙褐色的条纹和杂斑；壳口呈淡粉橙色。

附注 就其尺寸来说，贝壳显得极厚重。
栖息地 浅海珊瑚砂底。

印度洋—太平洋区

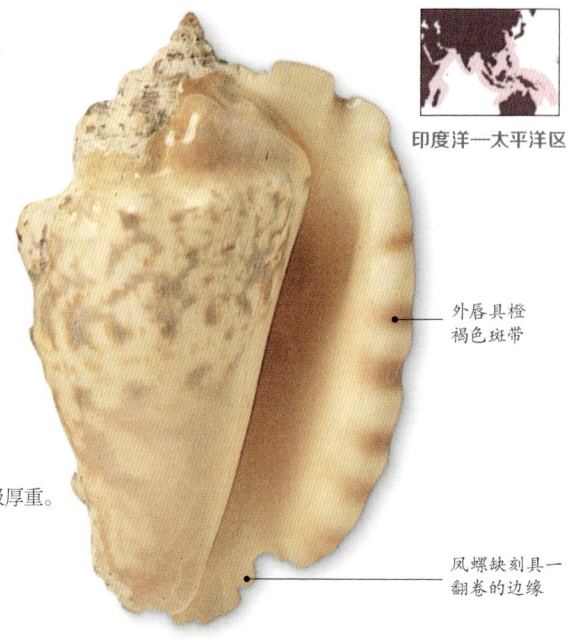

外唇具橙褐色斑带

凤螺缺刻具一翻卷的边缘

| 分布：热带印度洋—太平洋 | 数量： | 尺寸：7.5厘米 |

| 超科：凤螺超科 | 科：凤螺科 | 种：*Laevistrombus canarium* (Linnaeus, 1758) |

水晶凤螺（Dog Conch）

又名"水晶凤凰螺"，就其尺寸而言，贝壳显得相当厚重。体螺层呈梨形，外唇扩展。螺塔低，壳顶尖锐。螺塔各层膨圆，表面平滑或装饰有螺肋和螺沟。体螺层光滑，但基部具螺沟。外唇边缘增厚。凤螺缺刻较浅。螺轴直，其上具厚滑层。壳表呈白色、米黄色或褐色，有较深色的条纹。

附注 不同个体间尺寸差异极大。
栖息地 近海砂底。

螺塔各层下方具浅色带

外唇具白色镶边

底色和花纹千变万化

印度洋—太平洋区

| 分布：热带印度洋—太平洋 | 数量： | 尺寸：6厘米 |

| 超科：凤螺超科 | 科：凤螺科 | 种：*Lambis lambis* (Linnaeus, 1758) |

蜘蛛螺（Common Spider Conch）

贝壳大而坚固，螺塔高几乎与体螺层相当。壳口向外扩展，在边缘处形成6支中空的长棘，且大都朝上方弯曲。前沟延长也形成棘刺，几乎与最顶端的棘刺呈对称排列。凤螺缺刻较深。体螺层表面装饰有钝结节，其中最靠近壳唇的一枚结节最大。壳表还具不发达的螺肋，螺塔各层均内凹。壳口侧面被发达的内唇滑层遮盖。壳表呈乳白色，具褐色斑纹。

附注 雌性的棘刺比雄性长，肉可食用。

栖息地 近海砂底。

外唇边缘先凹陷成沟，再卷曲成棘刺

壳口内呈肉红色

凤螺缺刻深

成贝

幼贝无棘刺

弯曲的前沟

幼贝

印度洋—太平洋区

| 分布：印度洋—太平洋 | 数量： | 尺寸：15厘米 |

| 超科：凤螺超科 | 科：凤螺科 | 种：*Ophioglossolambis violacea* (Swainson, 1821) |

紫罗兰蜘蛛螺（Violet Spider Conch）

又名"紫口蜘蛛螺"，壳体膨大，外唇扩张，具 15～17 根突起的棘刺。前沟长，并朝壳口方向弯曲。凤螺缺刻宽而深。通体环绕螺肋，且在下方螺层的螺肋表面具不规则排列的小结节。壳口内排列着精致的螺脊。壳面呈白色，具褐色的斑点和条纹；壳口内侧呈深紫罗兰色；外唇具橙色斑块。

栖息地 浅海砂底。

顶端棘刺比下方的棘刺更长且更扁平

棘刺上的肋更发达

因壳口艳丽的紫罗兰色而得名

印度洋—太平洋区

| 分布：毛里求斯（圣布兰登群岛） | 数量： | 尺寸：9厘米 |

| 超科：凤螺超科 | 科：凤螺科 | 种：*Harpago chiragra* (Linnaeus, 1758) |

水字螺（Chiragra Spider Conch）

贝壳大而厚重，体螺层膨大，螺塔短。壳口周缘的角状突起极为发达，甚至将螺塔遮盖。壳顶尖锐，所有螺层均具棱角。体螺层上具不规则且带瘤的螺肋，其中最厚的螺肋最终形成弯曲的突起。外唇具 5 个半封闭的棘刺（螺轴底部的第六根棘刺其实是延长的前沟）。壳表呈白色，具褐色斑纹；壳口呈粉色、红色或褐色。

附注 雌性贝壳更大，螺轴上的脊也更发达。

栖息地 近海砂底。

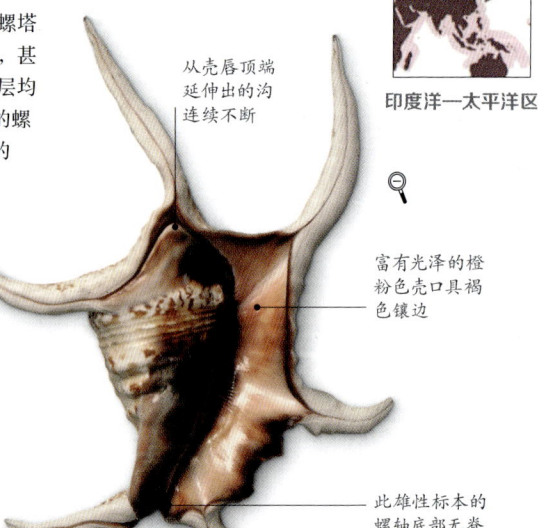

印度洋—太平洋区

从壳唇顶端延伸出的沟连续不断

富有光泽的橙粉色壳口具褐色镶边

此雄性标本的螺轴底部无脊

| 分布：热带印度洋—太平洋 | 数量： | 尺寸：雄性为16厘米 |

鼻螺

鼻螺与凤螺的关系非常密切，它们曾经被认为属于一个类群。这些修长的贝类以其笔直且延伸的前沟为主要特征。极个别种类具浅的凤螺缺刻。

| 超科：凤螺超科 | 科：鼻螺科 | 种：*Tibia insulaechorab* Röding, 1798 |

阿拉伯长笛螺（Arabian Tibia）

又名"阿拉伯长鼻螺"，贝壳厚重，螺塔两侧平直，体螺层膨大。从次体螺层下方形成一厚实的内唇滑层，并扩展至前沟下方。壳口上下端窄。从底面看，外唇具一明显的镶边，并一直延伸至前沟底部。外唇下半部具 5～6 枚短的钝刺，刺的下方是浅的凤螺缺刻。壳表呈浅褐色；壳口及内唇滑层为白色。

附注 本种有一变型，在缝合线处具深褐色的螺带。
栖息地 近海砂底。

早期螺层具纵肋

印度洋—太平洋区

螺轴上具钝齿

缝合线处具白线纹

| 分布：印度洋、红海 | 数量： | 尺寸：14厘米 |

| 超科：凤螺超科 | 科：鼻螺科 | 种：*Tibia fusus* (Linnaeus, 1758) |

长笛螺（Shinbone Tibia）

又名"长鼻螺"，贝壳纤细，螺塔细长且高，前沟长而直，如针一般，长度几乎与所有螺层相当。早期螺层具纵肋和细弱的螺肋；其余螺层较光滑，仅在体螺层的底部具螺沟。所有螺层均明显凸圆，缝合线深刻。螺轴内唇滑层的上端具一钝齿，下端与前沟融合。外唇中等厚，上端具一后沟并与内唇滑层相接；之后是连续分布的 5 枚钝齿，长度由上而下逐渐递减。壳表呈淡褐色，缝合线处颜色较浅；外唇和螺轴呈乳白色或白色。厣角质，呈卵形，两端突出，具顶核。

附注 收藏者视前沟修长且完整无损的标本为极品。
栖息地 深海底。

早期螺层的雕刻较明显

印度洋—太平洋区

外唇上的小刺愈靠近前端愈长

厣的一端尖锐，可帮助动物抓牢海床

前沟尖端有时微微弯曲

| 分布：西南太平洋 | 数量： | 尺寸：20厘米 |

| 超科：凤螺超科 | 科：鼻螺科 | 种：*Tenuitibia martinii* (Marrat, 1877) |

珍笛螺（Martin's Tibia）

又名"马丁长鼻螺"，贝壳薄而轻，光泽如丝绸。螺塔高，壳顶尖，体螺层膨胀，棘刺状的前沟微微弯曲。缝合线浅，其下方具一条明显的螺沟。外唇边缘增厚，具6～7枚短棘。壳表呈乳褐色；外唇和螺轴下方镶有白边；螺塔中间螺层呈深褐色。

附注 自1877年被命名后的约100年间，这一美丽的大型物种几乎无法再获取。

栖息地 深海底。

- 体螺层上无螺沟
- 外唇顶端具一短沟
- 唇缘上半部更厚
- 前沟边缘呈深褐色
- 仅外唇下半部具棘刺

印度洋—太平洋区

| 分布：中国台湾省—菲律宾 | 数量： | 尺寸：13厘米 |

| 超科：凤螺超科 | 科：鼻螺科 | 种：*Rostellariella delicatula* (Nevill, 1881) |

优美长鼻螺（Delicate Tibia）

又名"孟加拉长鼻螺"，贝壳坚固，平滑而有光泽。螺塔微凸，缝合线浅，壳顶尖。体螺层浑圆，下半部急剧向内弯曲，在末端形成短而尖且微微弯曲的前沟。外唇具5枚明显的钝刺。壳表呈浅黄色或黄褐色，具不明显的深褐色纵纹，以及间距宽阔的白色螺线；外唇内侧呈白色，外侧呈褐色。

附注 深海贝类大都无法直接采集，但一次幸运的拖网就有可能收获足够多的标本，以满足狂热的贝壳爱好者的需求。

栖息地 深海底。

- 顶部螺层无色
- 缝合线下方具半透明的窄带
- 壳口顶端具窄沟
- 顶端棘刺最厚
- 厣呈爪状
- 壳口内呈紫褐色

印度洋—太平洋区

| 分布：阿拉伯海、印度洋 | 数量： | 尺寸：7厘米 |

腹足纲 | 63

| 超科：凤螺超科 | 科：鼻螺科 | 种：*Rimellopsis powisii* (Petit de la Saussaye, 1840) |

沟纹笛螺（Powis's Tibia）

又名"包氏长鼻螺"，贝壳小型，质地坚厚，体形修长。各螺层较圆，缝合线很深，壳顶尖锐。前沟短而直，末端尖。螺塔长度大于体螺层和前沟长度之和。体螺层与壳口侧缘的交接处明显收缩。壳口小，外唇增厚且向后方翻卷，并有5枚粗壮的钝棘。螺轴光滑，具发达的滑层。下方螺层被圆形的螺肋环绕，肋间具不明显的纵脊。壳表呈浅褐色；外唇和螺轴呈白色；外唇后方具深褐色的斑块。

栖息地 近海水域。

早期螺层非常光滑

印度洋—太平洋区、日本区

褐色的缝合线比螺层颜色更深

顶端棘刺宽而扁

前沟末端呈褐色

| 分布：西南太平洋 | 数量：●●● | 尺寸：6厘米 |

| 超科：凤螺超科 | 科：鼻螺科 | 种：*Varicospira cancellata* (Lamarck, 1816) |

刻纹沟螺（Cancellate Beak Shell）

又名"网纹长鼻螺"，壳质坚厚，体形修长。壳口狭窄，增厚的外唇具波浪形边缘。螺轴向上方延伸，并与弯曲的后沟融合。壳表纵肋光滑，其间有深的螺沟。壳表呈褐色；壳口呈紫色；外唇和螺轴呈白色。

附注 此种鼻螺的独特之处在于壳口顶端狭长且蜿蜒的后沟。

栖息地 近海水域。

印度洋—西太平洋区

围绕螺层的窄沟

螺唇表面具褶皱

| 分布：印度洋—西太平洋 | 数量：●● | 尺寸：3厘米 |

| 超科：凤螺超科 | 科：钻螺科 | 种：*Terebellum terebellum* (Linnaeus, 1758) |

钻螺（Bullet Conch）

又名"飞弹螺"，为属模式种。贝壳体形修长，螺塔很短，体螺层两侧平直。缝合线清晰，其上方具一条细长的螺带，环绕整个螺层。体螺层大于螺塔长度，向下逐渐变窄，两侧趋向平行，在前沟处形成宽阔的V形切口。壳口窄，螺轴长，内唇滑层厚。外唇光滑，略增厚。颜色和花纹丰富多变，通常呈乳白色，具螺旋排列的梨形褐斑。

附注 此种体形在贝类中独树一帜。

栖息地 近海砂底。

印度洋—太平洋区

深色斑纹紧靠浅色斑点

前沟具褐色镶边

| 分布：热带印度洋—太平洋 | 数量：●●●● | 尺寸：6厘米 |

鸵足螺

贝壳坚固，大小中等，缝合线明显，无脐孔。壳口大，前沟较短，螺层上常具结节。螺轴和内唇表面具厚实的滑层。家族成员较少，都有一片薄薄的角质厣。

| 超科：凤螺超科 | 科：鸵足螺科 | 种：*Struthiolaria papulosa* (Martyn, 1784) |

大鸵足螺（Large Ostrich Foot）

贝壳厚重，螺塔高，缝合线明显。各螺层具明显肩角，并在周缘环绕一排突出的结瘤。在结瘤的上下方等距离分布着几排细而扁平的螺肋。本种最典型的特征是其强烈弯曲的外唇及在螺轴上具滑层。壳表呈白色，具褐色纵条纹。

栖息地 潮间带及近海砂底。

螺层具锐利的肩角

新西兰区

螺轴被厚的滑层覆盖

弯曲而增厚的外唇

| 分布：新西兰 | 数量： | 尺寸：6厘米 |

鹈足螺

贝壳口唇部扁平，成贝会形成"蹼足"状的突起，而幼贝的外表则大相径庭。贝壳的外形与指状突起的数量在同一种类中可能差别极大。绝大多数种类都生活在冷水或温带海域中。

| 超科：凤螺超科 | 科：鹈足螺科 | 种：*Aporrhais pespelecani* (Linnaeus, 1758) |

鹈足螺（Common Pelican's Foot）

各螺层肩角明显，其上环绕着一排钝瘤，螺沟较纤细。缝合线明显，上方具一螺肋。外唇扁平，向外伸展出4条指状突起，在突起的背部中央具一条脊状肋，在内面的对应处形成沟槽。壳表呈淡褐色；壳口呈白色。

栖息地 泥砾质底。

壳口外唇上的指状突起

北欧区、地中海区

| 分布：欧洲西北部、地中海 | 数量： | 尺寸：5厘米 |

衣笠螺

这些拥有精致陀螺形贝壳的腹足类有着近乎极端的习性特征：到处收集贝壳、石头及其他海底杂物，并将它们粘在自己的贝壳表面，因此又被称作"缀壳螺"。脐孔或有或无，但都有薄的角质厣。绝大多数的衣笠螺都生活在热带海域中。

| 超科：凤螺超科 | 科：衣笠螺科 | 种：*Xenophora pallidula* (Reeve, 1842) |

白衣笠螺（Pallid Carrier）

又名"缀壳螺"，壳质薄，螺塔高度适中。脐孔小，常被继续生长的壳质层遮盖。壳面具斜纵肋，其上覆盖着空贝壳及各种海底杂物碎片。壳表呈白色或黄白色。

附注 壳面所黏附的物体包括各种长形贝壳和偶尔出现的人造物，在周缘呈辐射状排列。

栖息地 深海底。

日本区、印度洋—太平洋区

南非区

| 分布：印度洋—太平洋、南非、日本 | 数量：🐚🐚🐚 | 尺寸：7.5厘米 |

黏附着物体的贝壳周缘继续向外延伸

强烈弯曲的壳口边缘

| 超科：凤螺超科 | 科：衣笠螺科 | 种：*Stellaria solaris* (Linnaeus, 1764) |

太阳衣笠螺（Sunburst Carrier）

又名"扶轮螺"，螺塔低矮，各螺层周缘生有略向上弯曲且末端较钝的扁管状长棘。除体螺层外缘的棘刺外，其他棘刺都嵌入后续的螺层中。壳表具细小的斜肋，壳底面有较强的波浪形辐射肋。脐孔深陷，能透出所有螺层的轮廓。壳表呈乳黄色，早期棘刺的颜色较淡。

附注 只有早期螺层有黏附物。

栖息地 近海砂底。

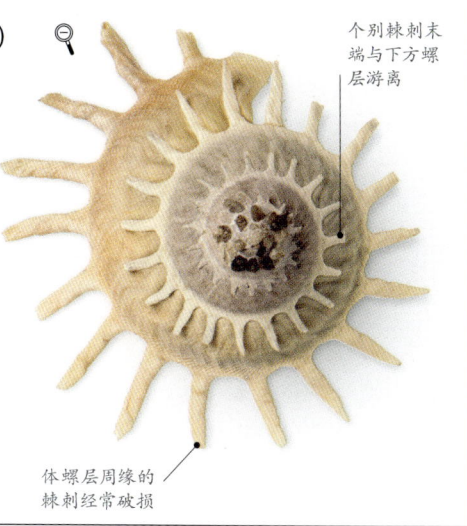

印度洋—太平洋区

个别棘刺末端与下方螺层游离

体螺层周缘的棘刺经常破损

| 分布：热带印度洋—太平洋 | 数量：🐚🐚🐚 | 尺寸：9厘米 |

尖帽螺

又名"偏盖螺",尽管外形与帽贝相似,但质地并不坚固。壳顶有时卷曲,常位于后方。壳面光滑,具纵肋或螺沟,无厣。它们常吸附于坚硬的物体表面,有些则吸附在其他软体动物表面,营寄生生活。

| 超科:帆螺超科 | 科:尖帽螺科 | 种:*Capulus ungaricus* (Linnaeus, 1758) |

尖帽螺(Fool's Cap)

又名"欧洲偏盖螺",为属模式种。壳质较薄,呈帽形,轮廓和高度变化较大,通常壳宽大于壳高。壳顶朝后方卷曲,略微悬垂于后缘之上,有纤细的纵纹与环形生长纹。壳内壁光滑,呈白色或浅粉色;壳表呈灰白色,无光泽。

栖息地 吸附于坚硬物体表面。

北欧区

壳内面犹如瓷器般的质地

壳口面观

卷曲的壳顶

壳皮突出边缘

侧面观

| 分布:欧洲北部、地中海 | 数量: | 尺寸:5厘米 |

帆螺

又名"舟螺",从壳顶面看与帽贝形似,但具有宽大的内隔板或杯状结构,其作用是保护软体部分免受伤害。贝壳扁平,壳顶位于中央或朝向后方。壳表或光滑,或具有各种装饰。无厣。

| 超科:帆螺超科 | 科:帆螺科 | 种:*Crepidula fornicata* (Linnaeus, 1758) |

靴螺(Atlantic Slipper)

又名"大西洋舟螺",为属模式种。贝壳扁平,呈卵形,壳顶略卷曲,微露出于后缘。壳口被薄壳质的隔板半封闭。壳面或平滑或有褶皱,呈乳白色、黄色或淡褐色,并有淡红褐色的斑点或条纹;壳口内面呈白色,能透出壳面的颜色;隔板具淡红褐色镶边。

栖息地 近海水域,彼此叠加在一起或吸附于坚硬的物体上。

隔板边缘呈弯曲状

美东区

北欧区

| 分布:美国东北部、欧洲西北部 | 数量: | 尺寸:4厘米 |

腹足纲 | 67

宝贝

　　宝贝又称"宝螺"，几个世纪以来，它们以绚丽的色彩、夺目的光泽和适于把玩的大小而备受世人的喜爱和珍藏。宝贝科在全世界范围内有200多种，其中有一些生活于热带海域的种类产量巨大。

　　宝贝在生长初期，会发育出一个短而尖的螺塔和膨大的体螺层；随后体螺层逐渐包裹住螺塔，同时唇缘增厚；最后，从狭窄的壳口两侧生长出齿。

　　成贝的形状基本相同，但大小、颜色、花纹、壳口齿的排列方式，以及侧缘的特征千差万别。贝壳的背部通常有一条贯穿的线纹，是动物的外套膜交会之处。宝贝喜欢昼伏夜出，它们主要栖息于珊瑚礁附近，以海绵、藻类和小型无脊椎动物为食。

| 超科：宝贝超科 | 科：宝贝科 | 种：*Naria helvola* (Linnaeus, 1758) |

枣红眼球贝（Honey Cowrie）

　　又名"红花宝螺"，贝壳小而坚固，呈椭圆形，腹部外凸。唇缘增厚，与侧面界限分明，其上生有许多小凹坑。壳口两侧齿发达，其中轴唇齿长度可达轴唇中线的位置。壳表呈淡紫色或灰蓝色，具大的褐色斑点和小的浅色斑点；壳缘附近密集分布着褐色斑点；腹部呈红褐色，壳缘两端呈淡紫色。

背部的浅色线是动物的外套膜交会之处

印度洋—太平洋区

壳口齿间呈深褐色

附注　壳色褪得很快。
栖息地　珊瑚礁间。

| 分布：热带印度洋—太平洋 | 数量：🐚🐚🐚🐚 | 尺寸：2.5厘米 |

| 超科：宝贝超科 | 科：宝贝科 | 种：*Naria ocellata* (Linnaeus, 1758) |

神眼眼球贝（Ocellate Cowrie）

　　又名"慧眼宝螺"，贝壳中等厚，呈卵圆形，较膨胀，前后沟突出。壳缘窄，与两侧界限分明，其上断断续续分布着小凹坑。位于螺轴一侧的壳缘较厚，并略向壳背部延伸。腹部较圆，外唇齿较长且厚。壳表呈淡黄褐色，点缀着许多白色圆点和少数具有细白边的大黑圆点；腹部呈乳白色。

深色的环形斑点犹如一只只"眼睛"

印度洋—太平洋区

唇齿末端渲染褐色

附注　外套线呈淡蓝色。
栖息地　有岩石的泥底。

| 分布：印度洋 | 数量：🐚🐚🐚 | 尺寸：2.5厘米 |

超科：宝贝超科	科：宝贝科	种：*Naria lamarckii* (Gray, 1825)

拉马克眼球贝（Lamarck's Cowrie）

又名"拉马克宝螺"，贝壳厚，呈卵形，两侧缘略发育。腹部外凸，齿强且短。壳表呈咖啡色，其上散布着大量几乎等距的圆形白斑，而且许多斑点的中心呈蓝灰色；两侧缘及两端颜色较淡，具深褐色斑纹；腹部呈白色。

栖息地 近海泥质岩石底。

印度洋—太平洋区

前、后沟边沿上具褐色条纹

分布：印度洋	数量：	尺寸：4厘米

超科：宝贝超科	科：宝贝科	种：*Monetaria caputserpentis* (Linnaeus, 1758)

蛇首货贝（Snake's Head Cowrie）

又名"雪山宝螺"，壳质厚重，背部隆起，呈卵圆形，腹部扁平。侧缘向外展开，并形成一个具强脊的环形凸缘。壳口两侧的齿较短，前、后沟均无齿。背部隆起，呈褐色，其上具大小不一的白色斑点；壳缘覆盖着深棕褐色的螺带，而前、后沟的背部为乳白色；齿及相邻的腹部区域为白色。

附注 幼贝呈蓝色。
栖息地 岩石和珊瑚礁。

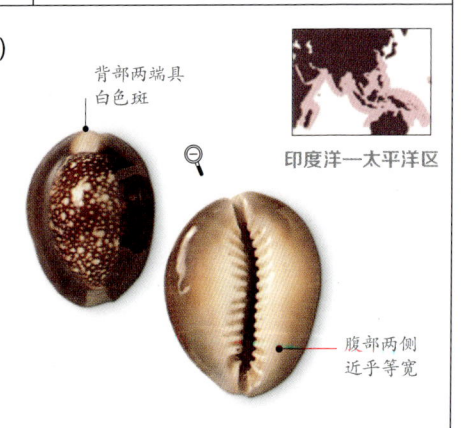

背部两端具白色斑

印度洋—太平洋区

腹部两侧近乎等宽

分布：热带印度洋—太平洋	数量：	尺寸：3厘米

超科：宝贝超科	科：宝贝科	种：*Monetaria moneta* (Linnaeus, 1758)

货贝（Money Cowrie）

又名"黄宝螺"，是最常见且形态变化最多的海贝之一，因此很难对它们进行全面的描述。其大体特征是：贝壳厚，微扁平，具棱角。边缘有时具非常发达的滑层，且多集中于背部；但有时滑层较薄，几乎没有棱角。壳口窄，唇齿少却短而强壮。壳面呈淡黄色，有3条灰蓝色的色带横穿背部；壳缘、腹部和齿呈白色，通常略带黄色。

附注 在古代曾广泛作为货币使用。
栖息地 珊瑚礁。

棱角位置为贝壳最宽处

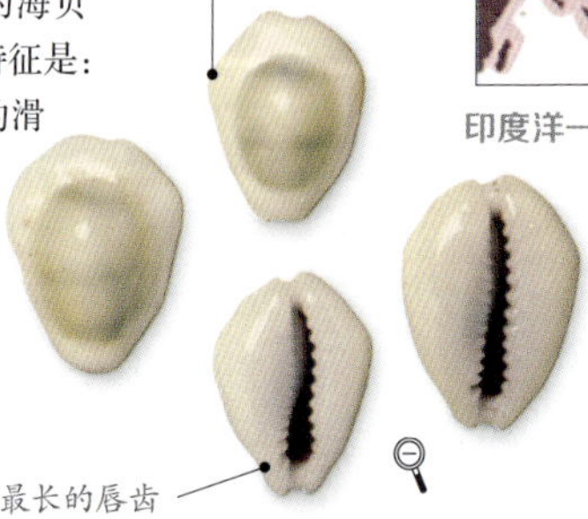

印度洋—太平洋区

最长的唇齿

分布：热带印度洋—太平洋	数量：	尺寸：2.5厘米

| 超科：宝贝超科 | 科：宝贝科 | 种：*Callistocypraea aurantium* (Gmelin, 1791) |

黄金宝贝（Golden Cowrie）

又名"黄金宝螺"，贝壳大而重，呈卵圆形，腹部微凸。两侧缘在前后沟的上下两端均极为发达。与轴齿相比，外唇齿更大、更长，间距更宽。壳表呈深橙色，侧缘呈灰白色，腹部呈白色。在强光的照射下，贝壳呈现出暖桃色或金黄色。

附注 曾经非常稀有，如今虽然出水增多，但高品质的标本仍属珍品之列。

栖息地 珊瑚礁外侧。

唇齿呈橙色，而腹部呈乳白色

水管沟很窄

沟槽将螺层边缘与侧面隔开

印度洋—太平洋区

| 分布：西南太平洋 | 数量： | 尺寸：9厘米 |

| 超科：宝贝超科 | 科：宝贝科 | 种：*Lyncina vitellus* (Linnaeus, 1758) |

卵黄宝贝（Pacific Deer Cowrie）

又名"白星宝螺"，贝壳坚固，呈卵形或椭圆形，腹部微凸出，两侧缘略凹凸不平，齿短而厚。壳表呈乳褐色，具深褐色的宽带和瓷质的斑点，侧缘可见淡淡的条纹；腹部和齿呈白色，略带米色。

栖息地 珊瑚下方。

印度洋—太平洋区

外唇齿比轴齿更厚，数量更多

| 分布：热带印度洋—太平洋 | 数量： | 尺寸：5厘米 |

| 超科：宝贝超科 | 科：宝贝科 | 种：*Cypraea tigris* Linnaeus, 1758 |

虎斑宝贝（Tiger Cowrie）

又名"黑星宝螺"，贝壳大而厚重，背部膨圆，腹部平坦或略凹。壳缘在贝壳上半部的两侧伸长，呈肿块状。外唇齿宽而短，而内唇齿除了最下方的四枚较大且短之外，其余均细而长。壳表底色为白色，颜色花纹分为两层：下层为浅蓝灰色，上层为浅红褐色至深褐色。两层图案都由密集的大小斑点组成，且上层斑点周围常渲染有黄橙色。

附注 已发现全黑色和淡蓝色的个体，以及体形巨大和侏儒的个体。

栖息地 大型珊瑚的下方。

- 腹部几乎无花纹
- 斑点边缘模糊不清
- 外套线为外套膜在背部的交会处
- 幼贝的壳顶

印度洋—太平洋区

| 分布：印度洋—太平洋 | 数量： | 尺寸：9厘米 |

腹足纲 | 71

| 超科：宝贝超科 | 科：宝贝科 | 种：*Muracypraea mus* (Linnaeus, 1758) |

鼠宝贝（Mouse Cowrie）

又名"老鼠宝螺"，贝壳厚而膨圆，腹部凸出，轮廓略呈方形。壳缘通常极度增厚，使贝壳的外观显得扭曲变形。外唇齿发达，轴齿则发育不全。壳表呈浅黄褐色，具深褐色的圆斑。

附注 有些个体在外套线的两侧各具有一突出的隆起。
栖息地 近海岩石底。

加勒比海区

齿间色较淡

| 分布：哥伦比亚北部、委内瑞拉西部 | 数量： | 尺寸：4厘米 |

| 超科：宝贝超科 | 科：宝贝科 | 种：*Mauritia mauritiana* (Linnaeus, 1758) |

绶贝（Humpback Cowrie）

又名"龟甲宝螺"，贝壳厚重，背部明显隆起。腹部靠外唇一侧边缘扁平，靠螺轴一侧外凸。壳缘在前后两端更为突出，但与两侧界限不明显。壳口强烈弯曲，下端明显比上端宽阔，而且继续向下方延伸而形成扁平的突起。齿发育良好，尤其是外唇齿非常发达。壳表呈乳白色，大面积覆盖着浓郁的褐色层，具圆形大小不一的浅色斑点；壳缘、腹部和齿为深褐色；齿间颜色通常较浅。

附注 此种的外唇齿数量比轴齿多。
栖息地 岩礁下方。

前、后沟内缘色浅

增厚的边缘呈深褐色至黑色

印度洋—太平洋区

| 分布：热带印度洋—太平洋 | 数量： | 尺寸：7.5厘米 |

| 超科：宝贝超科 | 科：宝贝科 | 种：*Leporicypraea mappa* (Linnaeus, 1758) |

图纹宝贝（Map Cowrie）

又名"地图宝螺"，贝壳大而重，体形圆，腹部外凸，壳缘具滑层。壳口大部分笔直，仅在顶部弯曲。唇齿小且数量众多，外唇齿比轴齿更为明显。壳表呈灰白色或淡褐色，具深褐色的斑点和条纹。外套线很特别，像一条带有分支的河流，故此得名。

附注 右图标本曾是图纹宝贝的南非亚种，现已成为"玫瑰图纹宝贝"的亚种。

栖息地 珊瑚下方。

螺塔顶端具明显滑层

腹部呈橙色，但有时呈粉红色

印度洋—太平洋区

| 分布：印度洋—太平洋 | 数量：🐚🐚🐚 | 尺寸：8厘米 |

| 超科：宝贝超科 | 科：宝贝科 | 种：*Arestorides argus* (Linnaeus, 1758) |

蛇目宝贝（Eyed Cowrie）

又名"百眼宝螺"，贝壳重，呈宽圆柱形，腹部微凸。壳缘在螺轴一侧形成一薄滑层，在另一侧形成一条狭长的隆起。唇齿细长，其中外唇齿在壳口最宽处的几枚最长。壳面呈淡褐色，具4条宽的深褐色螺带，且布满褐色的环形斑；腹部呈淡褐色，被2条暗黑色带横贯。

附注 壳顶扁平，约有3个螺层。

栖息地 珊瑚礁。

贝壳两侧几乎平行

壳口前端比后端宽得多

印度洋—太平洋区

| 分布：印度洋—太平洋 | 数量：🐚🐚 | 尺寸：8厘米 |

梭螺

又被称作"海兔螺",是宝贝的近亲。贝壳大都轻薄,壳口狭窄且边缘光滑,两端向外延伸。壳面通常呈白色、粉红色、红色或黄色。软体部分的花纹艳丽,具各种条纹、斑点或斑块。无厣。

| 超科: 宝贝超科 | 科: 梭螺科 | 种: *Cyphoma gibbosum* (Linnaeus, 1758) |

袖扣凸梭螺（Flamingo Tongue）

又名"袖扣海兔螺",贝壳坚实且光滑,体形较长,背部靠上方有一条隆起的脊将壳表一分为二,壳口狭窄且两边平滑。壳表橙色且富有光泽,腹部颜色较浅。此外,与其外形相似的还有十多个种类。

附注 软体部分具长颈鹿般的花纹。
栖息地 柳珊瑚的枝权上。

加勒比海区

壳口前端最宽

| 分布: 美国佛罗里达东南部—巴西 | 数量: | 尺寸: 2.5厘米 |

| 超科: 宝贝超科 | 科: 梭螺科 | 种: *Volva volva* (Linnaeus, 1758) |

钝梭螺（Shuttle Volva）

又名"菱角螺",贝壳的辨识度极高,让人很容易联想到薄而卷曲、中间膨胀的意大利通心粉。前后沟延伸极长,中空且开放,并在两端边缘处壳质极薄。外唇增厚且平滑。壳表装饰着浅的螺沟,通常呈乳白色、粉红色或淡紫色,但有时为橙色。

附注 因其外形酷似纺织工人手中的梭子,故此得名。
栖息地 珊瑚礁。

印度洋—太平洋区

前、后沟末端常呈鸟喙状

增厚的外唇比贝壳其他部位的颜色更淡

宽阔的壳口无唇齿

螺沟环绕于体螺层

前、后沟略弯曲

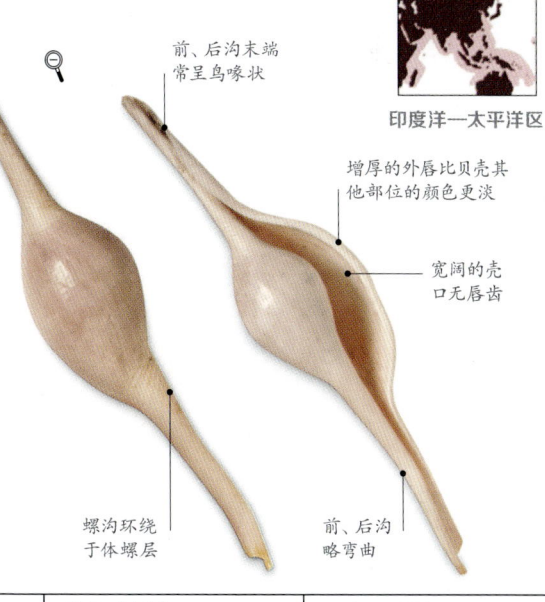

| 分布: 印度洋—太平洋 | 数量: | 尺寸: 10厘米 |

| 超科：宝贝超科 | 科：梭螺科 | 种：*Ovula ovum* (Linnaeus, 1758) |

卵梭螺（Common Egg Cowrie）

又名"海兔螺"，壳表平滑，具强烈光泽。仔细观察较老的标本，可见精致的螺脊与不规则的纵向生长脊相互交错。外唇增厚，其上生有参差不齐的齿，内缘具皱褶。从背面看，外唇边缘具疙疙瘩瘩的隆起。后沟突出，且强烈扭曲；前沟也突出，但较直。壳表全为白色；壳口内呈深咖啡色。

附注 曾经被太平洋地区的居民制作成首饰和独木舟的船头装饰。软体部分呈纯黑色。

栖息地 黑海绵表面。

印度洋—太平洋区

不显著的低脊

壳口从上至下平滑地弯曲

前、后沟末端延伸

| 分布：印度洋—太平洋 | 数量： | 尺寸：8厘米 |

猎女神螺

猎女神螺又被称作"蛹螺"，从外表上看，它们与宝贝科近似。典型特征是在贝壳表面环绕发达的脊，尽管也有一些种类壳表平滑。许多种类的贝壳是纯白色的，因此很难鉴定。与真正的宝贝不同，一些猎女神螺能适应温带海域，少数种类生活在冷水海域。

| 超科：鹅绒螺超科 | 科：猎女神螺科 | 种：*Pusula radians* (Lamarck, 1810) |

辐射蛹螺（Radiant Trivia）

贝壳呈卵形，边缘扁平。壳口处具强壮的脊，并围绕壳缘延伸，几乎将贝壳完全包围。在一些脊的末端具明显结节。壳表呈粉红色，上方具褐色斑点；腹部的脊呈乳白色。

附注 它们有个昵称叫作"咖啡豆"。

栖息地 岩礁质底。

小瘤

巴拿马区

腹部的脊呈乳白色

| 分布：美国加利福尼亚南部—厄瓜多尔 | 数量： | 尺寸：2厘米 |

腹足纲 | 75

玉螺

玉螺的贝壳呈球形，具一半月形的壳口。脐孔通常被一个厚实且有时呈肋状的滑层完全或部分遮盖。厣角质或石灰质。玉螺会采取"钻洞"的方式捕食其他软体动物。它们的踪迹遍布全世界。

超科：玉螺超科	科：玉螺科	种：*Naticarius hebraeus* (Martyn, 1786)

希伯来玉螺（Hebrew Moon）

又名"欧洲斑玉螺"，贝壳厚重而坚实，螺塔扁平，螺层较少，体螺层大。各螺层膨圆，缝合线浅，在其下方形成一平台。脐孔大而深，具纤细的纵沟，局部被肋状的滑层遮盖。螺轴直而平滑。壳面呈乳白色，具红褐色的斑块和斑点；壳口呈紫罗兰色或褐色。

附注 个体间尺寸差异极大。
栖息地 近海砂底。

地中海区

唇缘薄而锐利

花纹呈破损的带状

分布：地中海	数量：	尺寸：4厘米

超科：玉螺超科	科：玉螺科	种：*Neverita lewisii* (Gould, 1847)

路易斯扁玉螺（Lewis's Moon）

又名"刘易斯玉螺"，贝壳大而沉重，呈圆形，在体螺层缝合线的下方有一明显的肩部。体螺层表面布满纤细的斜纹，在圆而深的脐孔内逐渐消失。在壳口靠近螺轴一侧具一小而钝的滑层，且部分遮盖脐孔。外唇圆，与肩部连接处略呈波浪状。厣角质，核靠近下缘。壳表呈褐色或灰褐色；壳顶呈深褐色；壳口呈乳白色。

附注 世界上最大的玉螺类。
栖息地 浅海砂底。

凹凸不平的缝合线

壳唇内侧呈深褐色

加州区

分布：加拿大不列颠哥伦比亚—墨西哥北部	数量：	尺寸：9厘米

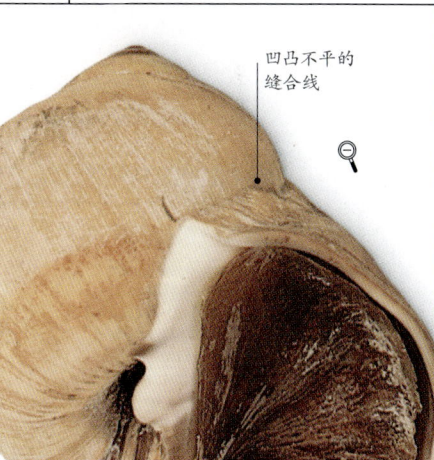

超科：玉螺超科	科：玉螺科	种：*Polinices albumen* (Linnaeus, 1758)

蛋白乳玉螺（Egg-white Moon）

贝壳厚而扁平，具光泽，轮廓近似圆形。壳顶不突出，与极宽大的体螺层相比，螺塔显得矮小。壳面平滑，仅在体螺层上具纤细的生长纹。体螺层呈深褐色；螺塔及壳底面呈白色。

栖息地 近海砂底。

壳口面观

印度洋—太平洋区

半月形的壳口

生长纹不规则弯曲

顶面观

分布：印度洋—太平洋	数量：🐚🐚🐚	尺寸：5厘米

超科：玉螺超科	科：玉螺科	种：*Natica stellata* Hedley, 1913

星斑玉螺（Starry Moon）

又名"星光玉螺"，贝壳坚固，螺塔短，体螺层巨大，缝合线清晰。壳表平滑，腹部亚光。脐孔深，被滑层半遮掩。壳面橙色，具两排白色的斑块。壳口呈白色，渲染有粉红色。

栖息地 近海砂底。

壳顶为紫罗兰色

印度洋—太平洋区

壳底部的白斑最大

分布：太平洋	数量：🐚🐚	尺寸：4厘米

超科：玉螺超科	科：玉螺科	种：*Mammilla melanostoma* (Gmelin, 1791)

黑口乳玉螺（Black-mouth Moon）

又名"黑唇玉螺"，贝壳不厚但质地坚固，呈卵形。螺塔短而尖，缝合线不明显，呈波浪状。体螺层极大，壳口呈梨形，边缘较薄。螺轴处具一突出的内唇滑层，盖住深的脐孔。壳表呈白色或灰色，具3条浅褐色的螺旋带；螺轴和脐孔呈深褐色。

栖息地 浅海底。

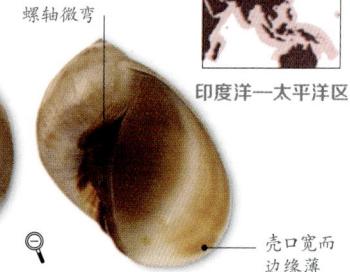

螺轴微弯

印度洋—太平洋区

壳口宽而边缘薄

分布：印度洋—太平洋	数量：🐚🐚🐚🐚	尺寸：4厘米

腹足纲 | 77

| 超科：玉螺超科 | 科：玉螺科 | 种：*Euspira nitida* (Donovan, 1803) |

闪亮镰玉螺（Shining Moon）

又名"波利氏玉螺"，贝壳小，螺塔短，体螺层很大。缝合线浅，螺塔膨圆，有4～5个螺层。生长纹纤细且不规则，但清晰可见。壳口呈半月形。外唇薄，轴唇增厚且直，其上具有滑层，部分遮盖着狭窄的脐孔。壳表呈米黄色或黄色，具多排褐色的"人"字形斑纹；螺轴呈褐色。

螺塔通常都比此标本低

地中海区、北欧区

壳口内可透见花纹

栖息地 近海砂底。

| 分布：地中海、欧洲西北部 | 数量： | 尺寸：1.2厘米 |

| 超科：玉螺超科 | 科：玉螺科 | 种：*Eunaticina papilla* (Gmelin, 1791) |

真玉螺（Papilla Moon）

又名"乳头玉螺"，贝壳坚固却较轻，体螺层肥大，呈梨形。螺塔短，呈圆锥形。螺塔光滑，体螺层上装饰着40～60条间距规则的窄螺沟，但在脐部附近螺沟间距不规则，偶尔与生长纹相交。贝壳通体为白色，活壳覆盖着一层淡黄色壳皮。厣较薄，角质。

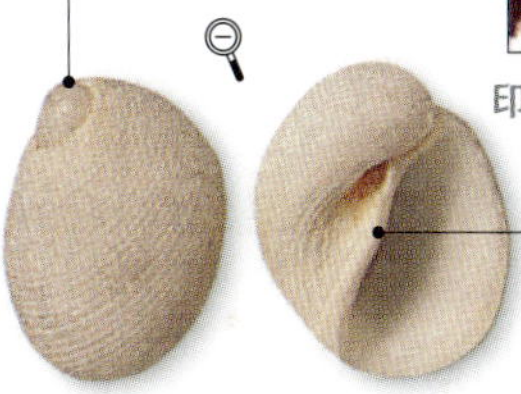

螺塔呈圆锥形，有2～3个螺层

印度洋—太平洋区

螺轴在此处弯曲并增厚

栖息地 近海砂底。

| 分布：印度洋—太平洋 | 数量： | 尺寸：2.5厘米 |

| 超科：玉螺超科 | 科：玉螺科 | 种：*Sinum cymba* (Menke, 1828) |

船形窦螺（Boat Ear Moon）

又名"宽耳扁玉螺"，贝壳薄而轻，螺塔低，体螺层膨大，底部具棱角，缝合线随螺层的增长由浅变深。壳口极宽，外唇很薄。与大多数玉螺相比，外唇与螺轴之间无相连的滑层。各螺层表面环绕着纤细的螺沟。早期螺层表面呈紫褐色；体螺层为淡褐色；壳口内为深咖啡色。

缝合线浅，下方有一条白色带

秘鲁区、麦哲伦区

顶面观　　壳口面观

栖息地 浅海底。

| 分布：美洲西南部、加拉帕戈斯群岛 | 数量： | 尺寸：5厘米 |

| 贝壳

鹑螺

鹑螺科种类较少，贝壳呈球形，通常尺寸较大但质地较薄，螺塔低，体螺层极膨胀。前沟通常较深，有些种类具一小的脐孔。壳表装饰有螺沟，对应在壳口处形成皱褶状边缘。有些种类具轴盾，无厣。大多数鹑螺种类生活在珊瑚礁外围的沙地上。

| 超科：鹑螺超科 | 科：鹑螺科 | 种：*Tonna canaliculata* (Linnaeus, 1758) |

深缝鹑螺（Channelled Tun）

又名"平凹鹑螺"，贝壳相当大，易碎，外表呈球形。螺塔中等高，缝合线呈深沟状。壳表被间隔宽阔的螺沟环绕。螺沟之间的空隙在螺塔处显得光滑而圆凸，而在体螺层处则变得平坦，数量约有16条。壳表覆盖着纤细的纵纹，但排列不规则。壳口宽阔，边缘薄，呈褶状，壳口内可清晰透见壳表的螺沟。脐孔很小。壳表呈浅褐色、乳白色或黄色，随机分布有褐色镶白边的条纹和斑块，在肩部尤为明显；壳口呈褐色，边缘较白；螺轴呈白色。

栖息地 潮间带砂底。

缝合线深

螺沟间距很宽

体螺层上的螺沟使壳口具褶状边缘

前沟短而宽

印度洋—太平洋区

| 分布：印度洋—太平洋 | 数量： | 尺寸：10厘米 |

| 超科：鹑螺超科 | 科：鹑螺科 | 种：*Tonna galea* (Linnaeus, 1758) |

带鹑螺（Giant Tun）

又名"栗色鹑螺"或"大鹑螺"，贝壳大却质地轻薄。螺塔各螺层间的缝合线极深，脐部很窄。体螺层表面具 15～20 条宽而扁平的螺肋，且上半部的螺肋之间具较小的次级螺肋。螺肋在外唇上形成相对应的沟槽。壳表呈栗褐色，具淡褐色的纵纹；壳顶呈紫色；壳口外唇呈白色，边缘呈褐色。

附注 由于幼虫期长且能自由游泳，所以本种的分布范围极广。

栖息地 深海底。

螺塔短而下陷，壳顶呈淡紫色

螺轴强烈扭曲

与螺肋末端相对应的褐色斑块

地中海区 　　美东区 　　西非区

| 分布：全球海域 | 数量： | 尺寸：15厘米 |

| 超科：鹑螺超科 | 科：鹑螺科 | 种：*Tonna allium* (Dillwyn, 1817) |

葫鹑螺（Costate Tun）

又名"宽沟鹑螺"，贝壳中等大小，螺塔较高，体螺层呈卵形。缝合线深，但不呈沟状。螺轴扭曲，其上覆盖着一层薄的盾状滑层。脐孔窄而深。外唇向外扩张，并在边缘处向后翻卷。壳表具间隔宽阔的强螺肋，在壳底部肋间隔变窄。壳表呈浅褐色，并渲染有紫色，壳表颜色可从壳口内部透见；螺肋为深褐色；壳顶螺层呈紫色；外唇呈白色。

附注 对于鹑螺来说，此种的螺塔相当高。
栖息地 近海砂底。

- 体螺层顶部螺肋形成一平台
- 印度洋—太平洋区
- 壳口顶角有滑层堆积
- 壳口有白色边缘

| 分布：西太平洋 | 数量： | 尺寸：9厘米 |

| 超科：鹑螺超科 | 科：鹑螺科 | 种：*Tonna perdix* (Linnaeus, 1758) |

鹧鸪鹑螺（Pacific Partridge Tun）

本种为属模式种。贝壳大而易碎，螺层肩部明显倾斜。螺塔很高，体螺层膨大。缝合线深，但不呈沟状。由于螺轴被一层薄薄的轴盾滑层部分遮盖，因此脐孔很小。外唇略增厚，无齿。螺肋宽而平，并被浅螺沟分隔开。壳面呈褐色，螺沟间具乳白色的新月形和断线形花纹；壳口呈淡褐色，外唇呈白色。

附注 壳表花纹酷似欧洲鹧鸪的羽毛。
栖息地 近海砂底。

- 白色的外唇具褐色的镶边
- 白色窄螺沟
- 印度洋—太平洋区

| 分布：热带印度洋—太平洋 | 数量： | 尺寸：13厘米 |

腹足纲 | 81

| 超科：鹑螺超科 | 科：鹑螺科 | 种：*Tonna dolium* (Linnaeus, 1758) |

斑鹑螺（Spotted Tun）

又名"花点鹑螺"，贝壳大而易碎，呈球形。螺塔较低，缝合线明显，呈沟槽状。外唇边缘呈波浪形，末端与浅的前沟缺口相连。螺轴下方强烈扭曲。次体螺层具2～4条螺肋，体螺层有10～12条螺肋。壳面呈白色、乳白色或浅褐色，螺肋上有近方形的斑点；壳顶呈褐色。

附注 东海产的标本螺肋数量最多，而马来西亚海域产的标本螺肋数量最少。

栖息地 近海砂底。

壳口面观 — 螺肋间凹陷

顶面观 — 在有花纹的螺肋间具低平的细肋，顶部螺层平坦

可透见壳表花纹

印度洋—太平洋区、日本区

| 分布：印度洋—太平洋、日本、新西兰 | 数量： | 尺寸：13厘米 |

| 超科：鹑螺超科 | 科：鹑螺科 | 种：*Tonna sulcosa* (Born, 1778) |

沟鹑螺（Banded Tun）

又名"褐带鹑螺"，贝壳薄却坚固，相对较小，呈球形。螺层约7层，缝合线明显，呈沟状。外唇翻卷，边缘呈波浪状，具有多达17对小齿，其末端与浅而宽的前沟相连。螺轴下端强烈弯曲，具一薄的内唇滑层。早期螺层具细的螺肋，次体螺层有4～6条强螺肋，而体螺层上的螺肋数量多达21条。壳面呈乳白色，体螺层上具4～6条深褐色的螺带；壳口和外唇呈白色；壳顶呈紫色。

附注 活体贝壳表面覆盖着一层不透明的深褐色壳皮。

栖息地 近海砂底。

次体螺层具一条褐色带

纵生长纹

印度洋—太平洋区

| 分布：热带印度洋—太平洋 | 数量： | 尺寸：11厘米 |

| 超科：鹑螺超科 | 科：鹑螺科 | 种：*Malea ringens* (Swainson, 1822) |

犬牙苹果螺（Grinning Tun）

又名"凹槽鹑螺"或"狗牙鹑螺"，贝壳大而厚，呈球形。螺塔低，约有7个螺层，缝合线浅。外唇极厚且翻卷，其上装饰着一排朝壳口内侧探出的大齿。在螺轴的中部具一圆而深的凹陷，其下方有一具3条脊的突起，上方有一稍小而具有两条脊的突起。整个壳面被宽阔且扁平的螺肋环绕。壳表呈黄褐色或灰色；壳口内面呈深褐色。

附注 此种螺命名于19世纪，当时正值人类认识自我和自然事物的高潮。

栖息地 潮间带砂底和岩石底。

宽大的内唇滑层

体螺层上约有18条螺肋

前沟宽且后弯

外唇边缘呈波浪状

巴拿马区

| 分布：西墨西哥—秘鲁 | 数量： | 尺寸：15厘米 |

| 超科：鹑螺超科 | 科：鹑螺科 | 种：*Malea pomum* (Linnaeus, 1758) |

苹果螺（Pacific Grinning Tun）

又名"粗齿鹑螺"，贝壳坚实，富有光泽，螺塔低，约有7个螺层。体螺层呈球状，缝合线浅。壳口窄，外唇增厚，其上具有朝壳口内侧探出的长齿，且靠近底部的齿较密集。螺轴下半部微凹，其下方有不规则、扭曲的褶襞，上方有4~5条小褶襞。前沟宽且略向后弯。壳表呈乳褐色，具浅褐色和白色的斑块；唇和螺轴呈白色。

附注 脐孔通常被发达的内唇滑层遮盖。

栖息地 近海砂底。

印度洋—太平洋区

外唇外缘略向内弯曲

壳口内部呈橙褐色

| 分布：热带印度洋—太平洋 | 数量： | 尺寸：6厘米 |

腹足纲 | 83

冠螺

　　冠螺科大约有 100 个现生种。它们通常螺塔较低，体螺层巨大，体表有结节、螺肋或纵胀肋。外唇增厚，通常具齿。一些大型冠螺类外唇极度扩张，螺轴也会增厚。雌雄贝壳通常有别。冠螺喜欢栖息在砂质海底，主要以海胆为食。厣小而薄，呈角质。

| 超科：鹑螺超科 | 科：冠螺科 | 种：*Cassis fimbriata* Quoy & Gaimard, 1833 |

西澳冠螺（Fringed Helmet）

　　又名"西澳唐冠螺"，贝壳厚，呈球形，螺塔低，壳顶呈泡状。体螺层极膨大，脐孔窄而深，前沟狭窄。早期螺层具波浪形的纵肋和螺旋线；体螺层上具不规则的纵肋，且在前沟的上方具螺肋。螺塔表面通常具 2～3 条纵胀肋，而体螺层上有时具 1 条纵胀肋。轴盾宽却较薄。表面通常平滑，但有些具螺褶。外唇通常平滑，有些具有齿。壳面呈乳白色，具螺旋排列的褐色线纹和纵向褐斑。

附注　澳大利亚西北部出产的标本通常呈粉红色。

栖息地　近海砂底。

缝合线极深

螺肩处的结节最明显

宽大的轴盾几乎将体螺层的前方遮盖

前沟短且强烈后弯

澳大利亚区

| 分布：澳大利亚西部 | 数量： | 尺寸：10厘米 |

超科：鹑螺超科	科：冠螺科	种：*Cassis flammea* (Linnaeus, 1758)

火焰冠螺（Flame Helmet）

又名"火焰唐冠螺"，贝壳坚固，螺塔较低，有7个螺层，在每个早期螺层的2/3处有一条纵胀肋。从壳口面观，轴盾呈三角形，且边角圆润。壳表有纵向的生长纹，肩部有一列大结节，其下方有3～4列较小的结节，无螺旋雕刻。螺轴上约有20条隆起的水平长脊。外唇增厚，内缘约有10枚明显的钝齿。壳面呈白色，具褐色杂斑，以及纵向排列的深褐色"之"字形斑纹。外唇上约有6个褐色斑块。

附注 轴盾可透见花纹。
栖息地 浅海砂底。

加勒比海区

- 肩部结节最明显
- 前沟强烈弯曲
- 壳口外唇具深色斑块

分布：西印度群岛、美国佛罗里达南部	数量：🐚🐚🐚	尺寸：10.8厘米

超科：鹑螺超科	科：冠螺科	种：*Cassis nana* Tenison-Woods, 1879

侏儒冠螺（Dwarf Helmet）

又名"侏儒唐冠螺"，贝壳薄而轻，肩部宽阔，朝前方逐渐变窄。有5～6个螺层，且在早期螺层可见纵胀肋。螺塔低，胚壳平滑且膨胀。肩部具两排等距分布的尖锐结节，其下方有2～3排较弱的结节。轴盾薄，螺轴上具一排强齿。外唇增厚，具钝齿。壳面呈淡褐色，具深褐色斑块；结节和齿的颜色较淡。

附注 冠螺属最小的成员之一。
栖息地 近海砂底。

- 白色结节几乎以几何般的精准度排列

印度洋—太平洋区

- 轴盾边缘极薄

分布：澳大利亚西部	数量：🐚🐚	尺寸：5.7厘米

| 超科：鹑螺超科 | 科：冠螺科 | 种：*Cassis cornuta* (Linnaeus, 1758) |

唐冠螺（Horned Helmet）

贝壳沉重，轴盾巨大而厚，螺塔低，肿胀肋彼此呈直角分布。肩部具一排大结节，其下方具3条隆起的螺肋。贝壳表面布满一排排小坑。外唇极厚，中间具几枚大齿。螺轴上具几条强壮的波浪形褶襞。壳面呈灰色或白色；外唇后方具褐色条带；螺轴及外唇齿呈橘色。

附注 雄性贝壳较小，结节呈角状。

栖息地 珊瑚砂底。

印度洋—太平洋区

轴盾通常巨大，足以遮盖螺体螺层的壳口侧面

轴盾和口唇为橙色或粉红色

背面观

前沟大且朝上弯曲

壳口面观

外唇齿间为橙褐色

| 分布：印度洋—太平洋 | 数量： | 尺寸：22厘米 |

| 超科：鹑螺超科 | 科：冠螺科 | 种：*Cypraecassis rufa* (Linnaeus, 1758) |

宝冠螺（Bull's-mouth Helmet）

又名"万宝螺"，贝壳厚重，螺塔低，壳口广大，前沟小且上翘。壳表有3～4排钝瘤，且越趋向前端，瘤的尺寸越小。相邻两排瘤之间具更小的结节和由无数小坑连接而成的螺沟。在前沟上方具有许多发达且间距宽阔的纵肋，而且被一条同样发达的螺肋一分为二。外唇内缘有22～24枚齿。体螺层和螺塔上点缀着红色和褐色的杂斑；纵肋和螺肋偏白色；螺轴上的褶襞呈白色；间隙呈深褐色。

附注 螺塔上无纵胀肋。
栖息地 珊瑚礁附近。

印度洋—太平洋区

轴盾和外唇为橙红色

唇齿有时成对排列，并扩展至整个壳唇

| 分布：热带印度洋—太平洋 | 数量： | 尺寸：15厘米 |

| 超科：鹑螺超科 | 科：冠螺科 | 种：*Galeodea echinophora* (Linnaeus, 1758) |

粗皮鬘螺（Spiny Bonnet）

贝壳轻，螺塔较高。轴盾薄，前沟短且上翘。体螺层上具有5～6条螺肋，其上生有钝瘤。壳表呈灰褐色；瘤间隙呈深褐色；壳口呈白色。

附注 结节通常较尖，因此又称"棘瘤鬘螺"。
栖息地 近海泥沙底。

结节间具深色斑点

地中海区

外唇具几枚不明显的齿

结节通常比图中的标本更加发达

| 分布：地中海 | 数量： | 尺寸：6厘米 |

腹足纲 | 87

| 超科：鹑螺超科 | 科：冠螺科 | 种：*Phalium areola* (Linnaeus, 1758) |

棋盘鬘螺（Chequered Bonnet）

贝壳中等厚度，体螺层呈卵形，螺塔短而尖。外唇增厚，其对面具一条纵胀肋。体螺层光滑且有光泽，只在缝合线下方具精细的刻纹。轴盾薄，上半部透明。壳顶具2～3个光滑的螺层。外唇边缘约有20枚尖齿，在体螺层下半部的轴唇上具褶襞。体螺层表面具深褐色的斑块，形状多变，但通常呈方形，且彼此排列成5条螺带。前沟外缘呈深褐色；外唇及轴盾下半部为白色。

附注 尖锐的螺塔上具有独特的方格装饰。
栖息地 泥沙底。

— 螺塔极尖

印度洋—太平洋区

呈螺旋排列的褐色方斑

斑点在轴唇滑层下半部逐渐消失

| 分布：热带印度洋—太平洋 | 数量： | 尺寸：7厘米 |

| 超科：鹑螺超科 | 科：冠螺科 | 种：*Semicassis saburon* (Bruguière, 1792) |

欧洲斑带鬘螺（Sand Bonnet）

贝壳坚厚，体形肥圆，螺塔低，缝合线浅。前沟很短但较宽，脐孔小而深。螺肋扁平，肋间具较窄的螺沟，构成了其标志性的装饰。壳表布满不规则的纵向生长纹，螺塔上可见纤细的纵纹。外唇增厚，整个唇边都具有小齿。轴壁上具宽阔的滑层，螺轴或厚、或薄，其下部具褶皱。壳表呈黄褐色，具深褐色的间断螺带；外唇和螺轴呈白色。

附注 有些贝壳的体螺层上具纵胀肋。
栖息地 近海泥沙底。

地中海区

螺肋扁平，宽度大于肋间距

前沟短而宽

| 分布：地中海 | 数量： | 尺寸：6厘米 |

法螺

"法螺家族"如今已分成3个类群，即法螺科、翼嵌线螺科和嵌线螺科，但它们仍拥有许多相似的特征：贝壳尺寸大或适中，质地坚厚，壳表装饰通常极为丰富。有些种类的螺塔高，体螺层膨大。几乎所有的法螺家族成员都具有轴唇褶襞、突出的纵胀肋，外唇上具有褶襞或齿。许多种类的贝壳表面覆盖着毛茸茸的壳皮。厣较厚，呈角质。有些种类拥有漫长的浮游幼虫期，因此它们广泛分布于全世界的温暖海域，尤其是热带海域。法螺家族都是肉食性动物，通常以其他软体动物、海星和海胆为食。

| 超科：鹑螺超科 | 科：法螺科 | 种：*Charonia tritonis* (Linnaeus, 1758) |

法螺（Trumpet Triton）

螺塔高而尖，壳顶常缺失，高度不及总壳长的一半。宽大的体螺层上通常具两条明显的纵胀肋（螺塔各螺层亦是如此）。体螺层上具平滑、宽阔且扁平的螺旋肋，肋间具深的螺沟，有时可见一条细的次级肋。缝合线深刻，各螺层缝合线下方的螺肋常呈波浪形并有皱纹。前沟宽而短。螺轴壁上生有许多细的褶襞。壳表呈乳白色，具深褐色的斑块和新月形的花纹；壳口呈橙褐色，外唇齿间具白色的沟槽；轴齿呈白色，齿间隙为深褐色。

附注 本种为长棘海星天敌，若被过度捕捞会导致长棘海星泛滥成灾，从而破坏珊瑚礁。

栖息地 珊瑚礁。

- 螺塔高，螺层窄而圆
- 最上面的3条螺旋肋呈串珠状
- 最大的轴唇褶位于壳口上端
- 褶襞在外唇边缘形成钝尖
- 纵胀肋上有浅褐色带
- 褶襞一直延伸至轴唇边缘

印度洋—太平洋、日本区

澳大利亚区、新西兰区

| 分布：印度洋—太平洋、日本南部、大洋洲 | 数量： | 尺寸：30厘米 |

| 超科：鹑螺超科 | 科：翼嵌线螺科 | 种：*Ranella olearium* (Linnaeus, 1758) |

翼嵌线螺（Wandering Triton）

又名"褐法螺"，本种在贝壳大小、厚度及颜色花纹等方面差异极大，但形状却始终如一。贝壳质地坚厚，螺塔高，体螺层膨大，缝合线深，前沟长且微微扭曲。每一螺层的两侧各具一条纵胀肋。壳口几乎为圆形，顶端具一小沟。外唇外翻，其上约有 17 枚齿。螺轴光滑，前沟靠螺轴一侧具小齿。轴盾薄且外扩。纵肋强壮，与较弱的螺旋肋相互交错。壳表呈乳白色，具褐色斑块；壳口和外唇呈白色；新鲜个体的壳皮呈黄褐色。

附注 因其分布广泛，故英文译名为"流浪法螺"。

栖息地 深海底。

在纵肋与螺旋肋的交错处形成明显的瘤状结节

纵胀肋沿两侧形成向下倾斜的排列

该类贝壳常见的色彩花纹

厣

全世界

| 分布：全世界温暖海区 | 数量：●●● | 尺寸：14厘米 |

| 超科：鹑螺超科 | 科：翼嵌线螺科 | 种：*Ranella australasia* (Perry, 1811) |

澳洲翼嵌线螺（Southern Triton）

又名"澳大利亚法螺"，贝壳厚，呈卵形，螺塔高，体螺层膨圆，缝合线不规则。前沟短而宽。外唇增厚，具 7～10 枚短的钝齿。内唇滑层薄，上端具一结节。螺轴近乎平滑，基部具几条褶襞。壳表由浅褐色至深褐色；纵胀肋上具白、褐相间的条纹；壳口、外唇及螺轴呈白色。

栖息地 近海岩礁底。

螺层肩部具成列的结节

外唇极厚

厣

澳大利亚区、新西兰区 　　南非区

| 分布：澳大利亚南部、新西兰、南非 | 数量：●●● | 尺寸：9厘米 |

| 超科：鹑螺超科 | 科：嵌线螺科 | 种：*Argobuccinum pustulosum* ([Lightfoot], 1786) |

百眼嵌线螺（Argus Triton）

又名"南非法螺"或"黑珠法螺"，贝壳坚固，体形矮胖，螺塔中等高，体层膨圆，壳顶或整个螺塔易遭腐蚀。缝合线浅且起伏不平。外唇增厚，其上生有低矮且向后倾斜的钝齿。前沟短而宽，螺轴平滑且直，壳口顶部具结节。螺塔各层周缘具棱角，而体螺层上棱角不明显。纵肋倾斜，与低平的螺肋相交，并在交叉处形成瘤状突起。壳表呈淡褐色，具深褐色螺带；壳口呈白色。

附注 壳表常覆盖着浓密的壳皮。
栖息地 近海水域。

粗糙的壳皮掩盖了壳表的雕刻

突出的瘤是壳表仅见的雕刻

巴塔哥尼亚区

南非区

唇

轴盾极宽阔

| 分布：南非、巴塔哥尼亚 | 数量： | 尺寸：7.5厘米 |

| 超科：鹑螺超科 | 科：嵌线螺科 | 种：*Fusitriton oregonensis* (Redfield, 1846) |

俄勒冈网目螺（Oregon Triton）

又名"俄勒冈法螺"，贝壳薄而轻，体形修长，螺塔高且长，前沟略向外弯曲。各螺层膨圆，缝合线深刻。壳口拉长，顶部具一结节，外唇略增厚。螺轴弯曲且平滑。纵肋强，与稍弱的螺肋相互交错，其间有细螺纹。壳表呈白色，染有黄色；壳口和前沟具光泽。

附注 壳口内可透见壳表的花纹。
栖息地 近海水域。

早期螺层具纵胀肋

被腐蚀的贝壳表面依然保留刚毛状的壳皮

加州区

日本区

唇角质，呈卵圆形，质地厚

| 分布：北美西部、西北太平洋 | 数量： | 尺寸：11厘米 |

| 超科：鹑螺超科 | 科：嵌线螺科 | 种：*Gyrineum pusillum* (Broderip, 1833) |

紫端蚵蚪螺（Purple Gyre Triton）

又名"紫端翼法螺"，贝壳小，呈箭头形，缝合线深。每个螺层两侧都具鳍状的纵胀肋。壳表成排的螺脊与纵脊均匀交错，形成规则的雕刻。外唇厚，具7～8枚小而圆的齿状突起，螺轴上另有3～4枚零散的齿状突起。前沟短。壳表具白色和褐色的螺带，螺脊与纵脊的交叉点呈白色；口唇呈紫色。

栖息地 珊瑚碎片底。

印度洋—太平洋区

外唇具白色小齿

纵胀肋明显，有褐色带

壳口小，具紫色镶边

| 分布：热带印度洋—太平洋 | 数量： | 尺寸：2.5厘米 |

| 超科：鹑螺超科 | 科：嵌线螺科 | 种：*Gyrineum perca* (Perry, 1811) |

鳍蚵蚪螺（Maple Leaf Triton）

又名"翼法螺"，贝壳厚且压缩，略扭曲，螺塔高，前沟中等长。各螺层两侧具鳍状的纵胀肋，且向外延伸成尖刺状，而每根刺的顶点又是一条强螺肋的终点。螺肋与较强的纵肋相交，形成了数列小结节，在螺肋之间还分布着细螺肋。壳口近圆形。壳表呈白色，具褐色螺带和斑块；壳口呈白色。

栖息地 深海底。

贝壳的外形酷似枫叶

印度洋—太平洋区

壳表结节数量不一

位于壳口面纵胀肋上的螺肋较弱

| 分布：热带印度洋—太平洋 | 数量： | 尺寸：4.5厘米 |

| 超科：鹑螺超科 | 科：嵌线螺科 | 种：*Cabestana cutacea* (Linnaeus, 1767) |

地中海嵌线螺（Mediterranean Bark Triton）

贝壳坚厚，螺塔呈角楼型，体螺层宽大。缝合线深，脐孔窄，前沟短。外唇增厚，使得壳口缩小。螺轴平滑。体螺层上约有8条呈脊状的螺肋，并与4～5条纵向的隆起相互交错，具纵胀肋。壳表呈浅褐色或深褐色；壳口呈白色。

附注 厣较薄。
栖息地 近海水域。

地中海区、北欧区

壳口顶端具沟槽

壳口外唇极厚

厣

| 分布：地中海、大西洋东部 | 数量： | 尺寸：7.5厘米 |

| 超科：鹑螺超科 | 科：嵌线螺科 | 种：*Gelagna succincta* (Linnaeus, 1771) |

灯笼嵌线螺（Lesser Girdled Triton）

又名"灯笼法螺"，贝壳优美，螺塔低，体螺层较圆，缝合线深，前沟长且直。壳口延长，顶端具一明显的沟。螺轴中部内弯，外唇增厚且生有整排光滑的圆齿。除壳顶螺层外，其他各螺层均匀分布着宽而平的螺旋肋。壳表呈浅褐色，肋呈深褐色；壳口齿呈褐色，其间隙为白色。

附注 本种无纵胀肋。
栖息地 近海岩石下方。

缝合线很深
印度洋—太平洋区
生长疤明显
螺轴底部具不明显褶襞

| 分布：热带印度洋—太平洋 | 数量： | 尺寸：6厘米 |

| 超科：鹑螺超科 | 科：嵌线螺科 | 种：*Cymatium femorale* (Linnaeus, 1758) |

角嵌线螺（Angular Triton）

又名"角法螺"，贝壳形状独特，大而坚厚，纵胀肋发达。螺塔高耸，但与极高大的体螺层相比仍显得低矮。前沟略微后弯。体螺层上具明显上翘且呈翼状的纵胀肋，使得贝壳轮廓从壳口面观呈三角形。螺旋肋强、宽阔，每条肋上具数个发达的结节。外唇（最后一条纵胀肋）增厚，其强烈内弯的边缘呈波浪状。壳表呈红褐色；壳口及纵胀肋的突出端呈白色。

附注 本种与外形近似的雷达嵌线螺在巴西沿岸的分布区重叠。
栖息地 浅海水域。

加勒比海区
成贝
幼体贝壳通常比成体贝壳更加鲜艳
幼贝
宽肋之间具细肋
如瓷器般的壳口
前沟长，开口宽大

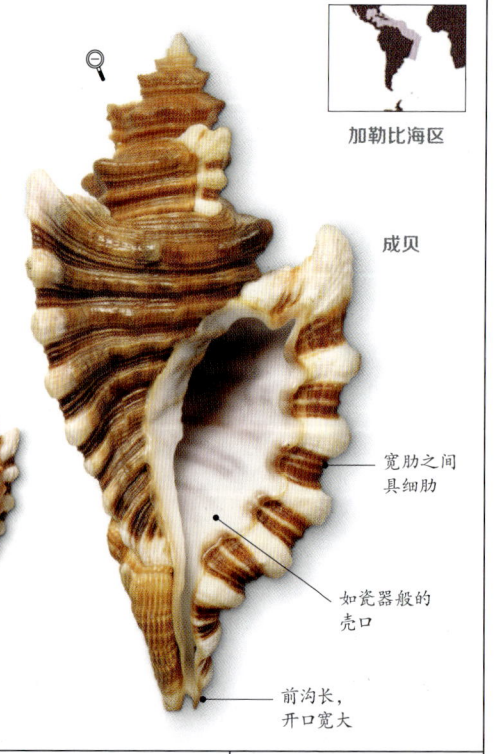

| 分布：美国佛罗里达东南部—巴西 | 数量： | 尺寸：13厘米 |

腹足纲 | 93

超科：鹑螺超科	科：嵌线螺科	种：*Monoplex parthenopeus* (Salis Marschlins, 1793)

黑齿嵌线螺（Neapolitan Triton）

又名"黑齿法螺"，贝壳坚固，螺塔中等高，各螺层较圆，缝合线深。体螺层上通常具一条纵胀肋，有些个体在螺塔各层上也具肿胀肋。螺肋较圆，与纵脊相交。外唇增厚，具6枚齿。壳表呈浅褐色，在外唇、螺轴及纵胀肋上具深褐色斑块。

附注 右图所示标本比正常个体高。
栖息地 近海岩石底。

- 缝合线上方的螺层具深沟
- 纵胀肋上具深褐色斑
- 壳皮上的绒毛极其茂盛
- 螺轴上具白色褶襞，其间隙呈深褐色

全世界

分布：全世界温暖海区	数量：	尺寸：10厘米

超科：鹑螺超科	科：嵌线螺科	种：*Monoplex pilearis* (Linnaeus, 1758)

毛嵌线螺（Common Hairy Triton）

又名"毛法螺"，贝壳厚而坚实，螺塔高，体螺层延长，至少占总壳长的一半。前沟短而略弯。每个螺层通常具2条纵胀肋。缝合线极浅。整个内唇边缘具褶襞；外唇均匀分布着成簇排列的小齿。各螺层具强的纵肋和螺旋肋，二者相互交错。壳面呈白色，具宽阔的深褐色螺带；壳口呈浅红色。

附注 新鲜个体通常具有毛茸茸的壳皮。
栖息地 浅海珊瑚礁底。

- 螺塔略弯曲
- 体螺层可能不及次体螺层宽
- 厣

全世界

分布：全世界温暖海区	数量：	尺寸：7.5厘米

| 超科：鹑螺超科 | 科：嵌线螺科 | 种：*Septa flaveola* (Röding, 1798) |

金带嵌线螺（Broad-banded Triton）

又名"金带美法螺"，贝壳坚固，体形延长，螺塔短于体螺层，壳口狭长。螺轴上具许多褶襞，外唇内侧具强齿。纵胀肋排列规则，间隔宽，各螺层具明显呈圆珠状的螺旋肋。壳表呈乳白色，具红褐色和浅黄色的螺带；齿间染有橙色。

附注 本属包含了几个外形近似种。
栖息地 珊瑚礁底。

印度洋—太平洋区

- 齿间染有橙色
- 前沟短且微扭曲

| 分布：所罗门群岛—毛里求斯 | 数量： | 尺寸：5厘米 |

| 超科：鹑螺超科 | 科：嵌线螺科 | 种：*Septa hepatica* (Röding, 1798) |

红褐嵌线螺（Black-striped Triton）

螺塔较膨圆的体螺层窄，两侧更平直。纵胀肋排列规则，间隔宽。体表遍布珠状的螺旋肋。螺轴上具强的褶襞，外唇内侧具较强的圆齿。壳表呈深红褐色，具黑色的细螺带；纵胀肋上具白色带。

附注 颜色和花纹将其与其他近似种区分开。
栖息地 珊瑚下方。

译者注：曾用名为"金色美法螺"，但无论是实物颜色、英文名称或拉丁名都为"深红褐色"。

印度洋—太平洋区

- 念珠状螺肋间具黑色螺带
- 前沟完全贯通
- 齿间染有橙褐色

| 分布：热带印度洋—太平洋 | 数量： | 尺寸：6厘米 |

| 超科：鹑螺超科 | 科：嵌线螺科 | 种：*Septa rubecula* (Linnaeus, 1758) |

红肋嵌线螺（Robin Redbreast Triton）

又名"艳红美法螺"，螺塔各螺层生长不规则，使贝壳看上去略显扭曲。纵胀肋厚且排列规则。各螺层具念珠状螺旋肋，颗粒粗糙，有时相互融合。壳表呈鲜红色至橙色，偶尔具1条浅螺带；纵胀肋呈白色。

附注 长期暴露在阳光下会导致壳色变浅。
栖息地 珊瑚礁底。

- 成贝壳顶缺失
- 印度洋—太平洋区
- 齿间呈白色
- 螺轴上具强褶襞
- 壳口内侧具螺旋脊

| 分布：热带印度洋—太平洋 | 数量： | 尺寸：4.5厘米 |

扭螺

又称"扭法螺",很少有腹足类长得像它们这般奇形怪状。扭螺科种类不多,壳口通常被极发达的齿和褶襞所压缩,体螺层奇特扭曲。许多扭螺种类生有茸毛浓密的壳皮。厣较薄,呈角质。

超科:鹑螺超科 **科**:扭螺科 **种**:*Distorsio clathrata* (Lamarck, 1816)

大西洋扭螺(Atlantic Distorsio)

体螺层较圆,略歪,壳口被强大的齿和褶襞压缩而变窄,前沟中等长度。贝壳表面具格子状雕刻。壳面呈黄白色;轴盾和外唇为橙褐色。

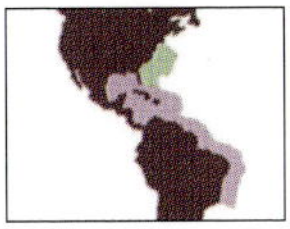

附注 专门拖虾的渔民总能找到品质很好的标本。
栖息地 近海砂底。

美东区、加勒比海区

轴盾
壳口内面呈白色

分布:美国北卡罗来纳州—巴西 **数量**:🐚🐚🐚 **尺寸**:7.5厘米

超科:鹑螺超科 **科**:扭螺科 **种**:*Distorsio anus* (Linnaeus, 1758)

扭螺(Common Distorsio)

又名"扭法螺",贝壳通体布满由平滑的瘤和结节组成的螺旋肋。壳口一侧几乎被宽大、富有光泽且边缘锐利的唇盾所遮盖,其下方可透见结节和齿。壳表呈米黄色,具褐色的螺带。

附注 扭螺科中尺寸最大、形状最奇特的成员。
栖息地 珊瑚礁底。

印度洋—太平洋区

唇盾边缘呈波浪状
前沟短而后弯

分布:热带印度洋—太平洋 **数量**:🐚🐚 **尺寸**:7.5厘米

超科:鹑螺超科 **科**:扭螺科 **种**:*Distorsio constricta* (Broderip, 1833)

压缩扭螺(Constricted Distorsio)

又名"压缩扭法螺",早期螺层生长规则,后期螺层极度扭曲。壳表具格子状雕刻,壳口被一个半透明且具光泽的圆盾围绕。早期螺层呈白色,后期螺层呈浅褐色。

附注 早期螺层的整齐有序与后期螺层的极度扭曲形成鲜明的对比。
栖息地 近海水域。

巴拿马区

前沟内侧呈褐色

分布:美国加利福尼亚湾—厄瓜多尔 **数量**:🐚🐚 **尺寸**:4厘米

蛙螺

蛙螺与法螺、嵌线螺的区别在于其壳口上端（后端）具一后沟或一条侧面带裂缝的管道。有些种类尺寸中等，有些则体形巨大。蛙螺的外形千姿百态，有些壳体矮胖，壳表粗糙，具强肋、结节和疣块；有些壳体较高，壳表装饰较少。有些贝壳两侧扁平，有些壳体生有棘刺，大多数具有纵胀肋。厣呈角质。蛙螺通常栖息在砂底和碎珊瑚质海底。

超科：鹑螺超科	科：蛙螺科	种：*Tutufa bubo* (Linnaeus, 1758)

土发螺（Giant Frog Shell）

又名"大白蛙螺"，体螺层膨大，螺塔中等高。每个螺层具2条纵胀肋，其间有6～8个粗壮的钝结节。体螺层上也具有螺肋，其间还有装饰着小结节的次级肋。壳口极为扩展，前沟短而宽。位于壳口上缘的后沟短、深且张开。外唇没有明显增厚，无齿，整个螺轴上具有许多小的褶襞。壳表呈乳白色，布满褐色斑点和线纹；壳口呈白色。

附注 此种为世界第二大蛙螺。
栖息地 近海珊瑚砂底。

- 早期螺层纵胀肋明显
- 纵胀肋间具钝瘤
- 壳口上端具短而深的后沟
- 宽大的轴盾薄且具有光泽
- 外唇边缘具小圆尖

印度洋—太平洋区

分布：印度洋—太平洋	数量：	尺寸：17.8厘米

腹足纲 | 97

| 超科：鹑螺超科 | 科：蛙螺科 | 种：*Tutufa rubeta* (Linnaeus, 1758) |

红口土发螺（Ruddy Frog Shell）

又名"金口蛙螺"，贝壳大而重，体螺层呈卵形，缝合线浅且凹凸不平。壳表覆盖着粗糙的螺肋，下面各螺层周缘具一圈钝顶的结节。体螺层下半部约有5条强螺肋，纵胀肋突出，间隔宽。沿外唇边缘具强齿。壳表呈乳白色，具褐色斑块；壳口内侧呈鲜橙色；外唇呈鲜红色；齿端呈白色。

栖息地 沿海礁石下方。

强壮的纵胀肋部分隐藏

外唇齿后方具白色的沟槽和褶襞

外唇上具白色齿

印度洋—太平洋区

| 分布：热带印度洋—太平洋 | 数量： | 尺寸：10厘米 |

| 超科：鹑螺超科 | 科：蛙螺科 | 种：*Tutufa oyamai* Habe, 1973 |

中国土发螺（Oyama's Frog Shell）

又名"大山蛙螺"，贝壳坚固但不重，体螺层膨大，螺塔高，缝合线深且起伏不平。螺肋在各螺层周缘处最强，并生有明显的钝结节。在体螺层周缘强螺肋的下方有时还具有3～4条额外的螺肋。外唇宽且薄，呈褶皱状，内侧具钝齿。轴盾薄而宽，螺轴上具细的褶襞。壳表呈白色，具褐色螺线。

附注 壳口边缘有时呈粉橙色。
栖息地 近海水域。

结节顶部平，末端钝

前沟极狭窄

印度洋—太平洋区

| 分布：北印度洋、西太平洋 | 数量： | 尺寸：7.5厘米 |

| 超科: 鹑螺超科 | 科: 蛙螺科 | 种: *Dulcerana granularis* (Röding, 1798) |

粒蛙螺（Granulate Frog Shell）

又名"果粒蛙螺"，螺塔高，两侧略扁平，壳口较小。壳顶螺层光滑且尖，下面螺层两侧各具一条纵胀肋，且彼此连接成一线。缝合线略深，前沟短窄且直。体表有多达16排由结节组成的螺线。口唇上具小钝齿，螺轴上具褶襞。壳表呈褐色，具深褐色螺带；壳口呈白色或黄色。

栖息地 潮池和珊瑚下方。

纵胀肋具明显的棱角

印度洋—太平洋区

加勒比海区

| 分布: 印度洋—太平洋、西印度洋 | 数量: ●●●● | 尺寸: 5厘米 |

| 超科: 鹑螺超科 | 科: 蛙螺科 | 种: *Bursa lamarckii* (Deshayes, 1853) |

黑口蛙螺（Lamarck's Frog Shell）

贝壳厚重、低矮，螺塔高度不及总壳长的一半，缝合线浅。壳口大而近圆形，前沟短而窄。每个螺层具2条纵胀肋，管状前沟上翘且一侧开口。壳面上具许多肿块，看上去疙疙瘩瘩。壳表呈灰色或浅黄色，具紫褐色的斑点；外唇和螺轴呈紫褐色。

栖息地 珊瑚礁底。

印度洋—太平洋区

后沟是一条几乎完全封闭的管子

壳口边缘形成许多小尖

薄的角质厣

| 分布: 西南太平洋 | 数量: ●● | 尺寸: 5厘米 |

| 超科: 鹑螺超科 | 科: 蛙螺科 | 种: *Lampasopsis cruentata* (Sowerby II, 1835) |

血斑蛙螺（Blood-stain Frog Shell）

又名"血迹蛙螺"，贝壳小，螺塔低，体螺层大，壳口近圆形，缝合线深刻。每个螺层具2条纵胀肋，最后一条纵胀肋使得体螺层看上去更宽。壳表布满由小结节和肿块组成的螺肋。内唇具齿，螺轴上有强褶襞。壳表呈白色，有褐色花纹；壳唇呈褐色。

附注 有几种蛙螺与其类似。

栖息地 珊瑚礁底。

被腐蚀的壳顶

印度洋—太平洋区

褶襞间具深褐色渍斑

前沟短而直

| 分布: 印度洋—太平洋、西印度洋 | 数量: ●● | 尺寸: 4厘米 |

| 超科：鹑螺超科 | 科：蛙螺科 | 种：*Talisman scrobilator* (Linnaeus, 1758) |

地中海蛙螺（Pitted Frog Shell）

贝壳坚固，体形长，但螺塔高不及总壳长的一半。体螺层膨大，壳口呈卵形。缝合线较深，呈波浪状。各螺层上半部倾斜或形成几乎水平的斜坡，各螺层上具一条纵胀肋。外唇边缘呈波浪状，具不规则排列的成对的齿。螺轴上具间隔不规则的褶襞。螺肋通常呈钝结节状，纵胀肋上具深的凹坑。壳表呈黄色，具褐色的斑块和线纹；外唇呈橙色。

附注 地中海区唯一的蛙螺类。
栖息地 近海水域。

纵胀肋上具深凹坑

地中海区

西非区

后沟两侧具强齿

前沟短而直

| 分布：地中海、西非 | 数量： | 尺寸：6厘米 |

| 超科：鹑螺超科 | 科：蛙螺科 | 种：*Crossata californica* (Hinds, 1843) |

加州蛙螺（California Frog Shell）

贝壳坚固，螺塔高而尖，体螺层膨大，壳口大而圆。每个螺层具2条相对的纵胀肋，最后一条纵胀肋上具4～5个尖瘤，这些尖瘤沿着各螺层螺旋排列。壳表有数条粗壮的螺脊，缝合线浅，呈波浪状。外唇缘具凹槽和钝齿，轴唇薄。螺轴上具细的褶襞。前沟短窄且直，后沟与前沟宽度近等。壳表呈淡黄褐色，瘤表面具细的褐色线纹；壳口呈白色；壳唇呈褐色。

栖息地 近岸岩石底。

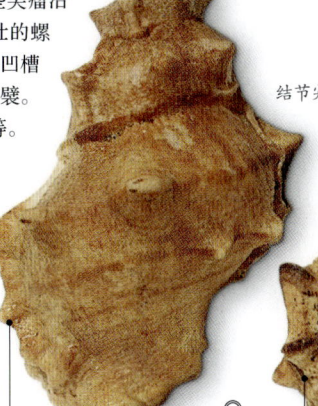

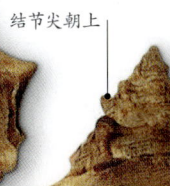

每对纵胀肋间具2个结节

结节尖朝上

体螺层下排结节尖部朝下

薄的角质厣

早期壳唇形成纵胀肋

加州区

| 分布：美国加州 | 数量： | 尺寸：10厘米 |

| 超科：鹑螺超科 | 科：蛙螺科 | 种：*Bufonaria echinata* (Link, 1807) |

长棘赤蛙螺（Spiny Frog Shell）

贝壳厚重，压扁，两侧具标志性的突出长棘。体螺层膨大，螺塔不及总壳长的一半。壳口拉长，末端是一条长而宽、略向后弯曲的前沟。螺塔各螺层具一列呈螺旋排列的尖瘤，而体螺层上的尖瘤还要多出一列。壳表装饰着细的螺旋肋，外唇上具不规则的锯齿。壳表呈乳白色，具褐色的斑纹。

附注 蛙螺科中唯一具有长棘刺的物种。

栖息地 近海水域。

印度洋—太平洋区

壳口顶部具小瘤

正在形成的新棘刺

凹陷处具褐色斑

| 分布：印度洋 | 数量： | 尺寸：6厘米 |

| 超科：鹑螺超科 | 科：蛙螺科 | 种：*Bufonaria rana* (Linnaeus, 1758) |

习见赤蛙螺（Common Frog Shell）

贝壳坚固，压扁，体螺层膨大，螺塔低矮，约占总壳长的1/3。壳口长，前沟略向后弯，其长度可能比图示标本更长或更短，但后沟的宽度却近似。各螺层两侧具一系列呈鱼鳍状的纵胀肋，位于体螺层的纵胀肋上长有尖刺，尖刺的位置与后沟及3排呈螺旋排列的尖瘤前方位置相重合。外唇具尖锐的齿，螺轴下半部有一排褶襞。壳表呈乳白色或白色，具褐色斑纹。

附注 通常贝壳的颜色比图中所示的更深。

栖息地 岩石海岸。

缝合线很深

印度洋—太平洋区、日本区

宽阔的后沟

螺旋肋延伸到纵胀肋上

外唇下缘呈锯齿状

| 分布：西太平洋、日本 | 数量： | 尺寸：8厘米 |

琵琶螺

又称"枇杷螺",种类较少,贝壳薄而光滑,轮廓形似无花果或中国乐器中的琵琶,故此得名。它们的螺塔低矮,体螺层膨大,并具有一延长的前沟。各螺层具螺旋肋,但是壳口和螺轴平滑。无厣。大部分琵琶螺种类生活于近海的砂质海底。

| 超科:琵琶螺超科 | 科:琵琶螺科 | 种:*Ficus gracilis* (Sowerby, 1825) |

大琵琶螺(Graceful Fig Shell)

又名"大枇杷螺",本种是最脆弱的大型海贝之一,和其他种类的琵琶螺一样,它的贝壳外形差异不大。体螺层拉长且极膨胀,使螺塔显得低矮且压缩。外唇顶端略增厚。从壳顶面观,螺塔是一个广泛扩张的螺旋体,缝合线很深。螺轴笔直或略弯曲。扁平的强螺旋肋与弱肋交替排列,并与纤细的纵线纹相互交错。壳顶螺层与壳口平滑并具有光泽。壳表底色为橙褐色,具纵向的线纹和"之"字纹;壳口为橙褐色,越靠近外唇颜色越淡。

附注 世界上最大的琵琶螺科物种。
栖息地 深海底。

印度洋—太平洋区、日本区

螺塔各螺层近圆形

在极深的缝合线下方具宽的白色镶边

贝壳轮廓圆滑,呈无花果形或琵琶形

从壳口外唇可透见壳表的螺旋肋纹

壳顶面观　　壳口面观

| 分布:亚洲东部、日本南部 | 数量: | 尺寸:14厘米 |

| 超科：琵琶螺超科 | 科：琵琶螺科 | 种：*Ficus ventricosa* (Sowerby, 1825) |

膨肚琵琶螺（Swollen Fig Shell）

贝壳薄而轻，螺塔低，缝合线浅，体螺层呈梨形。螺旋肋明显，如绳索一般。细弱的次级螺旋肋与纤细的纵螺脊相互交错，形成格子状的雕刻。壳表呈淡褐色，螺旋肋颜色更浅，但其上具深褐色的斑点。从壳口内可透见壳面的螺旋肋。

附注 本种体螺层膨圆，故此得名。
栖息地 近海砂底。

巴拿马区

体螺层上环绕着间距规则的强肋

新鲜的贝壳有光滑且呈紫粉色的壳口

| 分布：墨西哥西部—秘鲁 | 数量： | 尺寸：9厘米 |

异足类

异足类是一群生活在海洋上层且拥有脆弱半透明贝壳的浮游性贝类，大部分体形很小，有着盘状或帽状的扁平贝壳，厣极小。个别大型异足类的软体部分相对于它们的贝壳来说实在是太大了，这使得它们只能倒立游动。

| 超科：翼管螺超科 | 科：龙骨螺科 | 种：*Carinaria cristata* (Linnaeus, 1767) |

龙骨螺（Glassy Nautilus）

本种为属模式种，也是6个家族成员中体形最大的种类。贝壳如纸一般脆弱，半透明，活体具有弹性，形状如同尖帽，两侧扁平，壳顶小且向后端卷曲。平滑、呈波浪状的螺肋环绕在贝壳表面，汇合形成龙骨状脊，贯穿于整个具有锐利棱角的贝壳前缘。

附注 英文名意为"玻璃鹦鹉螺"，因为人们最初将它归于头足纲，认为它是船蛸的近亲。
栖息地 漂浮在海面上。

贝壳顶端卷曲

全世界

壳口呈椭圆形

从内部可透见龙骨的位置

| 分布：全球温暖海域 | 数量： | 尺寸：7.5厘米 |

梯螺

又名"海蛳螺"，是一群精致且迷人的贝类，它们的英文名源自荷兰语，意为"盘旋的楼梯"。壳口圆且平滑，脐孔开放或封闭，大部分种类质薄且颜色洁白。梯螺主要生活在砂质环境，有时隐藏于海葵丛中，它们大多栖息在潮间带。

| 超科：梯螺超科 | 科：梯螺科 | 种：*Epitonium scalare* (Linnaeus, 1758) |

梯螺（Precious Wentletrap）

又名"绮蛳螺"，本种为属模式种。质地很轻，具8～9个丰满且松散盘绕的螺层，而且螺层之间被很薄的肋片相连。螺层之间完全分离，所以没有缝合线。脐孔宽且深。壳表呈浅粉色或米黄色；螺肋和壳口呈白色。

附注 19世纪时还非常稀有，如今已容易获得。

栖息地 潮下带砂质底。

- 纵肋间具浅的螺沟
- 印度洋—太平洋区
- 精致的肋片将游离的螺层连接在一起
- 体螺层上具10～11条白色的纵肋

| 分布：热带印度洋—太平洋 | 数量： | 尺寸：5厘米 |

| 超科：梯螺超科 | 科：梯螺科 | 种：*Amaea ferminiana* (Dall, 1908) |

麻布阿玛螺（Ferminia Wentletrap）

又名"麻布海蛳螺"，贝壳螺塔很高，约有12个极膨胀的螺层。缝合线很深。壳口略呈椭圆形，高度约占总壳长的1/4。壳表具纤细却很明显的螺旋肋和纵肋，二者相互交错形成格子状雕刻。壳表呈棕黄色，具白色脊；壳唇及螺轴呈白色。

附注 巴拿马区最大的梯螺类。

栖息地 深海底。

- 螺旋肋和纵肋都很发达
- 缝合线深
- 薄的角质厣

巴拿马区

| 分布：美国加利福尼亚—巴拿马西部 | 数量： | 尺寸：6厘米 |

海蜗牛

世界上有 8 种海蜗牛，它们的贝壳薄而易碎，大多呈紫色，因此又被称作"紫螺"。海蜗牛的一生都是在海面上度过的，它们会利用黏液制造"气泡浮筏"，并将卵产在其中，从而能漂浮在水面上。在受到干扰的时候，它们会释放出一种紫色的液体进行防护。尽管海蜗牛的外形和生活方式与梯螺不同，但是它们的关系却非常密切。

超科：梯螺超科	科：梯螺科	种：*Janthina janthina* (Linnaeus, 1758)

海蜗牛（Common Purple Sea Snail）

又名"紫螺"，贝壳薄脆，约有 5 个螺层，早期螺层外凸。缝合线极明显。壳口边缘呈连续的圆形，螺轴微扭曲。壳表具螺旋沟，与纵向的生长纹相互交错。除壳顶、缝合线和底部外，紫罗兰色的壳面上罩着一层白色。

附注 此贝类倒立式浮游。
栖息地 漂浮在海面上。

体螺层底部在周缘处形成棱角

全世界

分布：全世界温暖海域	数量：	尺寸：4 厘米

光螺

光螺又称"瓷螺"，是一群种类繁多且形态多样的寄生性贝类，它们主要以海胆、海星或海参的体液或身体组织为食。贝壳有时具花纹，且大都非常光滑。许多小型光螺的贝壳都呈白色，鉴别非常困难。厣呈角质，通常与壳口的形状一致。

超科：瓦尼沟螺超科	科：光螺科	种：*Niso splendidula* (Sowerby, 1834)

华丽光螺（Splendid Niso）

贝壳螺塔很高，约有 15 个均匀的螺层，两侧平直。缝合线清晰。壳口长，壳唇翻卷，无水管沟。脐孔极深，且孔壁笔直。壳面通常呈乳白色至黄褐色，并装饰有 V 形的褐色花纹。

附注 它可能在一生中的部分时间与寄主分开生活。
栖息地 寄生在海星体表。

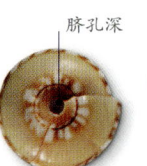

生长偶尔会中断

巴拿马区

脐孔深

壳底面观

两侧平直

分布：墨西哥西部—厄瓜多尔	数量：	尺寸：3 厘米

蛾螺

蛾螺亦作"峨螺",大多数种类有一个非常宽大的体螺层和一个短而宽的前沟。它们的尺寸、体形和雕刻富于变化。许多种类的壳表覆盖着壳皮。一些大型蛾螺种类广泛分布于北半球,包括北极水域,它们的贝壳普遍暗淡。蛾螺主要以死鱼和其他腐肉为食。

超科: 蛾螺超科　　　　**科:** 蛾螺科　　　　**种:** *Buccinum zelotes* Dall, 1907

英俊蛾螺(Superior Buccinum)

又名"旋塔蛾螺",贝壳螺塔极高,雕刻夸张大胆,各螺层膨圆,缝合线深,壳口高度超过体螺层的一半。后期螺层上环绕着5条锋利的螺旋肋,此外,在体螺层的下半部有几条较弱的肋。壳表呈灰白色或淡黄色。

附注　此种由贝类学家威廉·希利·道尔命名,此种名暗示其"颜值"比其他成员更高。

栖息地　深海底。

最上方的肋最发达

日本区

螺肋间具精致的网格状雕刻

外唇边缘具薄的凸缘

厣

分布: 日本　　　　**数量:** ●●　　　　**尺寸:** 6厘米

超科: 蛾螺超科　　　　**科:** 蛾螺科　　　　**种:** *Buccinum leucostoma* Lischke, 1872

白口蛾螺(Yellow-lipped Buccinum)

贝壳质薄,螺层膨圆。缝合线深,螺塔的高度几乎与膨大的体螺层相同。外唇呈圆弧形,略翻卷,前沟也是如此。后期螺层上环绕着3~4条较强的圆螺肋和许多细肋,并与纤细的纵向生长纹相交。磨损的螺旋肋具有光泽。壳表呈白色,略带黄色;壳口呈白色。

附注　此种是日本海北部数种外形相似的蛾螺之一。虽然英文名为"黄唇蛾螺",但大多数标本都不明显。

栖息地　中等深度海底。

较大的螺肋间距相等

日本区

螺肋磨损后呈现光泽

外唇具圆角

厣

分布: 日本　　　　**数量:** ●●●　　　　**尺寸:** 7.5厘米

| 超科：蛾螺超科 | 科：蛾螺科 | 种：*Buccinum undatum* Linnaeus, 1758 |

欧洲蛾螺（Common Northern Whelk）

贝壳厚，呈卵形，螺塔高，体螺层膨胀，缝合线深。形状和雕刻多变，通常螺旋肋低且间距规则，并与细弱的纵生长纹相互交错。螺轴平滑，前沟短。壳表呈乳黄色或浅灰色，有时在缝合线处和体螺层中部具褐色螺带；新鲜个体的壳表覆盖着淡绿色的壳皮。

附注 此种自史前时代起即被欧洲西北部地区的人们食用。壳表有时具有斜褶，也有罕见的左旋个体。

栖息地 近海砂底。

斜褶隐约可见 — 形成弱角 — 螺轴质如瓷器 — 壳唇下半部比上半部更薄

北欧区、地中海区

| 分布：美国东北部、欧洲西部 | 数量： | 尺寸：7.5厘米 |

| 超科：蛾螺超科 | 科：蛾螺科 | 种：*Buccinum perryi* (Jay, 1857) |

皮氏蛾螺（Velvety Buccinum）

贝壳薄脆，体螺层呈球形，螺塔短，壳顶较平。前沟极宽，并于螺轴一侧突然终止。缝合线浅。壳表平滑，具弱螺线，其上覆盖着绒毛般的壳皮。壳表呈乳黄色，具褐色的线纹；壳口呈紫褐色。

附注 厣薄如纸，微小或缺失。

栖息地 近海水域。

缝合线下方具窄平台 — 纵生长纹 — 螺轴末端呈截形

日本区

| 分布：日本、白令海 | 数量： | 尺寸：4.5厘米 |

| 超科：蛾螺超科 | 科：蛾螺科 | 种：*Colus gracilis* (da Costa, 1778) |

苗条管螺（Slender Colus）

又名"纺锤峨螺"，贝壳呈纺锤形，两侧平直，胚壳呈泡状，几乎平顶。体螺层较螺塔略长，各螺层略膨圆，缝合线很深。壳口从顶部尖端位置到短、宽且强烈下弯的前沟迅速变窄。螺肋低，间距规则，并与纤细的生长纹相互交错。壳表呈黄白色；壳口和螺轴呈白色。

附注 新鲜个体具黄褐色壳皮，但易脱落。

栖息地 近海砂底或泥底。

缝合线略呈沟状 — 锋利的唇边 — 厣

北欧区

| 分布：欧洲西北部 | 数量： | 尺寸：7厘米 |

腹足纲 | 107

| 超科：蛾螺超科 | 科：蛾螺科 | 种：*Neptunea tabulata* (Baird, 1863) |

桌形香螺（Tabled Neptune）

又名"桌形峨螺"，贝壳厚，体形修长，螺塔高，体螺层略长于螺塔。各螺层侧面凹陷，上端形成一宽阔的平台，平台边缘环绕着一条类似城墙的鳞状脊，这是它的标志性特征。壳口拉长，末端连接一条中等长度且宽阔的开放式前沟。螺轴平滑且略弯，通体遍布规则的螺肋。壳表呈现出均匀的淡黄白色。

附注 此种名称源自其缝合线下方的宽阔平台。
栖息地 深海底。

加州区

光滑的周缘脊

从壳口内可透见表面螺肋

锋利的唇边

| 分布：加拿大西部—美国加利福尼亚 | 数量： | 尺寸：9厘米 |

| 超科：蛾螺超科 | 科：蛾螺科 | 种：*Neptunea contraria* (Linnaeus, 1771) |

左旋香螺（Left-handed Neptune）

又名"左旋峨螺"，贝壳厚重，各螺层膨圆，且呈逆时针旋转。体螺层较螺塔更高。缝合线深，壳顶较圆。壳口狭长，螺轴平滑且微弯，前沟短。各螺层具高低起伏的螺肋，且排列规则。壳表呈白色或淡褐色；壳口呈白色。

附注 此种是极少数的天生左旋的种类，偶尔也能发现右旋的个体。
栖息地 近海水域。

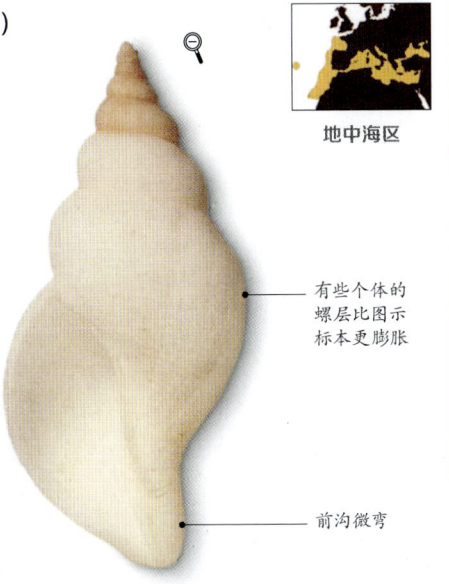

地中海区

有些个体的螺层比图示标本更膨胀

前沟微弯

角质层一端锐利

| 分布：地中海、大西洋东部 | 数量： | 尺寸：9厘米 |

| 超科：蛾螺超科 | 科：蛾螺科 | 种：*Siphonalia trochulus* (Reeve, 1843) |

细纹管蛾螺（Hooped Whelk）

又名"细纹峨螺"，贝壳厚，螺塔高，体螺层膨胀。壳口长，末端与宽而弯曲的前沟相连。螺塔各螺层具低的垂直褶襞，通体布满规则的细螺旋肋。壳表呈褐色；较大的螺旋肋呈白色。

附注 外唇内侧大概呈紫色。
栖息地 近海水域。

日本区

壳口内具强螺脊

| 分布：日本 | 数量：🐚🐚🐚🐚 | 尺寸：4厘米 |

| 超科：蛾螺超科 | 科：蛾螺科 | 种：*Burnupena cincta* (Röding, 1798) |

环带蛾螺（Girdled Burnupena）

贝壳厚，螺塔高，体螺层长，螺肩上方具一条宽沟，壳口上方有一条窄沟。外唇薄，螺轴平滑且略弯。壳表布满宽阔的平顶螺旋肋。壳面呈褐色，具浅褐色的纵向线纹；螺轴呈白色；壳口呈白色或紫色。

附注 新鲜个体的壳表完全被厚而粗糙的壳皮覆盖。
栖息地 岩石潮池中。

早期螺层常覆盖着石灰质硬壳

南非区

壳口顶部外凸

肋间具螺旋沟

厣塞满壳口

| 分布：南非 | 数量：🐚🐚🐚 | 尺寸：6厘米 |

| 超科：蛾螺超科 | 科：蛾螺科 | 种：*Kelletia kelletii* (Forbes, 1852) |

克莱特蛾螺（Kellet's Whelk）

贝壳厚重，螺塔高，体螺层大，缝合线细且呈波浪状，螺轴内凹且平滑。前沟宽，中等长度，脐孔小。壳体两侧直，有明显的纵褶和结节。各螺层布满不规则的螺沟，螺塔易遭腐蚀。外唇边缘具短锯齿。壳表呈黄白色；壳口和螺轴呈白色。

附注 贝壳总是腐蚀严重，看上去破败不堪。
栖息地 近海底。

加州区

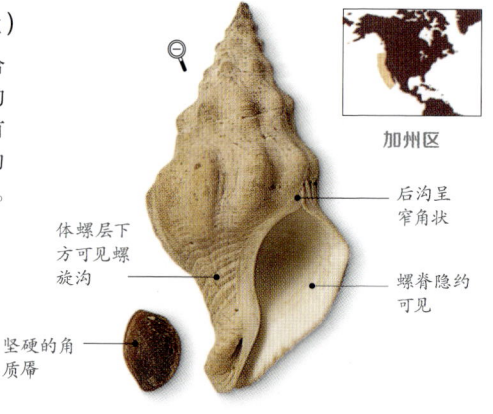

后沟呈窄角状

体螺层下方可见螺旋沟

螺脊隐约可见

坚硬的角质厣

| 分布：美国加利福尼亚—墨西哥 | 数量：🐚🐚🐚 | 尺寸：11厘米 |

| 超科：蛾螺超科 | 科：蛾螺科 | 种：*Cominella adspersa* (Bruguière, 1789) |

细斑蛾螺（Speckled Whelk）

贝壳厚，螺塔短而尖，体螺层大。壳口宽大，上端具狭窄的后沟，下端与短而宽的前沟相连，螺轴内凹且光滑。脐孔被翻卷的轴唇所遮盖。螺塔各螺层具宽而低的纵肋，整个壳表布满强螺旋肋。壳表呈乳黄色，具有成排的褐色小方斑。

附注 在18世纪库克船长的探险航行之前，科学家们并不知道此种的存在。
栖息地 近岸砂底和岩石底。

体螺层周缘具棱角
新西兰区
螺层上半部向外弯曲
角质厣呈卵形

| 分布：新西兰 | 数量： | 尺寸：5厘米 |

| 超科：蛾螺超科 | 科：蛾螺科 | 种：*Euthria cornea* (Linnaeus, 1758) |

纺锤真螺（Spindle Euthria）

又名"纺锤峨螺"，贝壳厚重，呈长卵形，体螺层略长于螺塔。早期螺层具光滑且微凸的小结节，其余螺层几乎平滑，缝合线深。体螺层肩部呈圆角状，其下半部具低的细螺旋肋。外唇边缘薄，内侧具螺脊。壳表呈乳白色或灰色，具褐色的杂斑和线纹。

附注 大多数近似种产于新西兰及南半球其他海域。
栖息地 近海水域。

地中海区
壳口顶部具深沟
外唇缘具褐色花纹

| 分布：地中海 | 数量： | 尺寸：5厘米 |

| 超科：蛾螺超科 | 科：锤头螺科 | 种：*Afer cumingii* (Reeve, 1848) |

古氏非螺（Cuming's Afer）

曾用名"土豚拳螺"，贝壳坚固，螺塔高，体螺层大，前沟长且经常侧弯。壳顶螺层光滑，其他螺层具强的螺旋脊，并与肩部的圆形结节相交。外唇边缘呈锯齿状，内侧具螺脊。体螺层上的螺脊在经过轴滑层时遭受挤压，在螺轴上形成隐约可见的褶襞。壳表呈淡黄褐色，具深褐色的斑点；壳口呈白色。

附注 此种以19世纪最著名的贝类收藏家休·古明的名字命名。
栖息地 近海砂底。

译者注：根据最新分类系统，此种已是"锤头螺科"中的一员。

壳口面观  
日本区、印度洋—太平洋区
壳顶面观
螺轴基部具强齿

| 分布：日本南部、东海 | 数量： | 尺寸：7厘米 |

美洲香螺

美洲香螺科中的成员很少，其中一些是大型种类，也有两种是左旋种类。它们大都具有长的前沟和光滑的螺轴，仅分布于墨西哥东南部及美国东南沿海地区。

| 超科：蛾螺超科 | 科：美洲香螺科 | 种：*Sinistrofulgur sinistrum* (Hollister, 1958) |

左旋美洲香螺（Lightning Whelk）

贝壳中等厚度，左旋，螺塔短而尖，体螺层大，前沟长。螺轴平滑，壳口内侧具螺脊。体螺层肩部具一排宽而尖的结节，贝壳其他部位具螺旋肋。壳表呈白色，具灰褐色的螺带和纵线；壳口呈红褐色，内壁具稍浅色的螺脊。

附注 肩部有时无结节。
栖息地 近海砂底。

加勒比海区、美东区

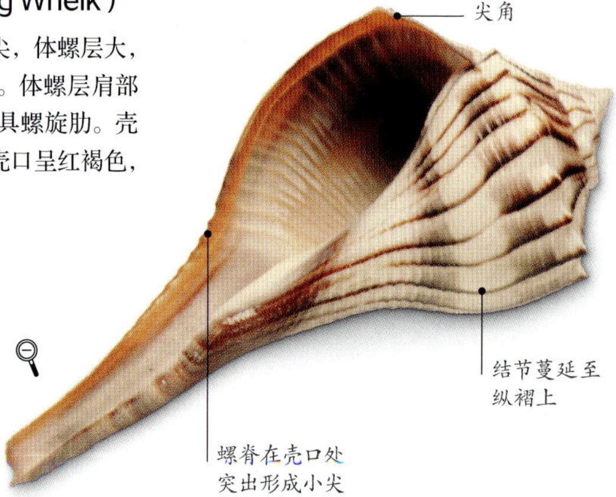

尖角
结节蔓延至纵褶上
螺脊在壳口处突出形成小尖

| 分布：美国东南部 | 数量： | 尺寸：15厘米 |

| 超科：蛾螺超科 | 科：美洲香螺科 | 种：*Fulguropsis spirata* (Lamarck, 1816) |

梨形美洲香螺（Pear Whelk）

贝壳呈无花果形或梨形，前沟弯曲。螺塔低，各螺层具明显肩角，壳顶突出。缝合线呈深沟状。体螺层肩部有时具锐利的龙骨。螺轴平滑，外唇薄，壳口内侧具螺脊。体螺层上半部螺旋肋弱。壳表呈乳黄色，具褐色螺带和线纹。

附注 尺寸和壳表雕刻随产地不同而有差别。
栖息地 浅海砂底。

加勒比海区

前沟开口宽
壳口螺脊不延伸至外唇边缘

| 分布：美国南部 | 数量： | 尺寸：10厘米 |

腹足纲 | 111

土产螺

土产螺又名"皮萨螺",曾隶属于蛾螺科,现已独立,它们是一群贝壳坚固的中小型腹足类,盛产于热带和温带浅海地区,藏身于岩石或死珊瑚的下方。螺层通常膨圆,具突出的纵褶襞和强螺旋肋。外唇边缘常具有绚丽的色彩。

超科:蛾螺超科	科:土产螺科	种:*Pollia undosa* (Linnaeus, 1758)

波纹甲虫螺(Waved Goblet)

曾用名"粗纹蛾螺",贝壳坚固,螺塔相当高,两侧近直。体螺层大,外唇增厚,前沟短而宽。螺旋肋在体螺层的最宽处尤为明显,螺肋间具纵沟,螺轴上具褶襞。新鲜个体壳表覆盖着厚的褐色壳皮。壳表呈白色;螺肋呈紫褐色。

外唇内侧具强齿

印度洋—太平洋区

壳口唇缘为鲜橙色

栖息地 岩石间及珊瑚下方。

分布:热带太平洋	数量:	尺寸:3厘米

超科:蛾螺超科	科:土产螺科	种:*Cantharus erythrostoma* (Reeve, 1846)

红口甲虫螺(Red-mouth Goblet)

曾用名"红口蛾螺",贝壳坚固,体螺层膨圆,螺塔高度不及体螺层的一半。外唇上半部增厚,螺轴内凹,其上具3~4条褶襞。缝合线深。所有螺层具强的纵褶襞,并与螺旋肋相交。新鲜标本表面覆盖有如丝般的壳皮。壳表呈黄褐色;褶襞处呈深褐色;外唇呈红色。

印度洋—太平洋区

外唇上半部的齿最发达

前沟短而宽

栖息地 岩石和珊瑚下方。

分布:热带太平洋	数量:	尺寸:4厘米

超科:蛾螺超科	科:土产螺科	种:*Solenosteira pallida* (Brod. & Sow., 1829)

苍白中柱螺(Pale Goblet)

曾用名"苍白蛾螺",贝壳厚,呈双锥形,体螺层肩部发达。螺轴内凹,前沟宽且后弯。纵褶襞强,并在螺层周缘形成尖状突起,与宽而平的螺肋相交。褶襞的强度和数量具有差异。壳表呈淡黄色,其上覆盖着厚的浅褐色壳皮;壳口呈白色。

体螺层上半部强烈倾斜

加州区、巴拿马区

栖息地 潮间带和近海水域。

分布:美国加利福尼亚—厄瓜多尔	数量:	尺寸:4厘米

蛇首螺

蛇首螺又名"布纹螺"，它们是岩石地居住者，主要分布于温暖海区。贝壳体形修长，螺层膨胀，纵胀肋厚，壳表雕刻明显而粗犷。

超科：蛾螺超科	科：蛇首螺科	种：*Colubraria tortuosa* (Reeve, 1844)

扭蛇首螺（Twisted Dwarf Triton）

又名"扭弯布纹螺"，贝壳小而厚，螺塔倾斜，壳顶钝，缝合线浅。螺轴微扭曲，使得螺塔后期螺层发生倾斜，而排列不规则的纵胀肋加剧了扭曲的程度。整个壳表装饰着呈螺旋排列的正方形疣突。壳表呈白色，具褐色斑块；壳口呈白色。

附注 螺塔扭曲。
栖息地 近海岩石底。

- 早期螺层竖直
- 褐色斑块排列成螺旋带
- 外唇缘具钝齿
- 前沟窄
- 印度洋—太平洋区

分布：西太平洋	数量：	尺寸：4厘米

超科：蛾螺超科	科：蛇首螺科	种：*Colubraria sowerbyi* (Reeve, 1844)

索氏蛇首螺（Sowerby's Dwarf Triton）

又名"梭氏布纹螺"，贝壳坚固，螺塔高。每个螺层具2条宽的纵胀肋，最后一条纵胀肋会形成外唇的厚缘。缝合线浅，在纵胀肋处呈波浪状。螺轴弯曲，底部具小褶襞。壳口窄，其上角具一沟。壳表纵肋与细的螺旋肋相互交错，形成长方形的颗粒状雕刻。壳表呈乳黄色，具深浅不一的褐色斑块和深褐色螺带；壳口呈黄色。

栖息地 近海岩石底。

- 褐色细螺旋线
- 纵胀肋上具明显的白色宽带
- 宽阔的轴盾
- 印度洋—太平洋区

分布：印度洋、菲律宾	数量：	尺寸：6厘米

超科：蛾螺超科	科：蛇首螺科	种：*Metula amosi* Vanatta, 1913

阿莫斯前锥螺（Pink Metula）

又名"阿莫氏长峨螺"，贝壳相当厚，体形修长，两侧近直，体螺层长度超过整个壳长的一半。缝合线浅，壳顶钝。壳口长且边缘薄，螺轴平滑。后期螺层具纵肋和螺旋肋，且彼此相交形成格子状雕刻。壳表呈褐色，体螺层上具白色带纹。

附注 窄的体螺层和格子状雕刻是其标志性特征。
栖息地 深海底。

- 唇内侧具长齿
- 唇缘具褶皱
- 巴拿马区

分布：墨西哥西部—巴拿马	数量：	尺寸：4厘米

核螺

核螺又称"麦螺"，贝壳体形小，大多呈纺锤形，约有75个属。螺轴通常具数条褶襞，外唇内侧有齿。同一物种贝壳的颜色和花纹差异极大。核螺科广泛分布于全世界温暖海域，它们以腐肉为食。

超科：蛾螺超科	科：核螺科	种：*Strombina elegans* (Sowerby, 1832)

优美核螺（Elegant Strombina）

又名"优美麦螺"，贝壳小，早期螺层尖细易碎，螺层自上而下逐渐变得坚固，且肩角更明显。体螺层略圆，末端形成一窄的前沟缺刻。早期具9～10个光滑螺层，后期螺层具肩角和纵肋。螺轴直。壳表呈白色，具可融合的褐色纵纹。

附注 无色的早期螺层与具有明显图案的后期螺层形成强烈的对比。
栖息地 近海水域。

巴拿马区
外唇上端增厚
强钝齿

分布：中美洲西海岸	数量：	尺寸：3厘米

超科：蛾螺超科	科：核螺科	种：*Mazatlania cosentini* (Philippi, 1836)

科森核螺（False Auger Shell）

又名"竹笋麦螺"，贝壳小而精致，体形修长，壳顶尖，壳表有光泽。螺塔早期螺层具纵肋，随后逐渐变成两排光滑的结节。螺塔比体螺层高许多。壳表呈乳黄色至浅褐色，环绕着1条褐色螺带。

附注 此种曾被认为分布于那不勒斯湾，但尚未被证实。
栖息地 近海砂底。

加勒比海区
褐色带被结节中断
壳口内可见褐色带

分布：西印度群岛、巴西	数量：	尺寸：2厘米

超科：蛾螺超科	科：核螺科	种：*Parametaria macrostoma* (Reeve, 1858)

长口核螺（Cone-like Dove Shell）

又名"长口麦螺"，贝壳螺塔很短，外形酷似芋螺。壳表呈紫褐色，具灰白色杂斑；壳口呈深紫罗兰色。

附注 此种虽形似芋螺，但其增厚的外唇和壳口内的螺脊却与芋螺截然不同。
栖息地 潮间带岩石下方。

巴拿马区
壳口内具螺脊

分布：墨西哥西部—巴拿马	数量：	尺寸：2厘米

超科：蛾螺超科	科：核螺科	种：*Euplica scripta* (Lamarck, 1822)

杂色牙螺（Dotted Dove Shell）

又名"花麦螺"，贝壳光滑，体螺层大，肩部具圆角。外唇上下两端具棱角，但中间平直，其内侧最多有14枚齿。螺轴处具褶襞。体螺层上具螺脊，但在底部更为明显。壳表呈乳黄色，具浅褐色斑纹和呈螺旋排列的深褐色斑点。

栖息地 浅海底。

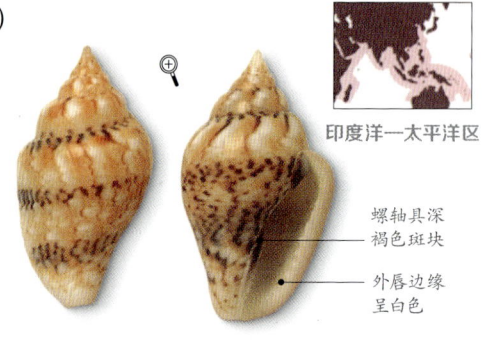

印度洋—太平洋区

螺轴具深褐色斑块

外唇边缘呈白色

分布：热带印度洋—太平洋	数量：●●●●●	尺寸：2厘米

超科：蛾螺超科	科：核螺科	种：*Pyrene flava* (Bruguière, 1789)

黄核螺（Yellow Dove Shell）

又名"黄麦螺"，贝壳呈纺锤形，各螺层如拉伸的望远镜般相互连接，深深的缝合线增强了这一效果。壳口窄，高度略超过体螺层的一半，体螺层下半部环绕细螺肋。壳色多变，但通常为浅褐色，具有白色斑块、斑点和线纹，壳口通常为紫色。

附注 左图的标本花纹极醒目，但较少见。

栖息地 潮间带。

印度洋—太平洋区

外唇内缘具齿

分布：热带印度洋—太平洋	数量：●●●	尺寸：2.5厘米

超科：蛾螺超科	科：核螺科	种：*Pyrene punctata* (Bruguière, 1789)

斑核螺（Telescoped Dove Shell）

又名"红麦螺"，贝壳光滑，只在体螺层下半部具螺旋肋。早期螺层如望远镜般相互套接，使得体螺层比螺塔长出许多。壳口窄，外唇内缘具齿。壳表呈红褐色，具白色斑点和深褐色斑块、"之"字纹等图案。

附注 如望远镜般的早期螺层是此种的标志性特征。

栖息地 近海水域。

印度洋—太平洋区

外唇上端增厚

外唇下部无齿

分布：热带印度洋—太平洋	数量：●●●	尺寸：2.5厘米

腹足纲 | 115

| 超科：蛾螺超科 | 科：核螺科 | 种：*Columbella mercatoria* (Linnaeus, 1758) |

普通核螺（Common Dove Shell）

又名"巴西麦螺"，贝壳厚，螺塔短，体螺层膨胀，底部急剧变窄。缝合线呈明显的沟状，各螺层具间隔规则的强螺肋。螺轴上半部光滑，下半部具6～8条小褶襞，整个外唇边缘具齿。壳表具由褐色、白色、橙色和粉红色组成的多变的花纹；齿和褶襞呈白色。

附注 螺轴和外唇内缘几乎呈平行弯曲，形成一狭长壳口。

栖息地 浅海岩石下方。

壳顶常被腐蚀
壳口顶部具沟
加勒比海区

| 分布：美国佛罗里达东南部—巴西 | 数量：🐚🐚🐚🐚🐚 | 尺寸：2厘米 |

| 超科：蛾螺超科 | 科：核螺科 | 种：*Columbella strombiformis* Lamarck, 1822 |

凤核螺（Stromboid Dove Shell）

又名"陀螺麦螺"，贝壳螺塔高，具一特别突出的外唇。体螺层肿胀，肩部通常具龙骨。螺轴下半部具小褶襞。壳表呈红褐色，具白色白点、斑块和线纹。

附注 拉马克因此种外形酷似凤螺，故定此学名。

栖息地 潮间带岩石下方。

巴拿马区
壳唇中部具强齿
外唇内缘凸出

| 分布：加利福尼亚湾—秘鲁 | 数量：🐚🐚🐚🐚 | 尺寸：2.5厘米 |

| 超科：蛾螺超科 | 科：核螺科 | 种：*Graphicomassa ligula* (Duclos, 1840) |

舌形核螺（Tongue Dove Shell）

贝壳细长，螺塔光滑且高。体螺层下部可见弱螺肋，外唇内侧具强齿。螺轴具明显夹角，其下部具齿。轴盾窄。壳表色彩多变，通常具条纹或更复杂的图案，但有时也有朴素单调的个体。

附注 此种的形状相对均匀一致。

栖息地 近海水域。

印度洋—太平洋区
螺轴具夹角
轴盾

| 分布：印度洋、西太平洋 | 数量：🐚🐚🐚 | 尺寸：2厘米 |

泡织纹螺

又名"长织纹螺",是织纹螺科中的一个分支,该贝类没有眼睛,主要生活在砂质环境中,以腐肉为食。贝壳平滑且富有光泽,螺塔高,通常在壳口上方具厚的滑层。厣角质,很薄。泡织纹螺是印度洋及南美洲东部沿海比较有代表性的织纹螺类。

超科:蛾螺超科	科:织纹螺科	种:Bullia mauritiana Gray, 1839

毛里求斯泡织纹螺(Mauritian Bullia)

又名"模里西斯长织纹螺"或"毛岛大织纹螺",贝壳高而尖,螺轴具滑层且十分光滑,前沟短而宽。各螺层上端具棱角,缝合线上方具厚而光滑的螺带。各螺层具浅螺沟,与生长脊相交错。壳表呈白色、浅黄色或粉红色;壳口呈红褐色。

附注 螺沟有时缺失。
栖息地 潮间带砂底。

印度洋—太平洋区
厚的滑层垫
唇缘为浅色

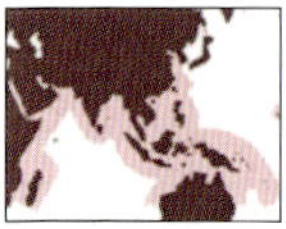

分布:印度洋	数量:	尺寸:5厘米

超科:蛾螺超科	科:织纹螺科	种:Bullia callosa (Wood, 1828)

南非泡织纹螺(Callused Bullia)

贝壳小而厚,厚度多变的滑层使其外形也富于变化。滑层一直延伸至螺塔处,并在缝合线的上方形成一条厚肋。壳表平滑或具纵肋。壳面呈白色至深褐色。

附注 南非产的标本滑层通常是最肥厚的。
栖息地 浅海砂底。

厣很小
南非区
滑层正下方具细沟

分布:非洲西南部、南非	数量:	尺寸:4厘米

超科:蛾螺超科	科:织纹螺科	种:Bullia tranquebarica (Röding, 1798)

印度泡织纹螺(Lined Bullia)

又名"特兰奎巴大织纹螺",贝壳体形修长,螺层膨圆,具丝般光泽。螺轴和外唇光滑,前沟短而宽。壳口上方具厚的滑层垫,一直延伸至螺塔,并在缝合线上方形成一光滑的圆肋。体表具螺沟,在体螺层处最强。壳表呈灰褐色至浅褐色,具褐色纵条纹。

附注 体螺层上有时具很厚的纵生长脊。
栖息地 潮间带砂底。

滑层正下方具细沟
印度洋—太平洋区
螺轴末端具强扭结

分布:印度洋、中国	数量:	尺寸:4厘米

织纹螺

一个种类极多且分布广泛的小型腹足类家族，它们主要生活在泥沙质的环境中，靠食腐肉为生，在热带地区最为常见。不同的织纹螺种类在尺寸、花纹和颜色等方面差异较大，有的种类具强的纵脊和螺肋。

| 超科：蛾螺超科 | 科：织纹螺科 | 种：*Nassarius coronatus* (Bruguière, 1789) |

花冠织纹螺（Crowned Nassa）

贝壳具光泽，外形矮胖，体螺层大而圆。外唇很厚，螺轴上具数条褶襞和一个极为扩展的内唇滑层，且在上下两端滑层最厚。早期螺层具纵脊，后期螺层具弱的螺沟，且在缝合线下方形成一排隆起。壳表呈乳黄色或淡褐色，有时具螺带。

附注 厣的一侧具锐利的尖端。
栖息地 潮间带泥沙质滩涂。

壳口内侧具有螺脊
唇缘具小尖
壳表可见单一螺带
印度洋—太平洋区

| 分布：热带印度洋—太平洋 | 数量：●●●● | 尺寸：4厘米 |

| 超科：蛾螺超科 | 科：织纹螺科 | 种：*Nassarius dorsatus* (Röding, 1798) |

光织纹螺（Channelled Nassa）

贝壳厚，壳面具有丝般光泽。螺塔两侧近平直，壳顶尖且具纵脊（图示标本壳顶缺失）。螺轴具弱的褶襞，外唇内侧具螺脊。壳表呈蓝色、灰绿色或褐色；壳口呈紫褐色，外唇边缘呈白色。

栖息地 浅海砂底。

印度洋—太平洋区
外唇下缘具尖刺

| 分布：澳大利亚北部 | 数量：●●●● | 尺寸：3厘米 |

| 超科：蛾螺超科 | 科：织纹螺科 | 种：*Nassarius kraussianus* (Dunker, 1846) |

肿胀织纹螺（Swollen Nassa）

贝壳小，大部分螺塔和体螺层被壳口巨大的轴盾滑层所遮盖。壳顶在成体贝壳中不可见。壳口小，顶端具明显的后沟，前沟短而宽。外唇厚且具滑层。壳表呈乳白色至绿色或褐色；轴盾和壳唇富有光泽，呈乳白色或黄色。

附注 此种是轴盾滑层较发达的织纹螺之一。
栖息地 浅海泥沙底。

侧面观　壳口面观
南非区
滑层
增厚的壳唇

| 分布：南非 | 数量：●●● | 尺寸：0.6厘米 |

| 超科：蛾螺超科 | 科：织纹螺科 | 种：*Nassarius marmoreus* (A. Adams, 1852) |

大理石织纹螺（Marbled Nassa）

又名"雪斑织纹螺"，贝壳光滑，螺塔高，壳顶和各螺层膨圆。体螺层超过总壳长的一半，而壳口约占体螺层的一半，缝合线中等深。螺轴光滑，表面具透明的滑层，其末端呈截形，位于前沟的正上端。早期螺层具细的纵肋，后期螺层光滑，仅有细的生长纹及壳底的少数螺沟。外唇内侧具有细长齿。壳面呈白色或淡紫色，具灰褐色或淡紫色的斑点。

栖息地 近海及潮间带。

已修复的生长疤

印度洋—太平洋区

壳口顶角具窄沟

锋利的外唇缘

| 分布：印度洋北部 | 数量：🐚🐚🐚 | 尺寸：3厘米 |

| 超科：蛾螺超科 | 科：织纹螺科 | 种：*Nassarius fossatus* (Gould, 1850) |

美西织纹螺（Giant Western Nassa）

贝壳螺塔高，壳顶光滑，体螺层与螺塔几乎等高。壳口上角被内弯的外唇压缩而变窄。早期螺层具数排呈螺旋排列的颗粒状雕刻，后期螺层具斜的纵褶和较细的螺肋，体螺层底部具螺沟。壳表呈暗褐色。

附注 本种是北美太平洋沿岸最大的织纹螺类。

栖息地 潮间带泥沙质滩涂。

沟槽状缝合线

加州区

螺轴上具褶裂

壳口内具结节

| 分布：加拿大西部—墨西哥 | 数量：🐚🐚🐚🐚 | 尺寸：4厘米 |

| 超科：蛾螺超科 | 科：织纹螺科 | 种：*Nassarius arcularia* (Linnaeus, 1758) |

曲面织纹螺（Casket Nassa）

又名"蛋糕织纹螺"，贝壳厚且胖，因其壳口周围滑层发达，故背部是观察它的最好角度。螺塔高低不一，壳顶光滑，后期螺层具厚的纵褶，并在肩部具明显的圆瘤。体螺层底部具强螺沟。壳口周围有巨大的滑层。壳表呈乳白色、银灰色或浅褐色，有时具褐色斑点。

附注 厣较薄，呈褐色，边缘具锯齿。
栖息地 近海泥沙底。

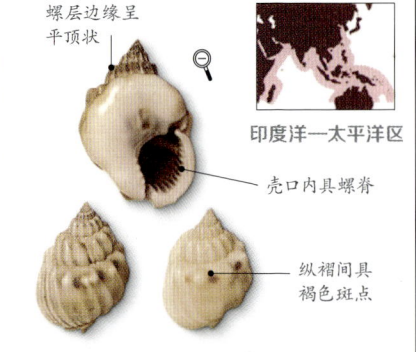

螺层边缘呈平顶状

印度洋—太平洋区

壳口内具螺脊

纵褶间具褐色斑点

| 分布：东印度洋、太平洋 | 数量：🐚🐚🐚🐚 | 尺寸：3厘米 |

腹足纲 | 119

| 超科：蛾螺超科 | 科：织纹螺科 | 种：*Nassarius distortus* (A. Adams, 1852) |

波浪织纹螺（Necklace Nassa）

又名"项链织纹螺"，壳表具光泽，体螺层与螺塔高度近等。螺轴平滑，壳口顶端具一圆齿。所有螺层具强褶襞。壳表呈白色，具灰绿色螺带；螺轴和外唇呈白色。

附注 外唇边缘具数个短棘。
栖息地 浅海砂底。

- 纵褶襞上方具结节
- 印度洋—太平洋区
- 壳口内侧具螺脊

| 分布：东印度洋、太平洋 | 数量：🐚🐚🐚🐚 | 尺寸：2.5厘米 |

| 超科：蛾螺超科 | 科：织纹螺科 | 种：*Nassarius glans* (Linnaeus, 1758) |

橡子织纹螺（Glans Nassa）

又名"金丝织纹螺"，贝壳螺塔高，壳面富有光泽，螺层圆润，前沟短而宽。缝合线深，螺轴光滑且直。壳口顶角具明显的后沟，外唇缘有间隔宽阔的尖刺。早期螺层具纵肋和细螺脊，二者相互交错。壳表呈乳黄色，具褐色斑块和深褐色细螺线。

附注 稀有的左旋标本的外唇通常发育不全。
栖息地 近海海底或潮间带。

- 壳顶呈紫色
- 印度洋—太平洋区
- 从壳口内可透见褐色螺线
- 唇缘发育不全
- 壳口边缘具尖刺

| 分布：热带印度洋—太平洋 | 数量：🐚🐚🐚 | 尺寸：4.5厘米 |

| 超科：蛾螺超科 | 科：织纹螺科 | 种：*Nassarius papillosus* (Linnaeus, 1758) |

疣织纹螺（Pimpled Nassa）

贝壳厚重，螺塔高，两侧直，缝合线深，螺塔尖，体螺层略超过壳长的一半。螺轴光滑，外唇具尖棘，壳口上角具明显后沟。所有螺层布满呈螺旋排列的大瘤，并被壳面薄的滑层遮盖。壳表呈乳白色，具沙褐色至深褐色的斑点。

附注 厣的边缘粗糙，呈锯齿状。
栖息地 珊瑚下方砂底。

- 螺沟
- 螺层顶端具平台
- 印度洋—太平洋区
- 壳口内具螺线

| 分布：热带印度洋—太平洋 | 数量：🐚🐚🐚 | 尺寸：4.5厘米 |

超科：蛾螺超科	科：织纹螺科	种：*Tritia reticulata* (Linnaeus, 1758)

网格织纹螺（Netted Nassa）

又名"纲目织纹螺"，贝壳厚，螺塔高，两侧近平直，雕刻富于变化。纵褶襞与低螺脊相互交错形成网格状或念珠状的雕刻。内唇滑层突出于壳口之上。螺轴底部具小褶襞。壳表呈沙褐色；有时具褐色螺带；壳口呈白色。

附注 贝壳颜色与栖息地环境一致。
栖息地 近海砂底。

- 壳顶易缺损
- 偶尔可见纵胀肋
- 壳口内具螺脊

北欧区、地中海区

分布：西欧、地中海	数量：	尺寸：2.5厘米

超科：蛾螺超科	科：织纹螺科	种：*Nassarius desmoulioides* (Sowerby III, 1903)

压缩织纹螺（Demoulia Nassa）

又名"非洲圆织纹螺"，贝壳小，缝合线深，每个螺层顶部具明显的平台。螺肋与较弱的纵脊相交。壳唇于螺轴一侧具一单齿。壳面呈乳白色，具褐色或棕褐色斑块；壳唇呈白色；壳顶呈紫色或褐色。

附注 因其外形与 *Demoulia* 属（见下图）相似，故此得名。
栖息地 潮下带。

- 缝合线
- 壳顶面观
- 壳口面观
- 壳顶呈紫色

南非区

分布：南非	数量：	尺寸：2厘米

超科：蛾螺超科	科：织纹螺科	种：*Demoulia ventricosa* (Lamarck, 1816)

大肚织纹螺（Blunt Demoulia）

贝壳质地轻；螺塔看上去如同被压入体螺层中一般。壳顶螺层尖，易缺损；次体螺层两侧近直，体螺层亦是如此，且大于螺塔长度；缝合线极深。壳口小，上端变窄，末端形成一深沟。螺轴光滑。各螺层具浅的螺沟。壳表具白色、浅红色或褐色的斑块或线纹；壳口呈白色。

附注 很难发现有完整壳顶的成体。
栖息地 近海砂底。

- 体螺层上方的缝合线急剧向下方倾斜
- 壳口内具螺脊

南非区

分布：南非	数量：	尺寸：2.5厘米

| 超科：蛾螺超科 | 科：织纹螺科 | 种：*Phos senticosus* (Linnaeus, 1758) |

亮螺（Thorny Phos）

　　曾用名"木贼峨螺"，现已归入织纹螺科。贝壳螺塔高，体螺层大，壳口高度超过体螺层的一半。每个螺层约有12条纵肋，通体被强螺肋环绕，与纵肋相交，且在交点处形成锐利的尖刺。壳口内具强螺脊；螺轴下端具2～4条不明显的褶襞。壳表呈乳黄色或白色，有时呈粉红色，具褐色螺带；壳口呈白色或淡紫色。

附注　种名意为"多刺的"，暗指其贝壳摸起来扎手，此种是亮螺属的模式种，故此得名。

栖息地　浅海砂底。

缝合线深
肋缘多刺
前沟短
印度洋—太平洋区

| 分布：热带太平洋 | 数量： | 尺寸：3厘米 |

| 超科：蛾螺超科 | 科：织纹螺科 | 种：*Nassaria magnifica* Lischke, 1871 |

美好鱼篮螺（Magnificent Phos）

　　曾用名"堂皇峨螺"，现已归入织纹螺科。贝壳高，螺塔各螺层周缘具两排突出且呈垂直排列的小结节，使得螺层看上去似有龙骨环绕。这些小结节之间被低的螺脊相连；体螺层上还有一列额外的结节环绕。外唇圆，下端与后弯的前沟相连；螺轴曲折且光滑。壳表呈乳黄色，具浅褐色的螺线。

附注　此种贝壳在形状及表面雕刻的强弱和分布上差异极大。

栖息地　近海水域。

日本区、印度洋—太平洋区
淡褐色的壳皮
外唇缘锋利
厣

| 分布：日本南部—东海 | 数量： | 尺寸：4厘米 |

| 超科：蛾螺超科 | 科：织纹螺科 | 种：*Northia northiae* (Gray, 1833) |

诺氏织纹螺（North's Saw Shell）

　　曾用名"诺氏长峨螺"，现已归入织纹螺科。贝壳厚且坚固，螺塔高，体螺层大。早期螺层具强纵肋，并与细螺肋相交；后期螺层光滑，但有生长纹。缝合线浅，体螺层和次体螺层于缝合线下方具明显的锐角。螺轴直且平滑；前沟短而宽。壳表呈褐色或绿褐色；外唇内侧和螺轴颜色较浅。

栖息地　浅海砂底。

巴拿马区
外唇后方螺层外凸
壳口内具螺脊

| 分布：墨西哥西部—厄瓜多尔 | 数量： | 尺寸：5厘米 |

盔螺

盔螺又称"黑香螺"，是热带和温带浅水区比较有代表性的贝类。它们贝壳粗壮，绝大多数体形巨大且显眼。壳口宽大，螺层或光滑或具棘刺。大部分种类生活在半咸水的泥底或砂质环境中。它们都是典型的肉食性动物。

| 超科：蛾螺超科 | 科：盔螺科 | 种：*Melongena patula* (Broderip & Sowerby, 1829) |

太平洋盔螺（Pacific Crown Conch）

又名"太平洋黑香螺"，贝壳厚重，螺塔短而尖，在巨大且膨胀的体螺层的映衬下，显得相形见绌。螺塔各螺层装饰着一排钝棘，而体螺层上的棘刺不明显。螺轴光滑且微弯。壳表呈棕褐色，具黄色螺带；壳口呈黄白色。

附注 有些贝壳的体螺层上的棘刺比图示标本更加发达。

栖息地 浅海泥质底。

成贝的壳口附近具一大棘刺

肩部具宽的黄色带

前沟极宽

巴拿马区

| 分布：墨西哥西部—厄瓜多尔 | 数量： | 尺寸：13厘米 |

| 超科：蛾螺超科 | 科：盔螺科 | 种：*Melongena melongena* (Linnaeus, 1758) |

西印度盔螺（West Indian Crown Conch）

又名"西印度黑香螺"，贝壳坚固，体螺层膨胀，螺塔小而尖，看上去似陷入体螺层之中，缝合线深。螺轴光滑且微弯曲，其上的滑层覆盖了大部分与之相邻的体螺层。体螺层肩部具2列棘刺，靠近底部有一列棘刺。壳面呈深褐色，具白色螺带；壳口呈白色。

附注 许多个体曾被命名为独立种，但它们的有效性值得怀疑。

栖息地 潮间带泥底。

后沟显著，敞口宽

新长出的棘刺敞口

外唇边缘锋利

较老的棘刺封闭

前沟宽阔

加勒比海区

| 分布：西印度群岛 | 数量： | 尺寸：10厘米 |

腹足纲 | 123

| 超科：蛾螺超科 | 科：盔螺科 | 种：*Pugilina morio* (Linnaeus, 1758) |

大西洋棕螺（Giant Melongena）

又名"大西洋黑香螺"，贝壳厚，螺塔高，体螺层大，前沟长且敞开。螺塔各螺层下半部两侧近平直，肩部突出，并陡然向上延伸至缝合线处，使得螺塔看上去呈阶梯状。壳表覆盖着纤弱的纵生长脊和螺肋。肩部具结节，而体螺层上结节不明显。螺轴光滑且直。壳表呈咖啡色，具数条淡黄色螺带。

附注 新鲜标本壳表覆盖着绿色的厚壳皮。
栖息地 红树林区的泥质滩涂。

成贝
宽螺带的上方具较细的螺带
缝合线处具宽螺带
后沟窄
壳顶尖
幼贝
幼贝肩部结节发达
壳口内侧具褐色螺脊

西非区 　加勒比海区

| 分布：巴西、西印度群岛、西非 | 数量： | 尺寸：12厘米 |

| 超科：蛾螺超科 | 科：盔螺科 | 种：*Volema pyrum* (Gmelin, 1791) |

梨形盔螺（Pear Melongena）

又名"梨形黑香螺"，贝壳厚，螺塔低，体螺层大。所有螺层的上半部微凹。缝合线清晰，但较浅。壳口顶端具一窄沟。螺轴光滑，壳口具弱的螺脊。壳表具浅螺沟，并与纤细的生长纹相交。壳表呈浅黄色至红褐色，有些贝壳具螺带；壳口呈橙色。

附注 此种将卵产在成串排列的盘状卵囊中。
栖息地 泥质或砂质滩涂。

肩部有时具结节
厣
脐孔小

印度洋—太平洋区

| 分布：印度洋 | 数量： | 尺寸：5厘米 |

角螺

角螺是盔螺科中的一个类群，贝壳大型且多变，而且不同种类之间的差异很小，因此很难正确分类。它们大都体形修长，螺塔高耸，前沟长。主要分布于日本和东南亚近海水域。

| 超科：蛾螺超科 | 科：盔螺科 | 种：*Hemifusus colosseus* (Lamarck, 1816) |

角螺（Colossal False Fusus）

又名"长香螺"或"响螺"，贝壳大而长，质地厚且坚实，螺塔高，约占总壳长的1/3。螺层圆，肩部具棱角，且朝缝合线方向收缩。壳口狭长，末端与宽大的前沟相连。壳表具螺肋，且与细弱的纵生长脊相交。壳表呈白色或乳黄色；壳口呈橙色至粉红色。

附注 切掉壳顶后可制成号角。
栖息地 近海水域。

- 缝合线呈深沟状
- 唇缘呈波浪状
- 螺轴平滑
- 前沟宽阔
- 强、弱螺肋交替排列

日本区、印度洋—太平洋区

分布：日本、亚洲东南部　　**数量**：　　**尺寸**：25厘米

| 超科：蛾螺超科 | 科：盔螺科 | 种：*Hemifusus tuba* (Gmelin, 1791) |

管角螺（Tuba False Fusus）

贝壳大而重，但尺寸、形状和壳面雕刻变化极大。螺塔宽且中等高，但不及总壳长的1/3。螺轴和前沟直，平滑且富有光泽。强弱相间的螺肋与细弱且不规则的生长纹相互交错；螺层肩部具棱角，有时会发育成螺脊或成排的三角形结节。壳面呈粉白色；壳口内呈粉红色，口缘呈白色。

附注 新鲜贝壳表面具一层厚而柔软、如天鹅绒般的壳皮。
栖息地 近海水域。

- 缝合线深
- 螺旋棱脊的末端
- 螺肋末端于唇缘处形成褶皱

日本区、印度洋—太平洋区

分布：日本、亚洲东南部　　**数量**：　　**尺寸**：15厘米

腹足纲 | 125

细肋螺

细肋螺又称"赤旋螺",是细带螺科中的一个属,贝壳通常较重,个别种类是世界最大的腹足类之一。它们螺塔高,螺轴光滑,前沟长,角质厣厚。新鲜的贝壳表面覆盖着厚的褐色壳皮。它们都是肉食性动物,靠捕食其他贝类为生。

| 超科:蛾螺超科 | 科:细带螺科 | 种: *Pleuroploca trapezium* (Linnaeus, 1758) |

四角细肋螺 (Trapezium Horse Conch)

又名"大赤旋螺",贝壳螺塔高,体螺层大,壳顶常被腐蚀。缝合线浅,壳口宽大,螺轴平滑。螺塔各螺层周缘和体螺层肩部环绕着呈螺旋排列的大瘤,以及成对排列的螺线。生长脊强壮,偶尔可见自我修复的生长疤。壳表呈浅红色或米黄色。

附注 极具代表性的细带螺之一。

栖息地 浅海珊瑚礁附近。

印度洋—太平洋区

结节顶端呈白色

修复的生长疤

外唇的旧边缘

成对的褐色螺旋线间具宽带

纵生长纹

壳口内密布螺旋线

弯曲的前沟

| 分布:热带印度洋—太平洋 | 数量: | 尺寸:13厘米 |

细带螺

是细带螺科中的模式属，包含的种类很少，但大都拥有迷人的花纹。它们的前沟长短不一，并拥有一个很厚的角质厣。细带螺属仅分布于墨西哥湾和美国东海岸的浅海底和稍深的海底。

| 超科：蛾螺超科 | 科：细带螺科 | 种：*Fasciolaria tulipa* (Linnaeus, 1758) |

郁金香细带螺（True Tulip）

又名"郁金香旋螺"，贝壳螺塔高，呈纺锤形，螺层膨圆，壳顶尖，前沟长。缝合线浅且起皱；螺轴光滑而微弯；螺轴滑层宽阔，薄而透明。壳表具不规则的纵生长纹和弱的螺旋沟，缝合线正下方和壳底处的螺旋沟稍强。壳面呈白色或粉红色，体螺层上具3～4条由褐色斑块和线纹组成的螺带；壳口边缘为红橙色。

附注 已发现超过平均壳长2倍的个体，有时也能捕获到鲜橙色的色变标本。

栖息地 浅海和近海水域。

滑层边缘
外唇缘具尖刺
壳口内具细螺旋线
螺轴底部褶襞不明显
前沟内侧呈深褐色

加勒比海区

| 分布：美国南部、西印度群岛、巴西 | 数量：🐚🐚🐚 | 尺寸：13厘米 |

| 超科：蛾螺超科 | 科：细带螺科 | 种：*Cinctura lilium* (Fischer von Waldheim, 1807) |

黑线细带螺（Banded Tulip）

又名"黑线旋螺"，螺塔比膨大的体螺层短得多，前沟短而宽。通体光滑，仅在壳底有一些低螺旋脊。轴滑层很小。壳表呈暗黄色，其上具灰色条纹；体螺层上具褐色的细螺旋线纹。

附注 属内有数个外形近似的种和变化型。

栖息地 砂底和岩石底。

螺塔各螺层完全光滑
壳顶圆
前沟处无螺旋线

美东区、加勒比海区

| 分布：美国东部、南部 | 数量：🐚🐚🐚 | 尺寸：9厘米 |

部分中小型细带螺

这一类群俗称为"旋螺",实际上包含"山黛豆螺""鸽螺""刺鸽螺"等数个不同属,它们的共同之处在于:体形修长,贝壳质地坚固,壳表装饰着呈螺旋状排列的瘤或结节;有些种类拥有艳丽的花纹;螺轴底部通常具褶襞。它们主要生活在温暖的热带海域,栖息于岩石和珊瑚礁中,靠捕食各种无脊椎动物为食。

超科:蛾螺超科	科:细带螺科	种:*Latirus belcheri* (Reeve, 1847)

贝氏山黛豆螺(Belcher's Latirus)

俗称"贝氏旋螺",贝壳呈双锥形,螺塔高,前沟长而微弯。螺轴上具3~4条褶襞;外唇具2个锐利的棱角。螺塔各螺层具大的结节。体螺层上具2排结节和低螺肋。壳表呈白色,具褐色或黑色的斑块和斑点。

附注 此种以爱德华·贝尔彻爵士的名字命名,他是一位狂热的贝壳收藏家。

栖息地 近海水域。

壳口顶部具小沟

印度洋—太平洋区

厣

分布:西太平洋	数量:	尺寸:6厘米

超科:蛾螺超科	科:细带螺科	种:*Latirus gibbulus* (Gmelin, 1791)

驼背山黛豆螺(Humped Latirus)

俗称"驼背旋螺",贝壳重而厚,螺塔高。壳口长,外唇薄,边缘具小齿。螺轴平滑,脐孔小。各螺层具大的矮瘤,并与低的螺肋相交。壳表呈橘褐色,具深褐色的螺肋;壳口呈粉橙色。

栖息地 珊瑚礁附近。

体螺层在缝合线处收缩

厣的一端尖锐

印度洋—太平洋区

分布:印度洋—西太平洋	数量:	尺寸:7.5厘米

超科:蛾螺超科	科:细带螺科	种:*Latirus philberti* (Récluz, 1844)

菲氏山黛豆螺(Philbert's Latirus)

俗称"菲氏旋螺",贝壳体态优美,螺塔中等高,但不及总壳长的一半。前沟短而宽。各螺层具粗的纵褶,并与密集排列的强螺旋肋相交;在与体螺层周缘的纵褶相交之处,螺肋会凸出形成钝尖,且边缘略微上翻。壳表呈红褐色,在各螺层周缘具黑白相间的细螺带;壳口呈紫色。

栖息地 珊瑚礁附近。

早期螺层雕刻易腐蚀

外唇内部具齿

螺轴底部具不明显的褶襞

印度洋—太平洋区

分布:中国南海、菲律宾	数量:	尺寸:3厘米

| 超科：蛾螺超科 | 科：细带螺科 | 种：*Hemipolygona carinifera* (Lamarck, 1816) |

美东棱鸽螺（Trochlear Latirus）

俗称"美东棱旋螺"，贝壳螺塔高，前沟宽。壳口与体螺层相比显得小。缝合线浅，螺轴直。体螺层肩部纵肋发达，且相邻纵肋被间距宽阔的小螺肋相连。壳表呈乳黄色或淡黄褐色；肋间具褐色的斑块或条纹。

栖息地 珊瑚礁和岩石底。

- 早期螺层无褐色花纹
- 外唇和前沟发育不完全

加勒比海区

| 分布：西印度群岛、美国南部 | 数量： | 尺寸：5厘米 |

| 超科：蛾螺超科 | 科：细带螺科 | 种：*Pustulatirus mediamericanus* (Hertlein & Strong, 1951) |

中美瘤鸽螺（Central American Latirus）

俗称"中美旋螺"，贝壳螺塔高，前沟长且直。缝合线深，呈波浪状。壳顶常被腐蚀。壳口与体螺层相比显得小巧，且内侧具宽间距的螺旋脊。螺轴上具3～4条褶襞。壳表呈黄褐色；壳口呈白色。

附注 新鲜贝壳表面有一层厚的褐色壳皮。
栖息地 近海水域。

- 壳口顶端具一小齿
- 前沟表面具小螺肋

巴拿马区

| 分布：墨西哥西部—厄瓜多尔 | 数量： | 尺寸：6厘米 |

| 超科：蛾螺超科 | 科：细带螺科 | 种：*Peristernia nassatula* (Lamarck, 1822) |

鸽螺（Fine-net Peristernia）

俗称"紫口旋螺"，本种为属模式种。贝壳坚固，螺塔中等高，前沟短。各螺层两侧近直，缝合线深。螺轴强烈弯曲，体螺层肩部在外唇处形成轻微的棱角。各螺层具宽而低的纵褶襞，且与密集的螺肋相交。壳表呈瑰红色或褐色；纵褶呈白色；壳口呈淡紫色。

附注 壳表常有自我修复的疤痕，并被珊瑚硬壳覆盖。
栖息地 珊瑚礁底。

- 壳顶极尖
- 壳口顶端具短沟
- 螺轴底部具不明显的褶襞
- 自我修复的生长疤

印度洋—太平洋区

| 分布：热带太平洋 | 数量： | 尺寸：3.5厘米 |

腹足纲 | 129

| 超科：蛾螺超科 | 科：细带螺科 | 种：*Polygona infundibulum* (Gmelin, 1791) |

棕线多角细带螺（Brown-lined Latirus）

俗称"棕线旋螺"，贝壳极厚，体形修长，螺塔高，前沟长且直，脐孔呈漏斗状，缝合线浅。所有螺层交替分布着厚且隆起的纵结节，并与轮廓清晰且边缘锐利的螺肋相交。其中螺塔各螺层具3～4条强螺肋和2～3条细螺肋。螺轴上具3条不明显的褶襞。壳表呈浅褐色；螺肋呈深褐色；壳口呈白色。

附注 脐孔往往比图示标本的更宽。
栖息地 浅海底。

加勒比海区

壳口顶端具一小齿

外唇具钝齿

| 分布：西印度群岛—巴西、美国佛罗里达南部 | 数量： | 尺寸：7.5厘米 |

| 超科：蛾螺超科 | 科：细带螺科 | 种：*Opeatostoma pseudodon* (Burrow, 1815) |

钩刺鸽螺（Thorn Latirus）

俗称"钩刺旋螺"，贝壳坚固，体形低矮，螺塔偏低，体螺层膨胀。外唇顶部具棱角，底部具一根或长或短的棘刺。螺轴强烈扭曲，其上具2～3条褶襞。所有螺层具低矮的螺肋。壳面呈白色，具黑色和褐色的螺带；壳口呈白色。

栖息地 近海及潮间带岩礁间。

巴拿马区

壳表覆盖着厚的壳皮

前沟短而宽

厣

| 分布：墨西哥西部—秘鲁 | 数量： | 尺寸：4厘米 |

| 超科：蛾螺超科 | 科：细带螺科 | 种：*Leucozonia ocellata* (Gmelin, 1791) |

眼斑白带鸽螺（White-spotted Latirus）

俗称"白斑旋螺"，贝壳小，呈双锥形，前沟短而宽，缝合线浅。螺塔上具一排呈螺旋排列的粗瘤。在体螺层的下半部另有一排小瘤。这些圆瘤有时会被螺旋肋穿过。外唇具几枚钝齿。壳表呈深褐色或黑色；圆瘤呈白色；外唇边缘呈深褐色；螺轴呈浅紫色；壳口呈白色。

栖息地 潮间带岩石间。

加勒比海区

壳口顶部膨胀

螺轴上具厚褶襞

| 分布：美国佛罗里达东南部、西印度群岛—巴西 | 数量： | 尺寸：2厘米 |

纺锤螺

用"纺锤形"来描述这些体形优雅的贝类是最恰当不过的了,它们也是细带螺科中的成员,种类繁多,贝壳大都体形修长,螺塔上的螺层数多,前沟长且直,螺轴光滑。壳表的雕刻包括粗瘤、纵褶襞、螺肋及壳口内侧的螺脊。有些种类的贝壳长且厚重,有些则是左旋种类。它们都具有角质厣,核心位于一端。它们都是肉食性动物,主要栖息于温暖海区的岩石质和碎珊瑚质海底。

| 超科:蛾螺超科 | 科:细带螺科 | 种:*Fusinus salisburyi* Fulton, 1930 |

索氏纺锤螺(Salisbury's Spindle)

又名"索氏长旋螺",贝壳大而坚固,螺塔高度几乎与前沟长度相当,缝合线深。早期螺层上的纵褶襞到后期螺层逐渐变短并形成钝尖。所有螺层具螺脊。壳口呈圆形;螺轴具明显的边缘和一些褶襞;外唇缘和前沟边缘呈锯齿状。脐孔小而深。新鲜标本壳表具浅黄色的厚壳皮。

附注 本种以英国贝类学家艾伯特·索尔兹伯里的名字命名。

栖息地 深海底。

- 突出的雕刻上残留部分壳皮
- 螺脊在侧缘突出呈刺状
- 修复的生长疤
- 壳口内具螺脊
- 前沟内缘光滑
- 螺脊一直延伸至前沟末端

印度洋—太平洋区

| 分布:日本南部—澳大利亚东部 | 数量: | 尺寸:19厘米 |

腹足纲 | 131

| 超科：蛾螺超科 | 科：细带螺科 | 种：*Goniofusus dupetitthouarsi* (Kiener, 1840) |

圆角纺锤螺（Du Petit's Spindle）

又名"圆长旋螺"，贝壳坚固，体形修长，螺塔略长于前沟，缝合线深，壳口长大于宽。早期螺层窄，表面装饰着极粗的纵肋；后期螺层纵肋逐渐减少，甚至完全消失。所有螺层具螺脊，位于下方螺层的螺脊边缘锐利，且在周缘处最发达，有时甚至会形成数个结节状突起。前沟宽且开放，有时弯曲。螺轴平滑，但可见螺脊的印痕。壳表呈白色，有时具浅褐色的线纹。

附注 新鲜个体壳表覆盖着绿褐色的壳皮。
栖息地 潮间带和近海水域。

残留的壳皮
纵肋由此向下方逐渐减少
周缘螺旋脊极发达
壳口内具弱螺脊
弯曲的前沟

巴拿马区

| 分布：下加利福尼亚—厄瓜多尔 | 数量：◐◐◐ | 尺寸：20厘米 |

| 超科：蛾螺超科 | 科：细带螺科 | 种：*Marmorofusus nicobaricus* (Röding, 1798) |

花斑纺锤螺（Nicobar Spindle）

又名"花斑长旋螺"，本种为属模式种。贝壳重，看上去棱角分明，螺塔略长于前沟，壳口中等大。缝合线在早期螺层极浅，而在体螺层上方呈窄沟状。上方螺层纵肋隆起，看上去轮廓较圆；下方3个螺层因纵肋突出呈结节状，且被宽螺肋相连，因此看上去棱角分明，宽螺肋下方各个螺层两侧近直。此外，在体螺层上还有1条凸出的次级螺肋，在边缘形成另一个棱角。壳面呈白色，具褐色条纹；壳口呈白色。

附注 本种布满深褐色的花纹，使其与色调单一的同类相比，显得格外引人注目。
栖息地 浅海水域。

不规则的螺沟
缝合线下方具宽的螺肋
外唇内侧具齿
螺旋肋可透过轴滑层

印度洋—太平洋区

| 分布：印度洋—太平洋 | 数量：◐◐◐ | 尺寸：11厘米 |

| 超科：蛾螺超科 | 科：细带螺科 | 种：*Marmorofusus tuberculatus* (Lamarck, 1822) |

结瘤花斑纺锤螺（Knobby Spindle）

贝壳坚固，形似宝塔，早期 7～8 个螺层极窄，具强纵肋。后期螺层更膨胀，周缘具棱角，且此处纵肋形成钝结节。所有螺层布满螺沟，在体螺层的下半部螺沟呈深切状。缝合线很深。壳口中等大，螺轴直或微弯。壳表呈白色，纵肋间具褐色斑，结节间具褐色斑块，在前沟和外唇边缘有时可见褐色痕迹。

附注 只有此种的结节间才具有褐色斑块。

栖息地 潮间带及近海水域。

- 早期螺层上的纵肋成直线排列
- 壳口内侧具螺脊
- 体螺层上的螺脊透过螺轴
- 轴唇边缘薄
- 结节下方具强螺肋

印度洋—太平洋区

| 分布：印度洋、西太平洋 | 数量： | 尺寸：13厘米 |

| 超科：蛾螺超科 | 科：细带螺科 | 种：*Fusinus gallagheri* Smythe & Chatfield, 1981 |

加氏左旋纺锤螺（Gallagher's Spindle）

贝壳坚厚，左旋，螺塔高不及总壳长的一半。缝合线浅；壳口窄小，下端与宽短且倾斜的前沟相连；外唇内侧光滑。各螺层周缘具一排呈螺旋排列的大瘤，螺脊不明显。壳表呈深褐色；壳底与瘤呈白色。

附注 产自阿曼马西拉岛的几个少见种之一。

栖息地 岩石和珊瑚礁底。

- 壳顶光滑且圆
- 瘤的上半部呈黄色
- 壳口内部呈紫褐色

印度洋—太平洋区

| 分布：阿曼的马西拉岛 | 数量： | 尺寸：2厘米 |

骨螺

有些骨螺色彩艳丽,但它们的魅力更多在于丰富多彩的壳表装饰。有的种类贝壳厚重,有的却精致脆弱;有的前沟短而宽,有的前沟却延长呈管状。厣角质,呈褐色,通常一端尖。骨螺科的踪迹遍布全世界各个海区,但以热带海域最为丰富。它们栖息于珊瑚礁间或附近地方,靠捕食其他无脊椎动物为生。

| 超科:骨螺超科 | 科:骨螺科 | 种:*Haustellum haustellum* (Linnaeus, 1758) |

泵骨螺(Snipe's Bill Murex)

又名"鹬头骨螺",贝壳坚固,螺塔低矮,体螺层大,前沟极长且直。后期螺层纵肋发达,个别会发育成纵胀肋,且每个螺层都有3条。缝合线略呈沟状。壳口外扩,外唇有轻微锯齿。纵胀肋光滑,具小尖刺,并与发达的细螺肋相交。前沟几乎无刺。壳表呈乳白色或粉红色,具褐色或灰色的斑块和线纹;纵胀肋上具条带;壳唇呈橙色或粉红色。

附注 属中最大的一种骨螺。
栖息地 潮间带砂质滩涂。

纵胀肋间具3条纵肋
前沟弯曲
未发育的棘刺
印度洋—太平洋区

| 分布:印度洋—太平洋 | 数量: | 尺寸:13厘米 |

| 超科:骨螺超科 | 科:骨螺科 | 种:*Siratus motacilla* (Gmelin, 1791) |

鹡鸰链棘螺(Wagtail Murex)

又名"鹡鸰骨螺",贝壳坚厚,螺塔短,体螺层膨大,前沟长而直。体螺层上具3条纵胀肋,其间具强纵瘤。螺层上密布螺肋。缝合线浅。壳口呈卵圆形。外唇缘呈波浪状,具少量齿。螺轴具褶襞。壳表呈乳白色,泛着粉红色,具褐色斑块。

附注 前沟可能弯曲。
栖息地 近海水域。

加勒比海区
纵胀肋上具棕色带
旧前沟的位置
前沟具一尖刺

| 分布:西印度群岛 | 数量: | 尺寸:5厘米 |

| 超科：骨螺超科 | 科：骨螺科 | 种：*Chicomurex laciniatus* (Sowerby II, 1841) |

紫唇拟棘螺（Laciniate Murex）

又名"紫唇骨螺"，贝壳螺塔高，体螺层大；每个螺层具3条布满鳞片的纵胀肋，其余部位具螺肋，并与凹槽状的鳞片相交。前沟短而宽，外唇具小齿，螺轴平滑。壳表呈橙色或浅褐色；纵胀肋呈深褐色；壳顶呈粉红色或深褐色；螺轴呈紫色。

栖息地 珊瑚礁和砂底。

印度洋—太平洋区

具褶边的鳞片规则排列

窄沟状的前沟

| 分布：热带太平洋 | 数量： | 尺寸：5厘米 |

| 超科：骨螺超科 | 科：骨螺科 | 种：*Naquetia cumingii* (A. Adams, 1853) |

卡氏褶骨螺（Cuming's Murex）

贝壳厚，体形延长，螺塔占总壳长的1/3，早期螺层间的缝合线极深。体螺层上具3条低的纵胀肋，最后一条最强，生有发达的凸缘，并一直延伸至外唇和前沟。外唇具齿，螺轴光滑。体螺层下半部螺肋最强。壳表呈浅黄色，具褐色的螺带和短线纹。

附注 此种色彩多变。
栖息地 珊瑚礁附近。

印度洋—太平洋区

顶部螺层朝一侧倾斜

凸缘状的棘刺延伸

| 分布：热带印度洋—太平洋 | 数量： | 尺寸：5厘米 |

| 超科：骨螺超科 | 科：骨螺科 | 种：*Timbellus bednalli* (Brazier, 1878) |

白兰地芭蕉螺（Bednall's Winged Murex）

贝壳呈三角形，壳口光滑且伸长，外唇缘附近约有8枚齿，前沟宽。每个螺层具3条强纵胀肋，并在螺塔上呈直线排列；最后一条纵胀肋极为发达。壳表呈白色、乳黄色或粉红色，通常带有褐色斑纹。

附注 出于商业目的，此种有时被饲养在水箱中。
栖息地 浅海底。

印度洋—太平洋区

相比之下壳口显得很小

扩展的唇缘有时有颜色

| 分布：澳大利亚西北部 | 数量： | 尺寸：6.5厘米 |

腹足纲 | 135

| 超科：骨螺超科 | 科：骨螺科 | 种：*Phyllonotus pomum* (Gmelin, 1791) |

苹果叶棘螺（Apple Murex）

又名"苹果骨螺"，贝壳厚重，螺塔短，体螺层浑圆，外形多变，已被命名了多个变化型。缝合线略浅且极为不平。每个螺层上具3条分布均匀的厚纵胀肋，其间分布1～2条短纵肋。壳表具低螺肋，在与纵胀肋和纵肋的相交处变得明显。后期的纵胀肋上生有尖鳞。壳口大而圆，外唇上的尖鳞使得壳口呈锯齿状。螺轴上除了有几个小结节外，其余部分光滑。壳表呈浅黄至深褐色，具白色或褐色的斑块或线纹；壳口呈白色、橙色或黄色。

附注 此种通过在贝壳上钻孔的方式捕食牡蛎。

栖息地 近海岩石底和砂底。

壳顶光滑且有光泽
早期纵胀肋缺乏尖鳞片
标志性的深褐色斑块
旧的前沟位置
角质层薄
前沟短而宽

加勒比海区

| 分布：美国东南部、加勒比海 | 数量：🐚🐚🐚🐚 | 尺寸：7.5厘米 |

| 超科：骨螺超科 | 科：骨螺科 | 种：*Bolinus brandaris* (Linnaeus, 1758) |

染料骨螺（Purple-dye Murex）

贝壳呈球棒状，螺塔短，体螺层膨胀，前沟长而直。体螺层上具6～7条纵胀肋和2排短棘刺。壳表呈浅黄色或黄褐色；壳口呈红褐色。

附注 古罗马人提取此种的肉汁作为染料，将布料染成紫色。

栖息地 近海砂底。

棘刺呈放射状分布
螺轴顶端隆起
外唇薄，边缘有褶皱
厣

地中海区

| 分布：地中海、非洲西北部 | 数量：🐚🐚🐚🐚🐚 | 尺寸：7厘米 |

| 超科：骨螺超科 | 科：骨螺科 | 种：*Chicoreus palmarosae* (Lamarck, 1822) |

玫瑰棘螺（Rose Branch Murex）

又名"玫瑰千手螺"，贝壳坚固，螺塔高，壳面粗犷的雕刻使其极具吸引力。体螺层大，呈卵形；前沟长而宽；缝合线很深。每个螺层具3条纵胀肋，并沿壳生长方向弯曲；后期纵胀肋生有管状且一侧开口的棘刺，末端形如蕨叶。外唇缘内侧具钝齿。壳表布满细螺脊，纵胀肋间具少数结节。壳面呈浅黄色；螺脊呈褐色；蕨叶通常呈紫色或粉红色。

附注 在斯里兰卡，有些无良贝商将这种贝壳浸泡在粉红色或紫色的染料中，以达到"美化"外观的目的。

栖息地 近海岩石底。

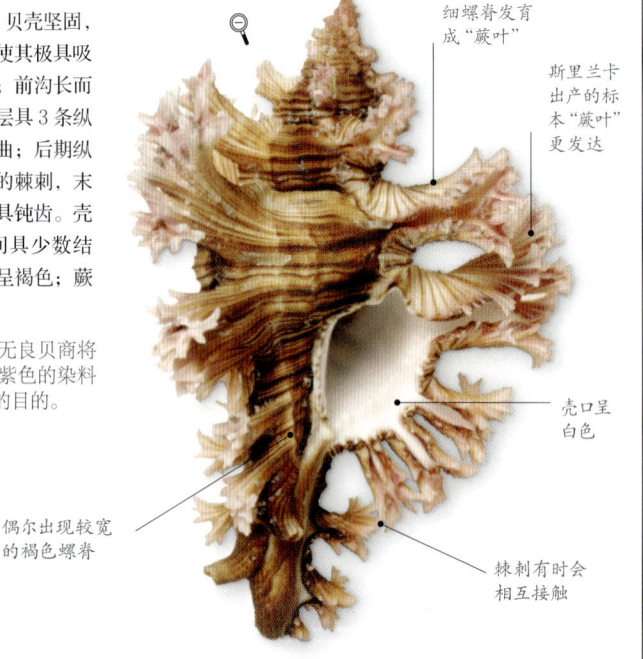

- 细螺脊发育成"蕨叶"
- 斯里兰卡出产的标本"蕨叶"更发达
- 壳口呈白色
- 棘刺有时会相互接触
- 偶尔出现较宽的褐色螺脊

印度洋—太平洋区

| 分布：斯里兰卡、菲律宾 | 数量：●●● | 尺寸：10厘米 |

| 超科：骨螺超科 | 科：骨螺科 | 种：*Chicoreus ramosus* (Linnaeus, 1758) |

棘螺（Branched Murex）

又名"大千手螺"，本种为属模式种。贝壳极大且重，螺塔低，体螺层膨大，肩部具棱角。每个螺层具3条纵胀肋，其间具1～2枚瘤状纵胀肋。纵胀肋和前沟上生有带褶边的短棘。通体布满纤细的螺脊。外唇边缘锯齿状，朝下端具一强齿。螺轴平滑。壳表呈白色，具褐色的螺脊和斑点；螺轴呈粉红色。

附注 世界上最大、最重的骨螺，它们被广泛用于装饰。

栖息地 珊瑚礁底。

- 最长的棘刺
- 中空且开放的棘刺朝上弯曲
- 壳口外唇具强齿
- 开放的前沟

印度洋—太平洋区

| 分布：印度洋—太平洋 | 数量：●●●● | 尺寸：20厘米 |

腹足纲 | 137

| 超科：骨螺超科 | 科：骨螺科 | 种：*Murex troscheli* Lischke, 1868 |

长刺骨螺（Troschel's Murex）

又名"女巫骨螺"。贝壳大，通体覆盖棘刺，外观引人注目。体形呈棒状，壳顶尖锐，螺层膨圆，缝合线深刻，前沟极长且直。体螺层上具3条纵胀肋，其上具长短交替的棘刺，最长的棘刺指向螺肩上方。棘刺一直延伸至前沟，且二者成直角排列。外唇边缘具褶皱。螺轴平滑。壳表的细螺肋与弱纵肋相互交错。壳表呈白色或粉红色；螺线呈红褐色；壳口呈白色。

附注 棘刺可阻止肉食性鱼类的攻击，具有一定的保护作用。

栖息地 近海砂底。

- 上方螺层的棘刺微弯
- 从壳口可透见壳表的螺线
- 轴壁边缘薄而锋利
- 前沟上的棘刺挺直
- 螺带一直延伸至前沟
- 前沟末端略弯

印度洋—太平洋区

| 分布：东印度洋、太平洋、日本 | 数量： | 尺寸：15厘米 |

| 超科：骨螺超科 | 科：骨螺科 | 种：*Phyllocoma convoluta* (Broderip, 1833) |

细雕叶状骨螺（Convoluted False Triton）

又名"悬线骨螺"。贝壳薄，螺塔高，缝合线极深，体螺层大，壳口外扩呈喇叭形。成熟标本早期螺层常缺失，而后期螺层具2条薄且间距相等的纵胀肋和平坦的强螺肋。螺轴平滑且强烈扭曲。壳表呈浅黄白色；壳口颜色更淡一些。

附注 有些贝壳的外唇呈锯齿状。

栖息地 近海水域。

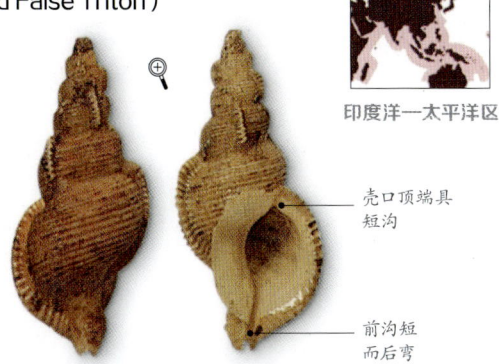

印度洋—太平洋区

- 壳口顶端具短沟
- 前沟短而后弯

| 分布：热带印度洋—太平洋 | 数量： | 尺寸：3厘米 |

| 超科: 骨螺超科 | 科: 骨螺科 | 种: *Hexaplex trunculus* (Linnaeus, 1758) |

根干环棘螺（Trunk Murex）

又名"根干骨螺"，贝壳厚重，螺塔尖，体螺层大。壳表平铺着数条厚的纵胀肋，每一条纵胀肋上生有多个圆结节和一根粗壮的棘刺。体螺层下半部具粗的螺旋肋。脐孔深，周围环绕数个由旧的前沟排列而成的管状物。螺轴平滑。壳表呈黄白色，具褐色螺带，螺带有时融合为一体；螺轴呈白色。

附注 与135页的染料骨螺一样，古罗马人也提取此种的紫色肉汁用来染布。

栖息地 近海岩石底和砂底。

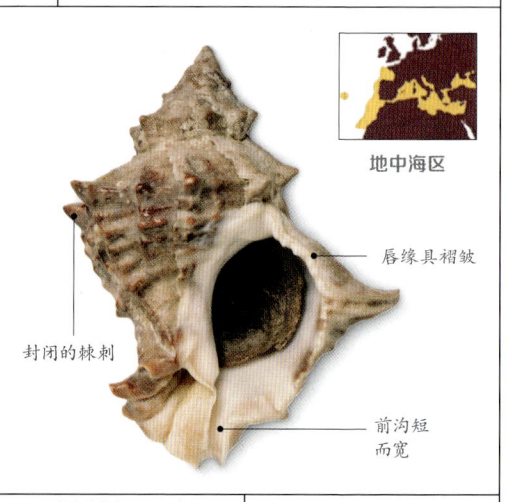

地中海区

- 唇缘具褶皱
- 封闭的棘刺
- 前沟短而宽

| 分布: 地中海 | 数量: | 尺寸: 6厘米 |

| 超科: 骨螺超科 | 科: 骨螺科 | 种: *Muricanthus radix* (Gmelin, 1791) |

刺球骨螺（Radish Murex）

贝壳体形巨大，厚重，螺塔小而尖，体螺层极膨大，脐孔深。缝合线浅，以至于很难看到。前沟中等长且宽。体螺层具6～7条纵胀肋，其上布满茂密的棘刺，使贝壳看上去非常扎手。在棘刺与螺旋肋的交汇处发育成略弯曲的褶边。螺轴平滑，外唇边缘呈锯齿状。壳表呈白色，棘刺呈紫黑色，棘内壁及相连的细螺带颜色最深；螺塔大部分呈白色。

附注 本种是棘刺最密集的骨螺。

栖息地 潮间带岩石圈。

巴拿马区

- 朝上的棘刺
- 螺轴顶端具隆起肿块
- 角质厣厚
- 开放式的前沟

| 分布: 巴拿马西部—厄瓜多尔 | 数量: | 尺寸: 11厘米 |

腹足纲 | 139

| 超科：骨螺超科 | 科：骨螺科 | 种：*Homalocantha zamboi* Burch & Burch, 1960 |

赞氏银杏螺（Zambo's Murex）

又名"然氏光滑眼角螺"，贝壳坚固，螺塔低，伸展的棘刺是其标志性特征。前沟长且弯曲，几乎封闭。每个螺层约有5条纵胀肋；在最后4条纵胀肋和前沟上生有长而中空的棘刺，棘刺的末端增宽且变平。贝壳表面、外唇和螺轴平滑。壳面呈白色；螺塔有微微的紫色；壳口呈粉红色。

附注 外表腐蚀变形对于此种来说司空见惯。

栖息地 珊瑚礁底。

棘刺尖端叉开

印度洋—太平洋区、日本区

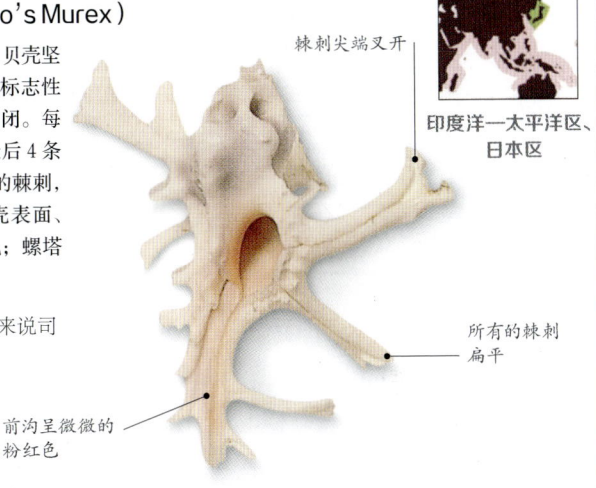

所有的棘刺扁平

前沟呈微微的粉红色

| 分布：日本南部、菲律宾、所罗门群岛 | 数量： | 尺寸：5厘米 |

| 超科：骨螺超科 | 科：骨螺科 | 种：*Vitularia salebrosa* (King, 1832) |

海豹骨螺（Rugged Sea-calf）

本种最显著的特征是其大而长的壳口和极厚的外唇。螺塔高，但体螺层高度是螺塔的2倍。早期螺层上的锐利龙骨，到后期螺层演变成肩部的结节。缝合线深，略呈波浪状。年轻个体的贝壳表面常生有薄而锋利的纵胀肋，而老壳表面的纵胀肋常被磨损。壳表呈浅褐色至深褐色，在靠近体螺层底部的最宽处具4～5条深褐色的螺带。

附注 本种是属内6个成员之中体形最大的。

栖息地 潮间带岩石圈。

沿外唇内侧具钝齿

发白的壳口

唇缘有数层薄而脆的壳层

巴拿马区

| 分布：加利福尼亚湾—巴拿马、加拉帕戈斯群岛 | 数量： | 尺寸：7.5厘米 |

岩螺

"岩螺"是对骨螺科中一群生活习性相似的种类的统称，实际在分类学上隶属于几个亚科和许多属，它们在外形和雕刻上千变万化，但壳色通常呈褐色或黄色。它们大多壳质坚实，并具有一角质厣。岩螺都是肉食性动物，尤其喜欢栖息在"牡蛎床"附近，在温暖海域大量繁生。

| 超科：骨螺超科 | 科：骨螺科 | 种：*Ocenebra erinaceus* (Linnaeus, 1758) |

匃耒螺（Sting Winkle）

又名"欧洲刺岩螺"，贝壳坚固，外形多变，螺塔高，壳顶尖，体螺层大，前沟稍长且宽。体螺层上有多达9条纵胀肋和间距宽阔的厚螺肋。螺轴光滑。壳表布满凹槽状的鳞片。壳表呈淡黄色；壳口呈白色。

附注 本种对牡蛎的破坏性极大。
栖息地 牡蛎床。

螺肋与纵胀肋相交
北欧区、地中海区
鳞片极密
前沟封闭
厣

| 分布：欧洲西南部、地中海 | 数量：🐚🐚🐚 | 尺寸：3厘米 |

| 超科：骨螺超科 | 科：骨螺科 | 种：*Trochia cingulata* (Linnaeus, 1771) |

轮肋螺（Corded Rock Shell）

又名"龙骨岩螺"，贝壳小但坚固，螺塔高，壳顶平，螺轴平滑。体螺层上环绕着1～4条宽螺肋，其间有细小的螺肋。壳表呈深褐色或灰白色；壳口呈褐橙色。

附注 贝壳外形多变，螺肋有时多达6条，有时无螺肋。
栖息地 低潮区的岩石表面。

螺肋边缘卷曲
南非区
前沟开口宽

| 分布：南非 | 数量：🐚🐚🐚 | 尺寸：4厘米 |

| 超科：骨螺超科 | 科：骨螺科 | 种：*Nucella lapillus* (Linnaeus, 1758) |

坚果螺（Dog Winkle）

又名"狗岩螺"，本种为属模式种。贝壳坚固，通常有一个尖高的螺塔和大的体螺层，但即使在同一产地，不同个体的外形变化也极大。螺肋或粗糙或光滑，并与纤细的纵纹相互交错。壳表呈白色、黄色、紫色或褐色；无纹饰或具有宽螺带。

附注 此种在遮蔽水域有一罕见的变化型，壳表布满波浪形的褶状肋。
栖息地 近海岩礁间。

锋利的褶边排列规则
北欧区
缝合线极深

| 分布：美国东北部、格陵兰岛、冰岛、欧洲西部 | 数量：🐚🐚🐚🐚🐚 | 尺寸：5厘米 |

腹足纲 | 141

| 超科：骨螺超科 | 科：骨螺科 | 种：*Pteropurpura trialata* (Sowerby II, 1834) |

三翼翼紫螺（Three-winged Murex）

又名"三翼芭蕉螺"，贝壳轻，外观呈三角形。螺塔短而尖，体螺层大。前沟长、宽且微弯。每个螺层都有3条纵胀肋，每条纵胀肋延伸成带褶边的薄翼，在纵胀肋之间具低平的圆瘤。外唇边缘直或具皱褶。螺轴平滑且直。壳表呈黄白色，具褐色的螺带；螺轴和壳口呈白色。

附注 此种厣呈扇状。
栖息地 潮间带岩石间。

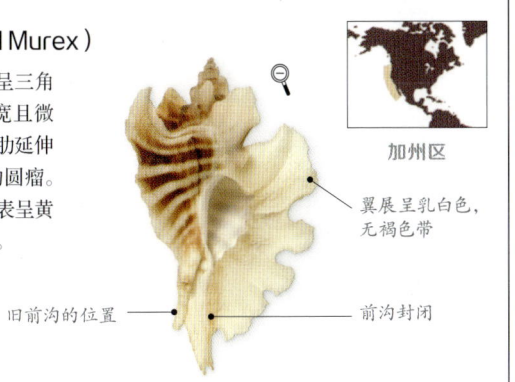

翼展呈乳白色，无褐色带
旧前沟的位置
前沟封闭
加州区

| 分布：美国加利福尼亚 | 数量：🔸🔸🔸 | 尺寸：6厘米 |

| 超科：骨螺超科 | 科：骨螺科 | 种：*Acanthina monodon* (Pallas, 1774) |

单齿刺坚果螺（Rough Thorn Drupe）

又名"单齿刺岩螺"，螺塔低，下唇齿突出，壳表布满生有鳞片的螺旋脊。壳表呈淡红褐色；壳口和螺轴呈白色。

附注 壳口底部的强齿能帮助此种撬开双壳类。
栖息地 低潮区的岩石表面。

早期螺旋脊具强龙骨
外唇内缘呈红褐色
宽阔的底部螺脊
螺轴直且光滑
麦哲伦区

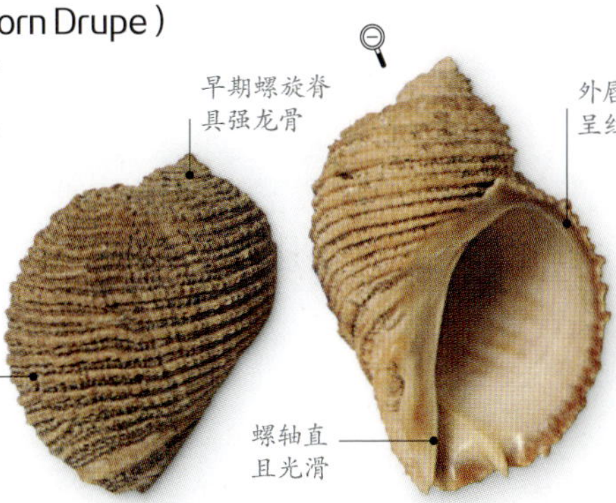

| 分布：秘鲁至阿根廷、福克兰群岛 | 数量：🔸🔸🔸🔸 | 尺寸：5厘米 |

| 超科：骨螺超科 | 科：骨螺科 | 种：*Drupella rugosa* (Born, 1778) |

多皱荔枝螺（Rough Rock Shell）

又名"塔岩螺"，贝壳双锥形，螺塔呈宝塔状，体螺层大。壳口宽阔，螺轴直，脐孔常封闭。体螺层上具4排呈螺旋排列的凹槽状棘刺，其中最上列的棘刺上翘。壳表呈浅褐色或深褐色；壳口呈乳白色或白色。

附注 凹槽状的棘刺极易缺损。
栖息地 沿海泥质岩礁间。

早期螺层具锐利棱脊
印度洋—太平洋区
最长的棘刺
前沟短
厣

| 分布：印度—东南亚 | 数量：🔸🔸🔸🔸 | 尺寸：2.5厘米 |

| 超科：骨螺超科 | 科：骨螺科 | 种：*Plicopurpura patula* (Linnaeus, 1758) |

广口紫螺（Wide-mouthed Purpura）

又名"广口罗螺"。贝壳厚，螺塔矮小，体螺层极大，壳口宽而长，壳表具呈螺旋排列的大瘤或结节。前沟浅。壳表呈褐色，瘤呈黑褐色；螺轴平滑，呈粉橙色。

附注 中美洲的印第安人至今仍然使用此种的紫色肉汁来染布。

栖息地 近海岩礁丛。

较老个体上的瘤已腐蚀磨损

壳口边缘呈紫黑色

瘤列间具细螺沟

螺轴上具小弯

壳口边缘具弱齿

加勒比海区

| 分布：美国佛罗里达南部、加勒比海 | 数量： | 尺寸：9厘米 |

| 超科：骨螺超科 | 科：骨螺科 | 种：*Concholepas concholepas* (Bruguière, 1789) |

似鲍红螺（Hare's Ear Shell）

又名"似鲍岩螺"。贝壳极厚，扁平，体螺层极度扩张且向后翻卷，以至于早期螺层被其覆盖。与鲍鱼一样，当贝壳完全成年时，螺塔很少高于壳口的轴缘。螺旋肋强，并与较细的纵肋相互交错；在生长后期，纵肋上衍生出鳞片或褶边。螺轴厚且光滑。前沟极浅。壳表呈暗褐色或灰白色；壳口呈白色；螺轴具粉红色镶边。

附注 此种依靠其宽大的腹足产生的吸附力附着在岩石表面。

栖息地 近海岩礁丛。

纵肋于生长中期时发育出褶边

秘鲁区

螺沟深

外唇具两枚大齿

| 分布：秘鲁、智利、福克兰群岛 | 数量： | 尺寸：8厘米 |

腹足纲 | 143

| 超科：骨螺超科 | 科：骨螺科 | 种：*Rapana venosa* (Valenciennes, 1846) |

脉红螺（Veined Rapa Whelk）

又名"红皱岩螺"，贝壳重，螺塔低，体螺层巨大而膨胀，脐孔深。壳口大，呈卵圆形。螺轴宽且平滑。外唇缘有小而长的齿。较老的个体外唇扩张。螺旋肋平滑，但在肩部和体螺层的周缘会形成规则的钝结节。壳表具细的螺旋脊，与低的细纵肋相互交错。壳表呈浅灰色或红褐色，螺旋肋上具深褐色的线纹；壳口和螺轴呈深橙色。

附注 此种原产于中国和日本，于20世纪40年代入侵黑海，很快就将牡蛎床破坏殆尽；它也入侵至美国东北部的切萨皮克湾。

栖息地 牡蛎床。

螺塔螺层侧面垂直
后沟宽
肩部具锐利的棱角
脐孔周围环绕着厚鳞肋
轴唇突出于脐孔之上
前沟短而宽
外唇缘具成对排列的齿

日本区、印度洋—太平洋区　　地中海区

| 分布：日本、中国、黑海、地中海 | 数量： | 尺寸：10厘米 |

| 超科：骨螺超科 | 科：骨螺科 | 种：*Nassa francolina* (Bruguière, 1789) |

鹧鸪篮螺（Francolin Jopas）

又名"平滑橄榄螺"或"黑橄榄螺"，贝壳平滑，具光泽，体螺层宽大，螺塔小。早期螺层具纵肋。螺轴平滑，外唇边缘锋利。壳表呈浅或深红褐色，具成片的灰白色区域，其上点缀着细的纵线纹和斑点；壳口和螺轴呈淡黄色或橙色。

附注 此种于1789年由法国自然学家布吕吉埃（Bruguière）命名，种名源自古意大利语，意为"鹧鸪"。

栖息地 近海岩礁丛。

体螺层上方凹陷
印度洋—太平洋区
壳口顶端有瘤
前沟短而深

| 分布：印度洋—西太平洋 | 数量： | 尺寸：6厘米 |

| 超科：骨螺超科 | 科：骨螺科 | 种：*Stramonita haemastoma* (Linnaeus, 1767) |

红口荔枝螺（Red-mouthed Rock Shell）

又名"红口岩螺"，贝壳重，螺塔短，呈圆锥形。体螺层大，壳口外扩，缝合线浅。体螺层通常具4列呈螺旋排列的钝瘤，整个螺层布满纤细的螺沟。螺轴光滑且直。壳面呈灰色至红褐色；壳口呈红色、橙色或褐色。

附注 此种名有时并不贴切。
栖息地 近岸岩礁丛。

肩部发达
成贝
幼贝

西非区、南非区
地中海区 

| 分布：地中海—南非 | 数量： | 尺寸：7.5厘米 |

| 超科：骨螺超科 | 科：骨螺科 | 种：*Menathais tuberosa* (Röding, 1798) |

角瘤荔枝螺（Humped Rock Shell）

又名"角岩螺"，贝壳厚重，螺塔中等高，体螺层大，缝合线深，但螺塔被腐蚀后缝合线难以辨认。体螺层上有2列大而钝的结节，近壳底有一列较小的结节。螺轴平滑。壳表呈黄白色，具紫褐色的螺旋带。壳口呈乳白色，具间距规则的橙色螺线。

附注 此种为印度洋—太平洋海域比较有代表性的荔枝螺之一，尺寸和雕刻富于变化。
栖息地 珊瑚礁附近。

外唇缘具紫褐色的斑块
印度洋—太平洋区

| 分布：太平洋 | 数量： | 尺寸：5厘米 |

| 超科：骨螺超科 | 科：骨螺科 | 种：*Indothais lacera* (Born, 1778) |

可变荔枝螺（Keeled Rock Shell）

又名"细腰岩螺"或"棱角岩螺"，贝壳螺塔短，体螺层膨大，壳口宽。螺塔各螺层具锐利的龙骨，其上的突起在体螺层发育成大而尖的结节。螺轴平滑且直。外唇具褶皱。壳表呈黄褐色；壳口近白色。

附注 此种常被孟买沿海居民采来食用。
栖息地 近海泥质岩礁间。

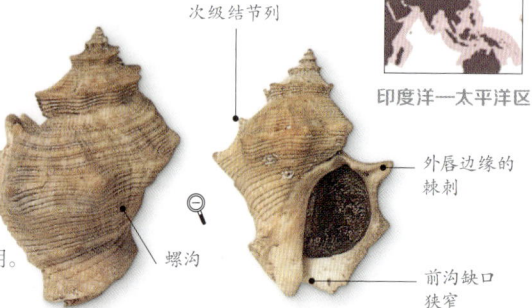

次级结节列
印度洋—太平洋区
外唇边缘的棘刺
螺沟
前沟缺口狭窄

| 分布：印度洋、东南亚 | 数量： | 尺寸：5厘米 |

核果螺

核果螺属种类不多,它们的贝壳坚厚,体螺层大,壳表覆盖着结节。外唇内缘具发达的齿,加之螺轴上具褶襞,因此壳口被进一步压缩而变小。核果螺类主要栖息于印度洋—太平洋海域的珊瑚礁环境,以小型无脊椎动物为食。

超科:骨螺超科	科:骨螺科	种:*Drupa morum* Röding, 1798

核果螺(Purple Pacific Drupe)

又名"紫口岩螺",本种为核果螺属的模式种。贝壳坚厚,螺塔被巨大的体螺层遮盖。螺轴上具3～4条强褶襞,外唇内缘约有8枚大齿。体螺层上被4列大的结节环绕。壳表呈灰白色,结节呈黑色;壳口和唇齿呈紫色。

附注 标志性的紫色壳口使其极易辨认。
栖息地 潮间带岩礁间。

印度洋—太平洋区
外唇上的棘刺
壳口呈紫色

分布:热带印度洋—太平洋	数量:	尺寸:3厘米

超科:骨螺超科	科:骨螺科	种:*Ricinella rubusidaeus* (Röding, 1798)

球核果螺(Strawberry Drupe)

又名"玫瑰岩螺",贝壳呈球形,螺塔短,成熟个体几乎平顶。体螺层上环绕着约5排棘刺,其中最靠近外唇处的棘刺一侧敞开。壳表呈乳黄色;成熟个体的螺轴呈鲜艳的粉红色。

栖息地 潮间带岩礁间。

棘刺间具深螺沟
印度洋—太平洋区
厣

分布:热带印度洋—太平洋	数量:	尺寸:5厘米

超科:骨螺超科	科:骨螺科	种:*Sistrum ricinus* (Linnaeus, 1758)

黄斑核果螺(Prickly Pacific Drupe)

又名"黄齿岩螺",贝壳小,棘刺尖,靠外唇处的棘刺比其他部位的棘刺要长得多。螺轴及外唇内侧具方形的钝齿,使得壳口显著缩窄。壳表呈发白色,棘刺末端呈黑色;壳口具一橙色环。

附注 壳口周围的橙色经常缺失。
栖息地 潮间带岩礁间。

棘刺的尖端呈黑色
印度洋—太平洋区
棘刺的一侧开口
壳底棘刺尖端不是黑色

分布:热带印度洋—太平洋	数量:	尺寸:3厘米

管骨螺

这是一类小型骨螺，壳表装饰奇异，但颜色并不艳丽。它们绝大多数都具有强的纵胀肋，其上生出极发达的翼状边缘和末端开口的管状突起。它们主要分布于温暖海区，其中一些生活在潮间带，而有些栖息于深海。

超科：骨螺超科	科：骨螺科	种：*Typhina grandis* (A. Adams, 1855)

大管骨螺（Grand Typhis）

透过贝壳表面的装饰，能够看到一个大的体螺层和短的螺塔。纵胀肋上生有薄翼，在边缘处向后翻卷；最后一条翼片与前沟相连，并形成一个宽阔的翼盾围绕在小而圆的壳口周围。每条翼片的上缘生有开放式的小管。壳表呈淡褐色和白色。

附注 此种因其宽大的壳口翼片而备受瞩目。
栖息地 近海水域。

巴拿马区
唇
外唇缘具褐色线纹

分布：墨西哥西部—巴拿马	数量：	尺寸：2.5厘米

超科：骨螺超科	科：骨螺科	种：*Typhina coronata* (Broderip, 1833)

王冠管骨螺（Crowned Typhis）

又名"高冠管骨螺"，贝壳小，螺塔高，体螺层长，部分被壳表装饰所覆盖。纵胀肋宽，并在顶端突出形成针状棘；偶尔在棘刺附近生有一些向上突出的开放式小管。体螺层上具强的螺旋线。壳口圆，外唇上的宽翼纵贯整个体螺层。壳表呈黄褐色。

栖息地 浅海底。

尖锐的顶部和侧缘
巴拿马区
前沟的开口

分布：墨西哥西部—厄瓜多尔	数量：	尺寸：2厘米

超科：骨螺超科	科：骨螺科	种：*Typhina belcheri* (Broderip, 1833)

贝氏管骨螺（Belcher's Typhis）

壳表精致的雕刻常使人误以为其螺塔矮短，但实际上螺塔相当高，体螺层仅中度膨胀。深刻的缝合线清晰可见。翼片顶端卷曲，旁边是末端开口且朝下方探出的管子。壳口边缘展开呈喇叭状。壳表呈污白色，略带粉红色。

栖息地 深海底。

西非区
旧前沟的位置

分布：西非	数量：	尺寸：2厘米

腹足纲 | 147

饵螺

贝壳大多暗淡无色，质地较薄，主要分布于寒冷水域或温带水域，有些种类生活在近岸沿海，有些则栖息在深海。它们个体小或中等，都具有一条明显的开放式水管沟和光滑的螺轴。有些种类纵脊发达，有些则不明显。

| 超科：骨螺超科 | 科：骨螺科 | 种：*Trophon geversianus* (Pallas, 1774) |

南极饵螺（Gevers' Trophon）

又名"格氏凯旋骨螺"，贝壳厚但易碎，体螺层膨大，螺塔短，壳顶圆。缝合线深，有时呈沟槽状。脐孔深，或窄或宽。前沟宽且略微后弯。各螺层具强弱不等的纵脊，其间有排列整齐的低螺旋肋；螺塔上的纵脊和螺旋肋相互交错，呈网格状。有些个体纵脊消失。螺轴和外唇平滑。壳表呈白垩色；壳口呈紫褐色。

体螺层肩部上方无螺旋肋
体螺层顶端的纵脊极为发达
麦哲伦区
脐孔周围有一圈边
外唇极薄

附注 在南美的某些海岸，此种外形多变的大型饵螺常被海浪冲到岸上。

栖息地 近海水域。

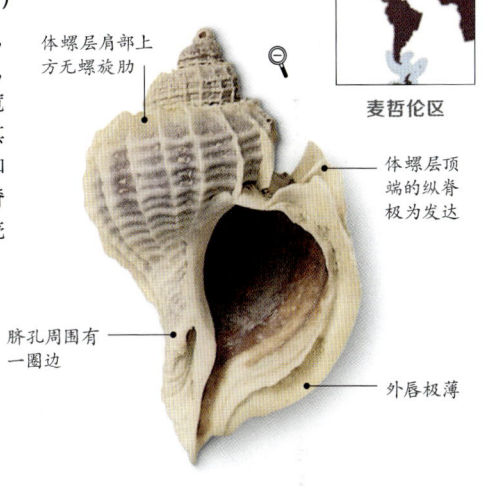

| 分布：智利南部、阿根廷南部 | 数量：●●●● | 尺寸：6厘米 |

| 超科：骨螺超科 | 科：骨螺科 | 种：*Boreotrophon candelabrum* (Reeve, 1848) |

蜡台北方饵螺（Candelabra Trophon）

又名"白褶骨螺"，贝壳呈纺锤形，缝合线深，前沟长且开放。螺塔高，具4～5个生有纵肋的螺层。壳口呈卵形，螺轴光滑，外唇薄且扩张。间距规则的纵胀肋通常十分发达。壳表呈乳白色、粉色或灰色，有时具有一条褐色带；壳口具光泽，呈乳白色或粉红色。

纵胀肋基本发育良好
日本区
光滑而扩展的外唇

附注 靠钻孔的方式捕食双壳类（例如扇贝）。

栖息地 浅海至潮下带。

| 分布：日本海 | 数量：●●● | 尺寸：4厘米 |

珊瑚螺

珊瑚螺属包含了一些小型至中等尺寸的种类，它们有的外形奇特，有的装饰着精致的棘刺和褶边。它们主要生活在珊瑚之中或柳珊瑚上，这种栖息环境的特殊性造成了贝壳形状和雕刻的多样性。它们在热带浅水区数量最多。

超科：骨螺超科	科：骨螺科	种：*Coralliophila meyendorffii* (Calcara, 1845)

梅氏珊瑚螺（Lamellose Coral Shell）

贝壳小型，质地坚固，螺塔高，缝合线极深。壳表具宽的斜纵肋，并与密集的螺旋肋相交；螺旋肋上具小鳞片，在外唇附近最为明显。螺轴直且光滑。壳面呈污白色、灰色或黄褐色；新鲜标本壳口呈玫瑰色。

栖息地　近海水域。

分布：地中海	数量：🐚🐚	尺寸：3厘米

超科：骨螺超科	科：骨螺科	种：*Coralliophila violacea* (Kiener, 1836)

紫口珊瑚螺（Violet Coral Shell）

又名"紫栖珊瑚螺"，贝壳极厚，通常呈矮胖的球形，螺塔短，体螺层膨大。较高的标本缝合线深刻。螺轴直且平滑。壳表有时可见纤细的螺肋。壳口呈卵圆形，外唇缘锋利。有的个体具一很小的脐孔。前沟短而窄。壳表呈污白色，有时略带淡紫色；壳口呈深紫色。

附注　本种外形变化较大，壳表易受腐蚀或被珊瑚覆盖，但紫色的壳口是其不变的特征。

栖息地　珊瑚礁下方。

分布：印度洋—太平洋	数量：🐚🐚🐚	尺寸：2.5厘米

超科：骨螺超科	科：骨螺科	种：*Coralliophila erosa* (Röding, 1798)

畸形珊瑚螺（Southern Coral Shell）

又名"大肚珊瑚螺"，贝壳呈双锥形，顶部和壳底轮廓相似，体螺层肩部为贝壳最宽处。缝合线极深，螺轴直且平滑，外唇缘具褶皱。螺肋排列紧密，其上装饰着细小的鳞片。脐孔小而深。壳面呈污白色。

栖息地　石珊瑚。

分布：印度洋—太平洋	数量：🐚🐚	尺寸：3厘米

腹足纲 | 149

芜菁螺

芜菁螺属又名"洋葱螺",仅包含三个种类,它们的贝壳都呈球形,质地薄脆,无色且半透明。厣较薄,角质,尺寸很小,以至于无法盖住宽大的壳口。它们有时栖息较深,但全部生活在温暖的热带海区的软珊瑚之中,在有些地方它们数量庞大。

| 超科:骨螺超科 | 科:骨螺科 | 种:*Rapa rapa* (Linnaeus, 1758) |

芜菁螺(Rapa Snail)

贝壳外形酷似芜菁,质地较脆,壳顶尖,螺塔短而平,几乎陷没于体螺层中。螺轴直且光滑,其下半部广泛扩张,并形成一个与体螺层完全分离的薄板。前沟开阔,有时笔直,有时朝一侧强烈弯曲。壳表布满螺脊,在外唇形成锯齿状边缘。从壳顶面观,螺肋被宽阔的沟槽分隔,沟槽内布满纤细的纵脊。在体螺层最上端的宽沟槽中,纵脊数量更多并形成褶皱。贝壳通体呈白色或乳黄色。

附注 本种是芜菁螺属最大的成员。

栖息地 软珊瑚群中。

壳口面观

锯齿间的沟槽呈新月形

壳体的层状结构

壳顶面观

在最大的螺沟中可见密集的皱脊

印度洋—太平洋区

| 分布:西太平洋 | 数量: | 尺寸:7.5厘米 |

肩棘螺

又称"花仙螺"，是珊瑚螺亚科中的一个类群，包含几个属，它们的共同特征是在壳表装饰着发达的棘刺和鳞片，有时二者共存使得贝壳看上去极为美丽。大部分肩棘螺生活在温暖海域，通常在近海，有时也栖息在很深的海底。

超科：骨螺超科	科：骨螺科	种：*Latiaxis mawae* (Gray, 1833)

肩棘螺（Mawe's Latiaxis）

又名"玛娃花仙螺"，贝壳外形奇特，各螺层几乎彼此分离。螺塔早期螺层扁平，体螺层上半部稍微升起，下表面呈圆形。壳表覆盖着纤细的螺沟。脐孔宽而深。壳表呈白色或乳白色，偶尔有黄色、橙色或玫瑰色的个体。

栖息地 近海水域。

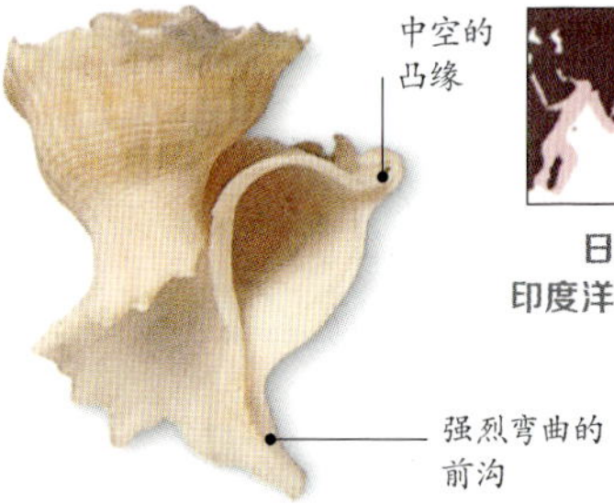

中空的凸缘

日本区、印度洋—太平洋区

强烈弯曲的前沟

分布：日本—菲律宾	数量：	尺寸：4.5厘米

超科：骨螺超科	科：骨螺科	种：*Babelomurex pagodus* (A. Adams, 1853)

宝塔肩棘螺（Pagoda Latiaxis）

又称"台湾花仙螺"，贝壳小，质地极薄，螺塔高而尖，体螺层大，前沟中等长。脐孔深。棘刺尖锐，基部较宽，一侧开口。壳表呈黄白色或灰色，具粉色或淡褐色的斑纹。

栖息地 近海水域。

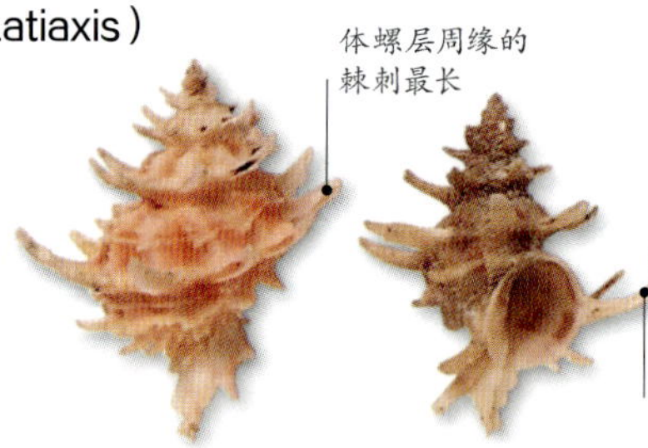

体螺层周缘的棘刺最长

日本区、印度洋—太平洋区

棘刺朝上弯曲

分布：日本—菲律宾	数量：	尺寸：3厘米

超科：骨螺超科	科：骨螺科	种：*Hirtomurex winckworthi* (Fulton, 1930)

温氏肩棘螺（Winckworth's Latiaxis）

又名"温氏花仙螺"，贝壳小而薄，但质地坚实，体螺层膨大，螺塔很高，呈阶梯状。沿体螺层周缘有一列呈螺旋排列的棘刺，纵肋低矮。壳口大，螺轴直且光滑。脐孔周围环绕着螺脊。壳表呈淡黄色；壳口呈白色。

栖息地 近海水域。

日本区、印度洋—太平洋区

外唇缘呈锯齿状

分布：日本—菲律宾	数量：	尺寸：3厘米

犬齿螺

又名"拳螺",曾是"圣螺科"中的一个类群,现已独立成科,它们的贝壳大都厚重,前沟明显,螺轴上具3～4条褶襞。大型种类具有粗壮的结节或短棘,以及粗糙的螺脊;有些种类的贝壳呈球棒状,壳表装饰着或长或短的棘刺。厣角质,呈爪状。犬齿螺广泛分布于世界温暖海区,以热带珊瑚礁区最为常见。它们是肉食性动物,主要生活在砂和碎珊瑚质海底及岩礁间的砂质环境中。

超科:圣螺超科	科:犬齿螺科	种: *Vasum turbinellus* (Linnaeus, 1758)

角犬齿螺（Common Pacific Vase）

又名"短拳螺",贝壳厚重,早期螺层常被腐蚀。体螺层大,具有2排钝棘。壳表近白色,具褐色块斑;壳口呈黄白色。

附注 图示标本为一种体形种类,特征是螺塔低矮,棘刺上翘。

栖息地 潮间带。

印度洋—太平洋区

分布:热带印度洋—太平洋	数量:	尺寸:6厘米

标注:外唇缘呈波浪状;螺轴呈橙黄色;开放式的棘刺;脐孔不明显

超科:圣螺超科	科:犬齿螺科	种: *Vasum cassiforme* (Kiener, 1840)

冠犬齿螺（Helmet Vase）

又名"冠拳螺",贝壳重,螺塔极高,体螺层大,壳口狭窄。螺轴滑层向外扩张,将壳口两侧的大部分遮盖,并继续延伸至反卷的壳口外唇。螺轴上具2～3条褶襞。螺层上环绕着长短不一且侧面敞开的棘刺。壳面呈白色;螺轴滑层和外唇呈紫褐色;壳口内侧呈白色。

附注 极度扩张的螺轴滑层为本种的标志性特征。

栖息地 浅海底。

加勒比海区

分布:巴西	数量:	尺寸:9厘米

标注:壳口顶端具窄沟;螺轴滑层边缘锋利;外唇强烈起皱;前沟窄

| 超科：圣螺超科 | 科：犬齿螺科 | 种：*Vasum muricatum* (Born, 1778) |

加勒比犬齿螺（Caribbean Vase）

又名"加勒比拳螺"，贝壳重，矮胖，体螺层极宽。壳口中等宽，末端与狭窄的前沟相连。螺轴上具 4～5 条褶襞。螺塔上具数排呈螺旋排列的钝瘤。体螺层肩部具大的钝瘤，在其靠下方位置具 2～3 排结节状肋，其间被粗糙且通常呈波浪状的螺旋肋环绕。外唇上缘有时具一大的钝棘，下半部边缘呈波浪状。壳皮呈黑褐色；壳表呈污白色；壳口呈白色；外唇呈紫色；螺轴上具紫色斑纹。

附注 本种以双壳类和蠕虫为食。
栖息地 砂质底。

螺塔被珊瑚硬壳覆盖

白色的贝壳从厚实的纤维质壳皮缝隙中露出

前沟狭窄

厣的下端尖锐

加勒比海区

| 分布：美国佛罗里达南部、加勒比海 | 数量：●●●● | 尺寸：7.5厘米 |

| 超科：圣螺超科 | 科：犬齿螺科 | 种：*Vasum tubiferum* (Anton, 1838) |

长犬齿螺（Imperial Vase）

又名"长拳螺"，贝壳坚固，厚重，呈卵形，体螺层肩部极宽。螺塔中等高，早期螺层常被腐蚀。壳口窄，末端与短的前沟相连。整个外唇起皱，上端具棱角。螺轴近直，其上具 5 条褶襞，位于中间的褶襞最强。脐孔小而深。螺塔后期螺层和体螺层上装饰着宽阔的纵褶，其上生有呈螺旋排列且长短不一的管状棘。壳表呈白色，具褐色块斑。

附注 学名强调了此种的棘刺呈管状的特征。
栖息地 浅海底。

褐色的棘刺沿一侧张开

外唇角呈沟状

螺轴中部具白斑

印度洋—太平洋区

| 分布：菲律宾 | 数量：●●● | 尺寸：9厘米 |

腹足纲 | 153

| 超科：圣螺超科 | 科：犬齿螺科 | 种：*Altivasum hedleyi* Maxwell & Dekkers, 2019 |

海德利深海犬齿螺（Hedley's Vase）

又名"海德利拳螺"，贝壳极为优雅，集坚固的结构、柔和的线条和美丽的色彩于一身。螺塔很高，体螺层几乎与之相等。缝合线浅。壳口小，前沟窄但极深。外唇呈波浪状，在成年个体中会变得非常厚。螺轴上具3条强的褶襞。所有螺层具宽的纵褶，并与螺旋肋相交。螺旋肋的宽度与肋间距的宽度一致。壳表呈白色、橙色或粉红色。另外，此种曾被误认作"弗林德氏拳螺"，其实二者是不同种类。

附注 本种是属内最大也是最迷人的成员，尤其是棘刺发达且完整的标本一直备受收藏者青睐。

栖息地 近海岩石底。

澳大利亚区

- 螺肋上具凹槽状鳞片
- 小后沟
- 肩部棘刺更发达
- 螺肋上的橙色更浓郁
- 脐孔周围的鳞片较弱
- 脐孔极大且深
- 棘刺边缘敞开

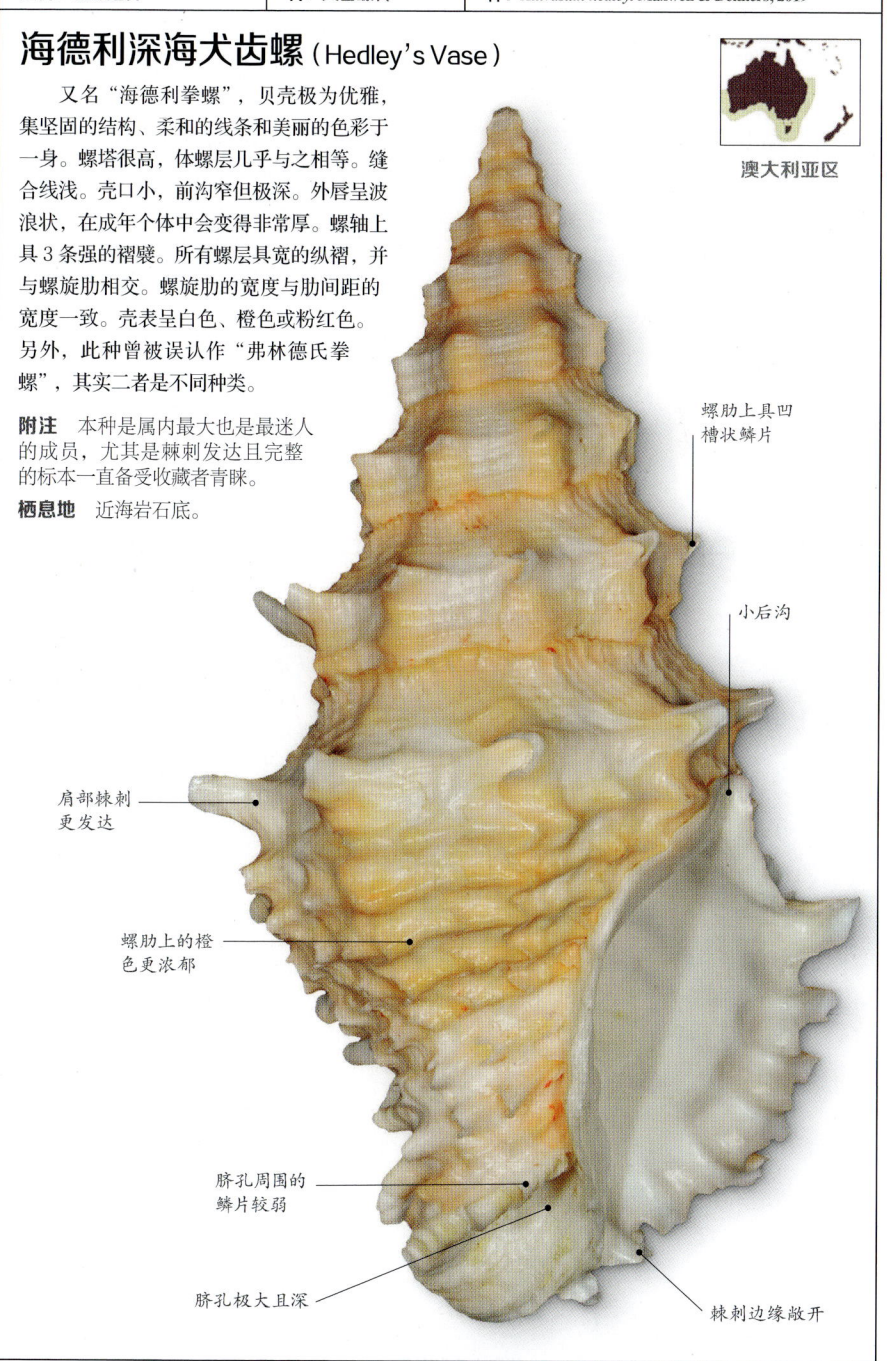

| 分布：澳大利亚南部 | 数量： | 尺寸：15厘米 |

圣螺

圣螺科的模式属，包含了世界上几种较重的螺类。它们都有一个大的体螺层，前沟宽，螺轴上具数条明显的褶襞。新鲜个体的壳表具一层厚实的纤维状壳皮。主要分布于印度洋和加勒比海，靠捕食蠕虫（多毛类）为生。

超科：圣螺超科	科：圣螺科	种：*Turbinella pyrum* (Linnaeus, 1767)

印度圣螺（Indian Chank）

又名"印度铅螺"，贝壳坚固而沉重，体螺层极膨胀，螺塔短，前沟宽而长。螺轴上具3～4条强褶襞。壳表平滑，或在肩部具一列低隆起，体螺层底部具螺脊。壳皮厚，壳表呈乳白色，有时壳表有轻微的粉红色。

附注 此种被大量出口到孟加拉国并被制成珠宝和装饰品。

栖息地 浅海砂底。

- 早期螺层具褐色斑点
- 壳表最强的螺脊
- 壳口顶部具大片的滑层
- 暴露的壳表
- 动物大而有力的水管从前沟中伸出
- 角质层厚，比壳口小

印度洋—太平洋区

| 分布：印度南部、斯里兰卡 | 数量： | 尺寸：13厘米 |

腹足纲 | 155

| 超科：圣螺超科 | 科：圣螺科 | 种：*Syrinx aruana* (Linnaeus, 1758) |

澳大利亚大圣螺（Australian Trumpet）

本种为世界最大的腹足类，体螺层极膨大，前沟长且坚实。各螺层圆或具强棱脊，体螺层下半部常生有另一条不明显的棱脊，缝合线深。螺轴平滑，脐孔处有一条深缝。外唇薄，常呈锯齿状。所有螺层都有宽度不等的弱螺肋，并与弱的纵脊相交。胚壳螺塔呈柱状，在幼贝时只保留很短的时间，随后脱落。壳表呈杏黄色，被一层厚实的褐色壳皮覆盖，易剥落。

附注 此种贝壳曾在某些地区用作贮水器。
栖息地 潮间带滩涂。

印度洋—太平洋区

棱脊悬于后期螺层之上

次棱脊

幼贝仍保留着胚壳的螺塔

棱脊上下两侧边的螺层内凹

轴盾覆盖着脐孔

前沟近直

参差不齐的边缘

幼贝

成贝

| 分布：澳大利亚北部、新几内亚 | 数量：🐚🐚🐚 | 尺寸：75厘米 |

类鸠螺

又名"纺轴螺",种类较少,但特征鲜明,辨识度高。贝壳螺塔高,厣角质,呈梨形,前沟长。各螺层周缘通常具强棱脊,其上装饰着结节、棘刺或鳞片。大部分种类生活于温暖海域的深海泥质海底。

| 超科:圣螺超科 | 科:类鸠螺科 | 种: *Columbarium pagoda* (Lesson, 1831) |

宝塔类鸠螺(First Pagoda Shell)

又名"纺轴螺",螺塔瘦高,但长度不及前沟。缝合线深,壳顶呈球形。体螺层周缘环绕一圈强棱脊,其上生有一系列上翘的三角形宽棘,而螺塔各层只看到棘。前沟纤细精致,其上半部生有一系列多刺的脊。壳口近圆形,螺轴平滑。壳表呈浅褐色;壳口色较浅。

附注 此种是最早被命名的类鸠螺类,主要产自日本周边海域,其外形能让人联想到日本的某些建筑。

栖息地 深海泥底。

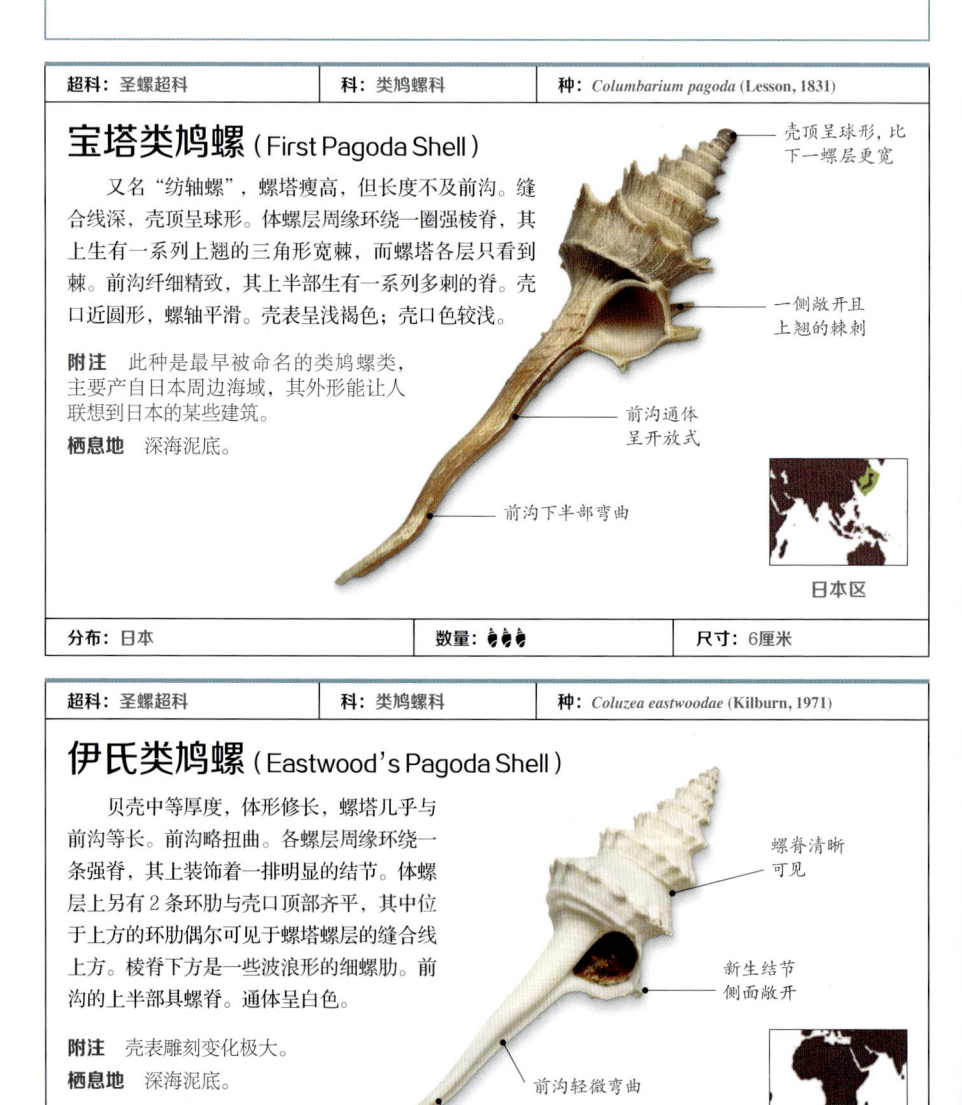

- 壳顶呈球形,比下一螺层更宽
- 一侧敞开且上翘的棘刺
- 前沟通体呈开放式
- 前沟下半部弯曲

日本区

| 分布:日本 | 数量:●●● | 尺寸:6厘米 |

| 超科:圣螺超科 | 科:类鸠螺科 | 种: *Coluzea eastwoodae* (Kilburn, 1971) |

伊氏类鸠螺(Eastwood's Pagoda Shell)

贝壳中等厚度,体形修长,螺塔几乎与前沟等长。前沟略扭曲。各螺层周缘环绕一条强脊,其上装饰着一排明显的结节。体螺层上另有2条环肋与壳口顶部齐平,其中位于上方的环肋偶尔可见于螺塔螺层的缝合线上方。棱脊下方是一些波浪形的细螺肋。前沟的上半部具螺脊。通体呈白色。

附注 壳表雕刻变化极大。

栖息地 深海泥底。

- 螺脊清晰可见
- 新生结节侧面敞开
- 前沟轻微弯曲
- 前沟下半部光滑

南非区

| 分布:南非 | 数量:●●● | 尺寸:7厘米 |

肋脊螺

又称"蛹笔螺",多年以来,它们一直被认作是笔螺的近亲,其实二者的差异还是非常显著的:肋脊螺的螺轴上具强褶襞,而且壳面上通常具明显的纵向雕刻。

超科:圣螺超科	科:肋脊螺科	种:Vexillum vulpecula (Linnaeus, 1758)

小狐菖蒲螺(Little Fox Mitre)

又名"小狐狸蛹笔螺",贝壳光滑,螺塔比体螺层短,缝合线深。壳口极窄,外唇中部微凹。壳表有或深或浅的螺沟,以及或强或弱的纵褶,其中纵褶在体螺层肩部最明显。壳表花纹和颜色多变。

早期螺层两侧平直
螺层上半部具螺沟
壳口顶部膨胀
螺轴上部褶襞极强

印度洋—太平洋区

栖息地　浅海砂底。

分布:热带太平洋	数量:	尺寸:5厘米

超科:圣螺超科	科:肋脊螺科	种:Vexillum dennisoni (Reeve, 1844)

丹尼森菖蒲螺(Dennison's Mitre)

又名"丹尼森蛹笔螺",贝壳厚,螺塔高,体螺层两侧平直或略凸。壳口狭窄,外唇中部下方具棱角。壳表具宽而低的纵褶,并与螺沟相交。壳表呈淡粉红色,具橙色的螺带。

纵褶间有黑斑
缝合线下方有橙色螺带
螺轴上具4条褶襞

印度洋—太平洋区

附注　以19世纪英国的一位贝壳收藏家的姓氏命名。

栖息地　浅海砂底。

分布:西太平洋	数量:	尺寸:6厘米

超科:圣螺超科	科:肋脊螺科	种:Vexillum sanguisuga (Linnaeus, 1758)

吸血菖蒲螺(Bloodsucker Mitre)

又名"吸血蛹笔螺",体形修长,壳口狭窄。螺轴上具3~4条褶襞。壳表具密集的纵褶,并与深刻的螺沟相交。壳色多变,通常呈灰色或浅褐色,具由红色方斑组成的螺带;壳口呈紫色。

壳口内侧具螺脊
体螺层上的两列斑带

印度洋—太平洋区

附注　壳表的红色方斑让人联想起被吸血昆虫叮咬后留下的疤痕。

栖息地　珊瑚礁附近的砂底。

分布:热带印度洋—太平洋	数量:	尺寸:4厘米

东风螺

东风螺科种类较少，它们贝壳厚且有光泽，体形丰满，壳表常具褐色斑块。螺轴平滑，外唇边缘锐利，前沟短而宽。厣角质，薄却柔韧。大多数种类分布于热带印度洋—太平洋海区，栖息于浅海的砂质或泥质海底。另外，东风螺科在中国台湾省被称作"凤螺科"，而在大陆学术界，"凤螺"指的是与其完全不同的类群。

| 超科：未分类 | 科：东风螺科 | 种：*Babylonia spirata* (Linnaeus, 1758) |

深沟东风螺（Spiral Babylon）

贝壳极厚重，壳顶尖，体螺层大且两侧边近直。螺塔各层看上去像被压入体螺层中，且二者之间被一条深沟分隔。壳表平滑，呈白色，其上具褐色的斑块和斑点；顶部螺层呈紫色。

附注 有时会被冲上海滩。
栖息地 潮间带砂和岩石底。

螺沟深且光滑

脐孔小，四周被一条扁平的宽带围绕

印度洋—太平洋区

| 分布：印度洋 | 数量： | 尺寸：6厘米 |

| 超科：未分类 | 科：东风螺科 | 种：*Babylonia japonica* (Reeve, 1842) |

日本东风螺（Japanese Babylon）

贝壳中等厚，螺塔高，各螺层膨圆，缝合线深刻。螺轴在脐孔上方加宽。壳表呈白色，具褐色斑点和斑块。体螺层上具2条由斑块和斑点组成的螺带。

附注 在日本曾被孩童当作陀螺玩耍。
栖息地 浅海泥沙底。

壳顶螺层无花纹

唇缘附近的纵生长纹

螺轴末端形成一锐利的尖

日本区、印度洋—太平洋区

| 分布：日本、韩国、中国海域 | 数量： | 尺寸：7厘米 |

腹足纲 | 159

竖琴螺

又名"杨桃螺",它们体形丰满、花纹精美、色彩艳丽,是迷人的海贝之一。全世界约有60种竖琴螺,主要分布于温暖的热带浅海区,少数种类生活于澳大利亚南部的深海。竖琴螺属体形较大,无屑,主要栖息于砂质海底。竖琴螺科全部为肉食性动物。

超科:未分类	科:竖琴螺科	种:*Harpa costata* (Linnaeus, 1758)

百肋竖琴螺(Imperial Harp)

又名"百肋杨桃螺",与膨大的体螺层相比,螺塔显得格外小而尖。体螺层上部平坦,并具有一宽阔的斜面。壳口大,外唇和螺轴光滑。体螺层上覆盖着30～40条密集的纵肋,每条纵肋在肩部突出,并向上延伸至次体螺层。壳表呈乳白色,具断续排列的褐色和粉褐色螺带;壳口呈黄白色,螺轴中央具大块的红褐色斑块。

附注 由于产地遥远,获取困难,故售价高昂。
栖息地 近海砂底。

从壳口可透见螺肋

壳顶平滑、有光泽

螺带在纵肋间中断

被磨损的早期纵肋

外唇下半部薄

纵肋底部棱角明显

螺肋朝后方反卷

印度洋—太平洋区

| 分布:毛里求斯的圣布兰登群岛、马达加斯加 | 数量: | 尺寸:7.5厘米 |

超科：未分类	科：竖琴螺科	种：*Harpa major* Röding, 1798

大竖琴螺（Major Harp）

又名"大杨桃螺"，贝壳薄但坚固，螺塔低，壳顶尖。壳口大，外唇平滑，顶部具棱角，螺轴光滑。体螺层上约有12条或宽或窄的纵肋，并于肩部突出小尖。壳口侧面铺满薄的滑层，且一直延伸至螺塔上。壳表呈乳白色，具浅褐色的宽螺带；纵肋两侧具褐色的"之"字形花纹；螺轴及壳口滑层为棕褐色。

附注 从壳口可透见壳表花纹。
栖息地 浅海砂底。

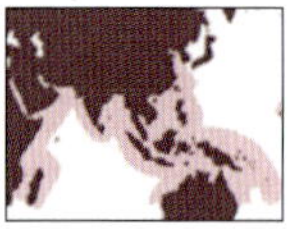

- 唇缘棱角处增厚
- 从壳口可透见壳表"之"字形花纹
- 在腹部的褐色斑中总有一块间断区
- 纵肋末端弯曲
- 前沟浅而宽

印度洋—太平洋区

分布：热带印度洋—太平洋	数量：	尺寸：9厘米

超科：未分类	科：竖琴螺科	种：*Harpa doris* Röding, 1798

西非竖琴螺（Rosy Harp）

又名"西非杨桃螺"，贝壳薄，螺塔短，体螺层延长，壳顶尖。体螺层于缝合线下方有一宽阔的斜面。螺轴光滑，外唇下缘具弱的齿尖。体螺层上具12条低纵肋，轮廓略呈波浪状，顶端形成锐利的小尖。肋间平滑。壳表呈红色，具褐色斑块及带有白色新月纹的螺带。

附注 大西洋海域唯一的竖琴螺类。
栖息地 近海砂底。

- 透明滑层的边缘
- 螺塔后期螺层具细螺旋线
- 纵肋上具褐色波形纹
- 螺轴旁的褐色斑

西非区

分布：西非	数量：	尺寸：6厘米

腹足纲 | 161

| 超科：未分类 | 科：竖琴螺科 | 种：*Morum cancellatum* (Sowerby, 1825) |

方格桑葚螺（Lattice Morum）

又名"方格皱螺"，贝壳厚且坚实，螺塔短，体螺层伸长。缝合线具波浪形边缘。体螺层上具强纵脊，从侧面看每条脊都有锯齿状边缘，最上方的脊向上弯曲。外唇具不规则的齿和疣状隆起，轴滑层上具疣状颗粒和褶襞。壳表呈黄白色，具褐色螺带。

附注 有一段时间，桑葚螺被认为是冠螺科（见83页）的一员。

栖息地 中等深度海底。

- 壳顶螺层平滑
- 壳口内面呈白色
- 唇缘具密集的深褐色斑点
- 印度洋—太平洋区

| 分布：中国海域 | 数量： | 尺寸：4厘米 |

| 超科：未分类 | 科：竖琴螺科 | 种：*Morum grande* (A. Adams, 1855) |

大桑葚螺（Giant Morum）

又名"大皱螺"，贝壳厚重，体螺层伸长，长度超过螺塔的2倍。缝合线略呈沟状。螺塔各层具明显肩角，体螺层不明显。壳口狭长，外唇明显增厚，内缘几乎等距分布着明显的齿。轴滑层薄且宽，其上散布着大量的褶襞和小疣。螺肋强，并与带凹槽的鳞片形成的纵脊相交。壳表呈黄白色，具4条褐色螺带；外唇处呈深褐色；壳口和轴滑层均为白色。

附注 世界上最大的桑葚螺类。

栖息地 深海底。

- 螺塔各层肩角明显
- 轴滑层边缘薄且锋利
- 前沟小
- 印度洋—太平洋区

| 分布：西太平洋 | 数量： | 尺寸：6厘米 |

涡螺

涡螺体形多变，花纹色彩斑斓，这使它们成为世界各地收藏家的宠儿。大多数涡螺贝壳厚重，但尺寸和外观差异极大，有些种类甚至有数个变化型。涡螺科主要分布于温暖海域，其中澳大利亚沿海最有代表性。少数种类具较小的厣，大多数种类都有纵脊或纵肋，所有种类螺轴上都生有褶襞。大多数涡螺栖息于砂质环境中，且全部为肉食性动物。

| 超科：涡螺超科 | 科：涡螺科 | 种：*Voluta musica* Linnaeus, 1758 |

乐谱涡螺（Music Volute）

贝壳厚，螺塔短，体螺层膨胀，壳口窄。壳顶平滑呈泡状。体螺层及螺塔后期螺层的肩部具一些巨大的结节。螺轴上具强褶襞。壳表呈乳白色或粉红色，具褐色斑点和螺旋线，壳表上的纵纹和斑点酷似五线谱上的音符。厣较小。

附注 只可惜壳表上的"音符"无法奏出美妙的乐曲。

栖息地 浅海底。

加勒比海区

缝合线浅且参差不齐

位于壳口顶端的后沟

花纹酷似五线谱上的音符

前沟深

大尺寸厣 — 小尺寸厣

| 分布：西印度群岛 | 数量： | 尺寸：6厘米 |

腹足纲 | 163

| 超科：涡螺超科 | 科：涡螺科 | 种：*Voluta ebraea* Linnaeus, 1758 |

希伯来涡螺（Hebrew Volute）

贝壳高大且坚实，螺塔高，体螺层的形态取决于外唇的发育情况，有时两侧边呈平行状。外唇通常朝前沟方向倾斜。壳顶圆滑，缝合线深，呈波浪状。螺轴底部具 5 条强褶襞，上方具 5 条较弱的褶襞。壳口长但略窄。各螺层具宽而低的螺脊，体螺层上的螺脊较尖锐。壳表呈乳黄色，具褐色的螺带和象形文字般的线纹。

附注 此种因其花纹酷似希伯来字母而得名。
栖息地 岩石或砂底。

滑层宽而薄
螺轴上的褶襞

加勒比海区

| 分布：巴西东北部 | 数量： | 尺寸：15厘米 |

| 超科：涡螺超科 | 科：涡螺科 | 种：*Cymbiola pulchra* (Sowerby, 1825) |

优美涡螺（Beautiful Volute）

贝壳形态多变，但通常螺塔短，早期螺层平滑，缝合线浅。体螺层修长，壳口宽大。螺轴上具 4 条斜强脊，其中最下方的脊一直延伸至前沟边缘。体螺层肩部通常具尖瘤。壳表呈浅红色或粉橙色，具白色小三角纹和 3 条具褐色斑点的螺带。螺轴呈白色；壳口呈白色，边缘呈粉红色。

附注 优美涡螺的几个变化型曾被认为是独立种。
栖息地 近海砂底。

壳顶圆而宽

印度洋—太平洋区

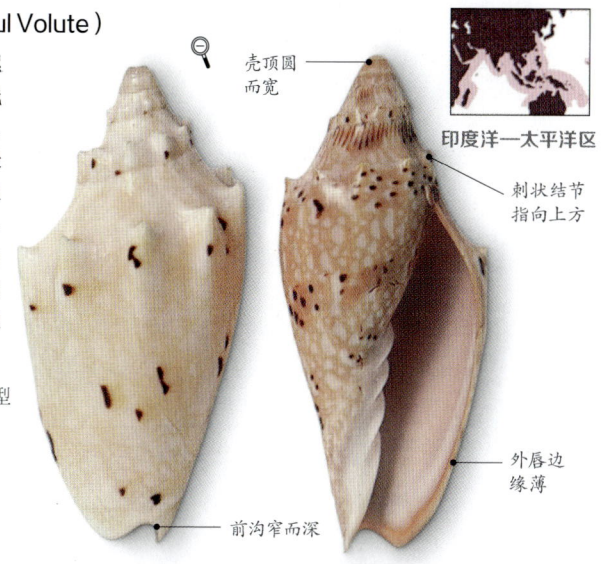

刺状结节指向上方

外唇边缘薄

前沟窄而深

| 分布：澳大利亚东北部 | 数量： | 尺寸：7.5厘米 |

| 超科：涡螺超科 | 科：涡螺科 | 种：*Alcithoe arabica* (Gmelin, 1791) |

阿拉伯毛利涡螺（Arab Volute）

贝壳中等厚，螺塔短而窄，体螺层延长，壳口长，口唇平滑。早期螺层平滑或具纵肋，后期螺层纵肋逐渐消失。壳表呈乳白色或褐色，有时具由波浪线组成的螺带。

附注 毛利涡螺属中最常见的种类。
栖息地 近海水域。

壳顶平滑且圆凸

螺轴上具5条褶襞

外唇缘增厚

新西兰区

| 分布：新西兰 | 数量：●●● | 尺寸：20厘米 |

| 超科：涡螺超科 | 科：涡螺科 | 种：*Fulgoraria hirasei* (Sowerby III, 1912) |

平濑电光螺（Hirase's Volute）

又名"平濑涡螺"，贝壳大而薄，体形长，壳口宽，长度超过体螺层的一半。螺塔比体螺层短得多，缝合线浅，壳顶大而平滑，呈球形。螺塔各层具强纵褶，而体螺层上部纵褶较弱，至下半部则完全消失。通体具弱螺旋线，使得壳表呈现出朦胧的光泽。螺轴平滑且略带釉光，有时具弱褶襞。壳表呈红褐色或褐色；壳口呈红橙色；外唇具一条浅色镶边。

附注 此种肉可食用，在日本本州岛的鱼市场上常有售卖。
栖息地 中等深度海底。

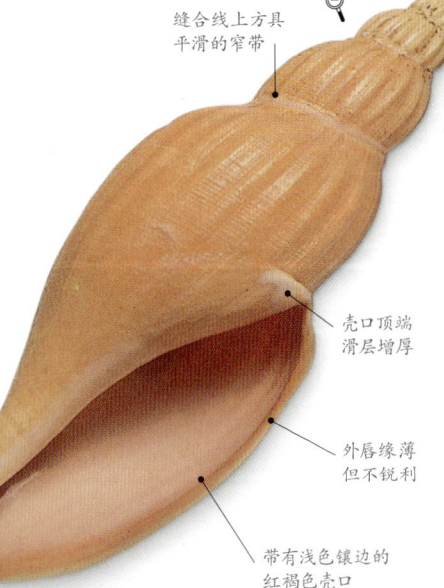

缝合线上方具平滑的窄带

壳口顶端滑层增厚

外唇缘薄但不锐利

前沟宽且浅

带有浅色镶边的红褐色壳口

日本区

| 分布：日本 | 数量：●●● | 尺寸：15厘米 |

腹足纲 | 165

| 超科：涡螺超科 | 科：涡螺科 | 种：*Lyria delessertiana* (Petit de la Saussaye, 1842) |

德氏琴涡螺（Delessert's Lyria）

又名"德雷涡螺"。贝壳厚，螺塔高，壳顶圆，纵褶强。壳口顶端具短沟。整个螺轴上长满褶襞。壳表呈粉红色，具橙色斑块及断续分布的褐色螺旋线。

附注 本种以法国贝壳收藏家本杰明·德莱塞尔（Baron Benjamin Delessert）男爵的姓氏命名。

栖息地 近海水域。

厣

印度洋—太平洋区

外唇缘强烈增厚

| 分布：马达加斯加、科摩罗、塞舌尔 | 数量： | 尺寸：5厘米 |

| 超科：涡螺超科 | 科：涡螺科 | 种：*Harpulina lapponica* (Linnaeus, 1767) |

棕线涡螺（Brown-lined Volute）

贝壳重，螺塔短，体螺层膨胀。壳顶呈球形，随后的2～3个螺层具低纵肋，其余螺层平滑。缝合线浅，螺轴上具7～8条褶襞。壳表呈乳白色，具褐色斑块（在体螺层上形成3条螺带）及许多呈螺旋排列的短线纹。

栖息地 近海水域。

印度洋—太平洋区

壳口顶端有窄沟

前沟窄而深

边缘锐利

| 分布：斯里兰卡、印度南部 | 数量： | 尺寸：9厘米 |

| 超科：涡螺超科 | 科：涡螺科 | 种：*Volutoconus bednalli* (Brazier, 1878) |

白兰地涡螺（Bednall's Volute）

此种因其醒目且独特的花纹而成为辨识度极高的种类。贝壳坚固但重量轻，体形修长或适度膨胀，螺塔高，体螺层明显超过总壳长的一半。壳顶宽，呈圆顶状，顶端有一非常小的刺状突起。壳口狭长，前沟深且上翘。螺轴上具4～5条褶襞。壳表布满细的纵纹，次体螺层和体螺层上通常生有宽而低的纵褶。壳表呈乳白色，体螺层上有4条深咖啡色的螺线，其间以角形线纹相连；壳口呈浅粉红色。

附注 自1878年首次被科学界认知以来，一直是收藏者梦寐以求的目标。

栖息地 近海泥沙底。

壳顶呈深咖啡色

最上方的褶襞最强

外唇增厚

印度洋—太平洋区

| 分布：澳大利亚北部、印度尼西亚东南部 | 数量： | 尺寸：14厘米 |

| 超科: 涡螺超科 | 科: 涡螺科 | 种: *Scaphella junonia* (Lamarck, 1804) |

女神涡螺（The Junonia）

体螺层两侧几乎平直，前沟宽。螺轴上具4条褶襞。壳表呈白色，略带粉红色，具呈螺旋形分布的褐色斑点，且排列整齐。

附注 高品质的成熟标本仍然十分罕见。

栖息地 近海砂底。

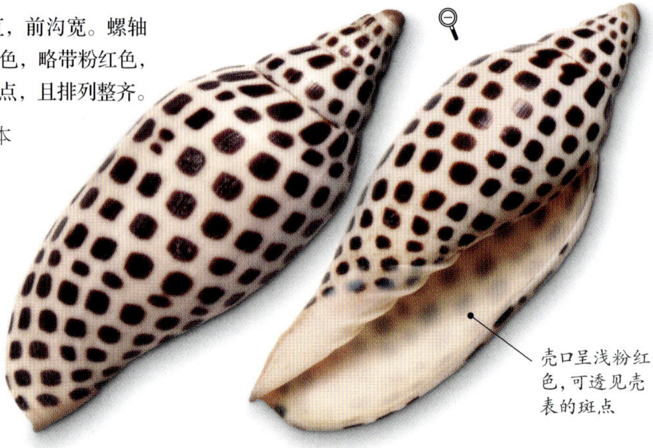

加勒比海区

壳口呈浅粉红色，可透见壳表的斑点

| 分布: 美国东南部 | 数量: | 尺寸: 11厘米 |

| 超科: 涡螺超科 | 科: 涡螺科 | 种: *Livonia mammilla* (Sowerby, 1844) |

巨乳涡螺（False Melon Volute）

贝壳大型，体螺层极宽大，螺塔短，有3个圆凸的螺层，壳顶呈球形，缝合线极浅。壳口和前沟宽阔，外唇反卷，长度几乎与整个体螺层相当。螺轴上具3条低而弯曲的褶襞，轴顶区域被一层薄而透明的釉质覆盖。壳表呈乳白色或黄白色，具3条由不规则的褐色"之"字形线纹和三角纹组成的宽螺带；次体螺层呈褐色，装饰很少；螺轴为粉橙色。

附注 此种有时会被海浪冲到岸上。

栖息地 近海水域。

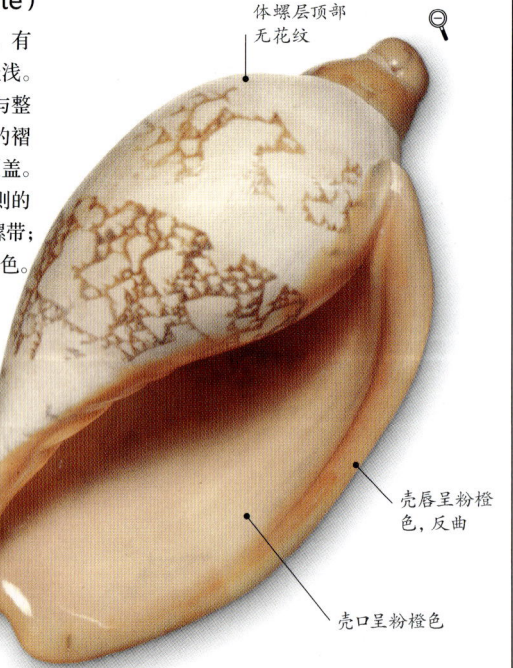

体螺层顶部无花纹

澳大利亚区

壳唇呈粉橙色，反曲

壳口呈粉橙色

| 分布: 澳大利亚东南部、塔斯马尼亚 | 数量: | 尺寸: 25厘米 |

腹足纲 | 167

| 超科：涡螺超科 | 科：涡螺科 | 种：*Amoria hunteri* (Iredale, 1931) |

亨特涡螺（Hunter's Volute）

贝壳轻，螺塔低，体螺层大，缝合线深。螺塔早期螺层平滑，后期螺层装饰着直立的短棘。体螺层肩部约有12枚棘刺，此外无任何装饰。外唇扩张，长度几乎与体螺层相当。螺轴近直，其上生有4条弯曲的强褶襞。壳表呈橙黄色，具褐色的"之"字形线纹和2条深褐色螺带。

附注 此种的插图首次见于威廉·斯温森（William Swainson）于1821年出版的著作中，被称为"大理石涡螺"。

栖息地 近海水域。

体螺层顶端的"之"字形线纹最宽

后沟深

外唇颜色较壳口内侧浅

前沟深

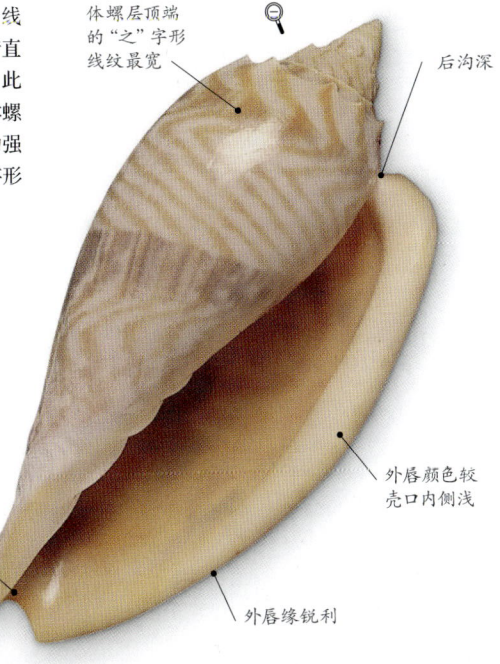

外唇缘锐利

澳大利亚区

| 分布：澳大利亚东部 | 数量： | 尺寸：15厘米 |

| 超科：涡螺超科 | 科：涡螺科 | 种：*Cymbium olla* (Linnaeus, 1758) |

欧拉宽口涡螺（Olla Volute）

贝壳轻但坚实，螺塔短，大部分被宽大的体螺层包围。壳顶圆滑，缝合线呈深沟状。壳口长，有时会突出于体螺层顶部。外唇弯曲，前沟浅而宽。螺轴外凸，其上生有2条弯曲的褶襞。壳面平滑，仅在轴顶区域有一粗糙的釉质层。壳表呈红褐色或黄褐色；壳口颜色较浅；螺轴上的褶襞近白色。

附注 此种由林奈命名，其拉丁种名意为"陶罐"。

栖息地 近海水域。

釉质层边缘

体螺层顶部圆滑

位于壳口顶部的后沟

外唇下半部薄

地中海区

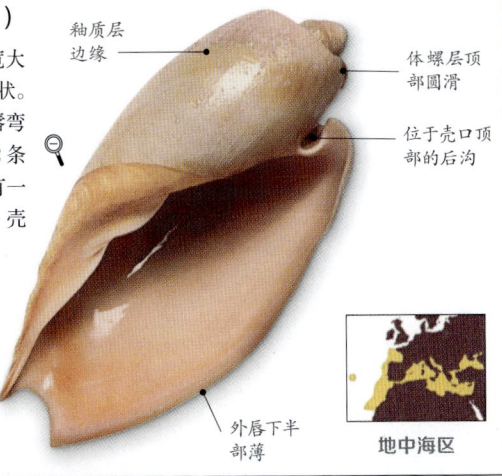

| 分布：地中海、非洲西北部 | 数量： | 尺寸：11厘米 |

缘螺

缘螺又称"谷米螺"，现已划分成多个类群，家族成员的尺寸跨度相当大，大多数种类壳长不足2厘米，少数种类超过5厘米。壳面光滑且富有光泽，螺轴上具褶襞，前沟短。所有种类生活在温暖海域或热带海域，栖息于砂中、岩石下方或海藻丛中。靠捕食其他软体动物为生。

| 超科：涡螺超科 | 科：大缘螺科 | 种：*Afrivoluta pringlei* Tomlin, 1947 |

南非大缘螺（Pringle's Margin Shell）

又名"南非谷米螺"，此种除体形超大外，还有一些明显区别于其他缘螺的特征。贝壳薄而轻，螺塔低，壳顶大且钝圆，缝合线浅。体螺层长，在壳口侧面有一大块不透明的滑层垫。壳口狭长。螺轴上生有4条板状褶襞，且每一条都以不同的角度倾斜。壳表呈红褐色；滑层垫及外唇缘呈灰白色。

附注 1947年，当此种首次被描述时，科学家认为是一种不寻常的涡螺类，但经过彻底的解剖学研究，如今已被认定为世界第二大的大缘螺。

栖息地 深海底。

- 外唇顶部具浅沟
- 外唇中部凸出
- 最下方的褶襞最不发达
- 前沟不发达

南非区

| 分布：南非 | 数量： | 尺寸：11厘米 |

| 超科：涡螺超科 | 科：包囊螺科 | 种：*Persicula persicula* (Linnaeus, 1758) |

斑点小桃螺（Spotted Margin Shell）

本种为属模式种，贝壳厚，呈卵形，螺塔下陷且被滑层覆盖。壳口与整个螺体等长；外唇增厚，略高于壳口。螺轴上有多达9条褶襞。壳表呈白色、黄色或浅褐色，具褐色小斑点。

附注 图例标本展示了2种斑点密集程度不同的花纹样式。

栖息地 近海水域。

西非区

- 最下方的褶襞最长

| 分布：西非 | 数量： | 尺寸：2厘米 |

超科：涡螺超科	科：包囊螺科	种：*Persicula cingulata* (Dillwyn, 1817)

环带小桃螺（Girdled Margin Shell）

贝壳膨胀，螺塔低平，壳顶陷没于滑层下方。外唇略高于体螺层，其内缘具强或弱的齿。螺轴上有多达7条褶襞。壳表呈黄白色，具红色螺旋线。

栖息地 近海泥沙底。

西非区

螺轴与外唇呈白色

分布：西非	数量：	尺寸：2厘米

超科：涡螺超科	科：缘螺科	种：*Bullata bullata* (Born, 1778)

泡缘螺（Blistered Margin Shell）

又名"巴西谷米螺"，贝壳大而厚，螺塔凹陷，仅在体螺层边缘的内侧可见一小塔丘。外唇略高于体螺层的其他部分。壳口狭长，螺轴上具4条倾斜的强褶襞。壳表呈米黄色，隐约可见数条深色螺带。

附注 对于此种来说，获得一枚高品质标本颇为困难。

栖息地 近海水域。

壳口面的外唇缘为白色

外唇微凹

翻卷的外唇缘为橙色

加勒比海区

分布：巴西	数量：	尺寸：6厘米

超科：涡螺超科	科：缘螺科	种：*Marginella glabella* (Linnaeus, 1758)

光滑缘螺（Smooth Margin Shell）

又名"艳红谷米螺"，贝壳坚固，呈卵圆形，螺塔短，壳顶低圆。螺塔各层微圆，体螺层膨胀，肩部略圆。壳口顶端未及缝合线，螺轴上具4条强褶襞。外唇增厚且翻卷。壳表呈粉红色，具3条由浅褐色花纹和白斑组成的螺带。

附注 此种贝壳的大小和花纹变化极大。

栖息地 近海水域。

缝合线下方具浅红色斑块

西非区

后沟窄

外唇缘的颜色较壳口淡

分布：非洲西北部、佛得角群岛	数量：	尺寸：4厘米

| 超科：涡螺超科 | 科：缘螺科 | 种：*Marginella sebastiani* Marche-Marchad & Rosso, 1979 |

塞巴氏缘螺（Sebastian's Margin Shell）

又名"塞巴氏谷米螺"，贝壳厚，呈卵形，螺塔低，有4个螺层，壳顶低圆。体螺层有的膨胀，有的矮胖，还有的修长。缝合线局部被滑层遮盖。外唇厚，未延伸至体螺层顶部，内缘具强齿。螺轴上具4条强褶襞。壳表呈乳黄至橙褐色，具浅色斑点。

附注 西非最大的缘螺。

栖息地 近海泥底。

西非区

后沟明显

最下方的褶襞最长

| 分布：西非 | 数量：●●● | 尺寸：6厘米 |

| 超科：涡螺超科 | 科：缘螺科 | 种：*Marginella nebulosa* (Röding, 1798) |

云斑缘螺（Cloudy Margin Shell）

又名"云斑谷米螺"，贝壳螺塔低，壳顶低圆，缝合线被滑层覆盖。体螺层于壳肩下方最宽。壳口大，外唇反曲。螺轴上具4条强褶襞。壳表呈米色或黄色，具由带黑边的灰色或褐色斑块组成的断续螺带。

附注 与图示标本不同的是，那些被海水冲刷上岸的个体总是腐蚀严重、光泽暗淡、花纹消退。

栖息地 近海砂底。

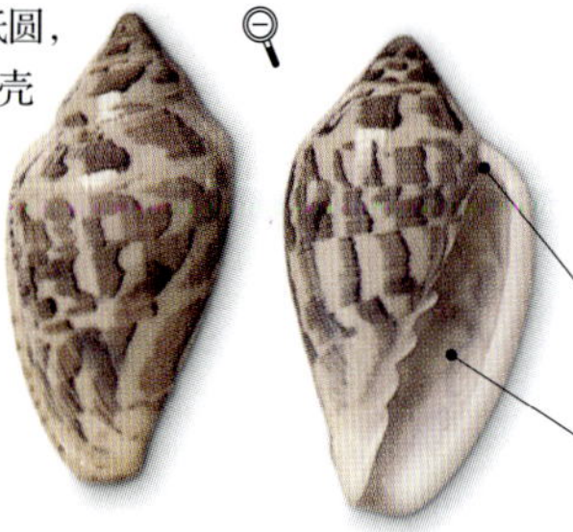

南非区

后沟几乎消失

从壳口内可透见壳表花纹

| 分布：南非 | 数量：●●● | 尺寸：4厘米 |

| 超科：涡螺超科 | 科：缘螺科 | 种：*Cryptospira strigata* (Dillwyn, 1817) |

条纹缘螺（Striped Margin Shell）

又名"金唇谷米螺"，贝壳厚，螺塔平且被滑层覆盖。体螺层通常膨胀，呈卵形。外唇增厚且反卷，前沟宽，螺轴上具5条强褶襞。壳表呈乳白色或浅灰色，具橄榄绿色的纵条纹和断续的螺旋线；外唇后部为橙色。

附注 图示标本展示了此种的尺寸变化。

栖息地 浅海底。

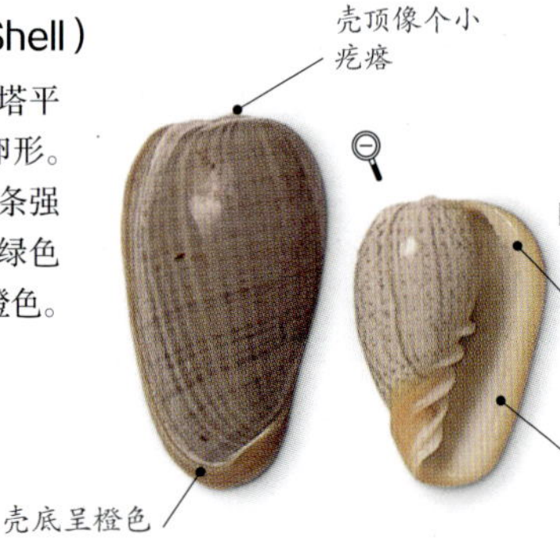

壳顶像个小疙瘩

印度洋—太平洋区

外唇于此处具圆角

外唇具弱齿

壳底呈橙色

| 分布：东南亚 | 数量：●●● | 尺寸：4厘米 |

衲螺

衲螺是一类小型腹足纲贝类，全世界均有分布。壳表具纵肋，通常与螺肋相交，形成格子状或网脱状的雕刻。螺轴上通常生有强褶襞。大多数种类生活在温暖海域或热带海域的深海底，为肉食性动物。所有成员均无厣。此外，衲螺在中国台湾省被称作"核螺"，而在大陆的学术圈中，"核螺"指完全不同的腹足类。

| 超科：涡螺超科 | 科：衲螺科 | 种：*Nevia spirata* (Lamarck, 1822) |

深沟衲螺（Spiral Nutmeg）

贝壳螺塔低，各螺层圆，缝合线深，壳顶平滑且突出。体螺层膨圆，壳口长超过体螺层的一半。螺轴上具4条褶襞。壳表装饰着细纵肋和螺肋。壳表呈黄褐色，具褐色斑块。

栖息地 浅海底。

壳唇顶部具浅沟

狭窄的壳口内生有强螺脊

澳大利亚区

| 分布：澳大利亚南部 | 数量：▲▲▲ | 尺寸：3厘米 |

| 超科：涡螺超科 | 科：衲螺科 | 种：*Solatia piscatoria* (Gmelin, 1791) |

渔夫衲螺（Fisherman's Nutmeg）

贝壳厚，体螺层膨大，缝合线下方具宽的斜面。外唇薄，螺轴平滑。纵脊与细螺肋相互交错，在交叉处形成小尖突。壳表呈黄褐色，具深褐色斑块。

附注 螺轴上无褶襞，这一特征在衲螺科中比较罕见。

栖息地 近海砂底。

外唇边缘有棘刺

壳口内呈深褐色

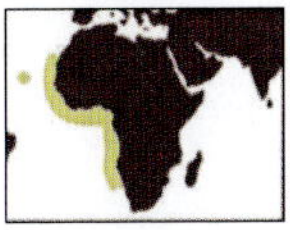

西非区

| 分布：西非 | 数量：▲▲▲ | 尺寸：2.5厘米 |

| 超科：涡螺超科 | 科：衲螺科 | 种：*Cancellaria reticulata* (Linnaeus, 1767) |

网纹衲螺（Common Nutmeg）

贝壳厚，螺塔中等高，体螺层膨大，缝合线深。螺塔各层肩部发达。螺轴扭曲，具2条强褶襞。壳表纵脊与螺肋相交，形成网格状雕刻，而在螺肋各层呈念珠状。壳表呈浅黄色或乳白色，具浅褐色或深褐色螺带。

栖息地 浅海砂底。

美东区、加勒比海区

较大的褶襞上生有次生脊

狭窄的壳口内生有强螺脊

| 分布：美国北卡罗来纳州—巴西 | 数量：▲▲▲▲ | 尺寸：4厘米 |

| 超科：涡螺超科 | 科：衲螺科 | 种：*Cancellaria nodulifera* Sowerby, 1825 |

纵瘤衲螺 (Knobbed Nutmeg)

贝壳膨圆，螺塔低矮，缝合线深刻，脐孔深。螺塔各层两侧平直，看上去就像部分陷没于宽大的体螺层中一般。螺轴上具3条不明显的褶襞。体螺层上的纵肋与螺肋相交，螺肩处具尖瘤。壳表呈杏黄色。

栖息地　浅海底。

- 壳口内面平滑
- 外唇薄且呈锯齿状
- 日本区、印度洋—太平洋区

| 分布：日本南部、韩国、中国东海 | 数量： | 尺寸：4.5厘米 |

| 超科：涡螺超科 | 科：衲螺科 | 种：*Bivetiella pulchra* (Sowerby, 1832) |

优美衲螺 (Beautiful Nutmeg)

贝壳厚，螺塔高，体螺层宽，缝合线深。壳口小，内面有强螺脊，螺轴上具3～4条小褶襞。壳表纵肋与螺脊相交，形成鳞片或尖刺状突起。壳表呈白色，具褐色螺带。

附注　此种因优美的雕刻和褐色螺带而得名。

栖息地　近海水域。

- 壳顶尖且光滑
- 巴拿马区
- 外唇上部增厚
- 脐孔深

| 分布：西墨西哥—厄瓜多尔 | 数量： | 尺寸：3厘米 |

| 超科：涡螺超科 | 科：衲螺科 | 种：*Bivetiella cancellata* (Linnaeus, 1767) |

格子衲螺 (Lattice Nutmeg)

贝壳螺塔高，约有8个膨圆的螺层，缝合线深，脐孔小。壳口上下端缩窄，螺轴上具3条明显的褶襞，其中最上方的褶襞最强。纵脊明显，并与平滑的螺肋相交，在交叉处形成圆钝或尖锐的突起。偶尔有一些薄的纵胀肋。壳表呈白色，具褐色螺带。

栖息地　浅海底。

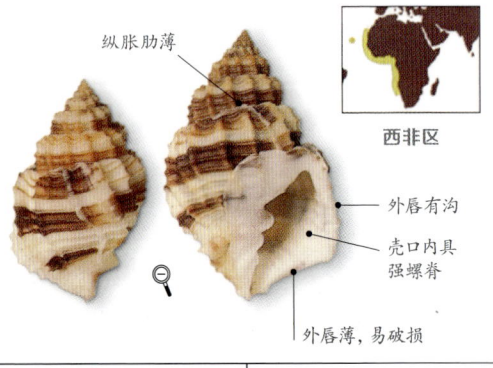

- 纵胀肋薄
- 西非区
- 外唇有沟
- 壳口内具强螺脊
- 外唇薄，易破损

| 分布：西非—阿尔及利亚 | 数量： | 尺寸：4厘米 |

笔螺

笔螺是一类色彩迷人的腹足纲贝类，贝壳或光滑，或具螺肋和纵褶。壳口狭窄，具前沟，螺轴上有褶襞。外唇有的光滑，有的起皱，也有的具齿。多数种类具壳皮，但所有种类均无厣。笔螺科在热带印度洋—太平洋海域最为繁盛，不但色彩艳丽，而且装饰精美。它们大多生活在潮间带的珊瑚间、岩石下方或埋栖于砂中。笔螺是肉食性或腐食性动物。

| 超科：笔螺超科 | 科：笔螺科 | 种：*Mitra mitra* (Linnaeus, 1758) |

笔螺（Episcopal Mitre）

又名"锦鲤笔螺"，本种为属模式种。贝壳厚重，螺塔比体螺层短，缝合线浅且不平。螺塔各层微圆且平滑，仅在早期螺层有些不明显的螺沟，螺底则有一些稍强的螺沟。壳口狭窄，前沟宽阔。螺轴上具3～4条强褶襞。壳表呈白色，具呈螺旋排列的橙色斑点和方斑。

附注 此种的英文名源自其酷似主教冠冕的外形。

栖息地 浅海砂底。

印度洋—太平洋区

标注：
- 螺塔各层具3列花纹
- 壳顶螺层被填满
- 每个螺层内的螺轴褶襞完全相同
- 贝壳中轴
- 外唇上的尖锐突起
- 脐孔呈窄缝状
- 体螺层两侧近直

分布：热带印度洋—太平洋　　**数量**：　　**尺寸**：10厘米

| 超科：笔螺超科 | 科：笔螺科 | 种：*Mitra stictica* (Link, 1807) |

红斑笔螺（Punctured Mitre）

又名"红牙笔螺"，贝壳坚实，各螺层两侧平直，呈阶梯状。后期各螺层的缝合线下方具钝结节；所有螺层表面具螺旋排列的小凹坑。壳表呈白色，具橙色的方斑和斑点。

附注 因其各螺层上布满小凹坑，故又被称作"多孔笔螺"。

栖息地 岩石和珊瑚底。

印度洋—太平洋区

凹坑状的螺沟在壳底最强

分布：热带印度洋—太平洋　　**数量**：　　**尺寸**：6厘米

| 超科：笔螺超科 | 科：笔螺科 | 种：*Quasimitra puncticulata* (Lamarck, 1811) |

金网笔螺（Dotted Mitre）

又名"细孔笔螺"，贝壳坚实且矮胖，壳口约占总壳长的一半。螺塔约有6个略圆的螺层，后期螺层在缝合线处呈阶梯状。壳表具低的细纵脊，并与宽间距的螺沟相交，仔细观察会发现这些螺沟是由许多微小的凹坑排列而成的。后期螺层顶端生有突起的钝结节。螺轴上具4～5条强褶襞。壳表呈橙色，具红褐色的斑块和白色斑点。

附注 白斑主要集中在体螺层中部。
栖息地 靠近珊瑚的浅海底。

印度洋—太平洋区

螺沟呈深褐色
唇缘呈波浪状

| 分布：西南太平洋、日本南部 | 数量： | 尺寸：4.5厘米 |

| 超科：笔螺超科 | 科：笔螺科 | 种：*Isara nigra* (Gmelin, 1791) |

黑笔螺（Black Mitre）

贝壳厚，体螺层两侧近平直，壳口约占总壳长的一半。螺塔各层微圆，缝合线浅。壳表具纤细的螺线和不规则的纵生长纹。外唇光滑，螺轴上具3～4条强褶襞。壳面呈蓝灰色或浅褐色，具褐色或黑色壳皮。

附注 只有黑色壳皮存在的时候，它才是名副其实的"黑"笔螺。
栖息地 浅海岩石下方。

壳顶呈半球形
西非区
外唇增厚
壳口呈蓝白色

| 分布：西非、大西洋东部诸岛 | 数量： | 尺寸：3厘米 |

| 超科：笔螺超科 | 科：笔螺科 | 种：*Pterygia crenulata* (Gmelin, 1791) |

齿纹花生螺（Notched Mitre）

又名"弹头笔螺"，贝壳呈圆柱形；壳顶圆，螺塔短，呈圆锥形，在巨大的体螺层的映衬下显得非常矮小。纵沟排列规则，与同样规则排列的凹点状螺沟相交，形成一个个凸出的小方块图案，使得整个表面摸上去较粗糙。螺轴下半部生有多达9条褶襞。壳表呈白色，具橙褐色斑块；壳口呈白色。

附注 有几个外形和壳口特征相似的近缘种。
栖息地 浅海砂底。

印度洋—太平洋区

脊状唇看起来如锉刀一般
前沟短而宽

| 分布：热带印度洋—太平洋 | 数量： | 尺寸：3厘米 |

腹足纲 | 175

| 超科：笔螺超科 | 科：笔螺科 | 种：*Swainsonia fissurata* (Lamarck, 1811) |

网纹笔螺（Reticulate Mitre）

贝壳光滑，呈子弹形，壳顶如针尖一般，体螺层几乎为螺塔高度的2倍，且略有肩角。壳口狭长，螺轴上具4～5条褶襞，褶襞上方有2～3条窄螺沟。螺塔各层及体螺层上半部盘绕着呈宽间距排列的小孔。壳表呈灰色或浅褐色，具白色帐篷状的花纹。

附注 此种是仅有的两种带明显"帐篷"花纹的笔螺之一。

栖息地 珊瑚砂底。

印度洋—太平洋区

- 壳口呈橙褐色
- 唇缘锐利

| 分布：印度洋、红海 | 数量： | 尺寸：5厘米 |

| 超科：笔螺超科 | 科：笔螺科 | 种：*Domiporta praestantissima* (Röding, 1798) |

紫带笔螺（Superior Mitre）

又名"黑弹簧笔螺"，贝壳呈纺锤形，螺塔高度几乎与体螺层相等。各螺层微圆，密布细小的纵肋，并在缝合线的下方形成一条具褶皱的脊。各螺层上环绕着细螺脊，并覆盖于小纵肋之上。螺轴上约有5条褶襞。壳表呈白色；螺肋呈红褐色；壳口呈白色。

附注 此种螺肋间有时会有一些小螺肋。

栖息地 生长有海草的浅海砂底。

- 早期螺层无螺肋
- 印度洋—太平洋区
- 唇缘呈波浪状
- 沿唇内缘可见螺肋端

| 分布：热带印度洋—太平洋 | 数量： | 尺寸：4厘米 |

| 超科：笔螺超科 | 科：笔螺科 | 种：*Neocancilla papilio* (Link, 1807) |

蝶斑笔螺（Butterfly Mitre）

贝壳坚固，呈长卵形，各螺层膨圆，壳顶尖，缝合线深度适中。纵沟与螺沟均排列紧密，且彼此相交，使得壳表仿佛覆盖着一层凸起的墙砖。螺沟在靠近壳底部位置更深。螺轴近直，其上具4～5条褶襞。壳表呈乳白色，杂以紫褐色的短线纹和斑点，且大多呈螺旋状排列。

附注 图示左侧个体的花纹不如正常个体发达。

栖息地 浅海砂底。

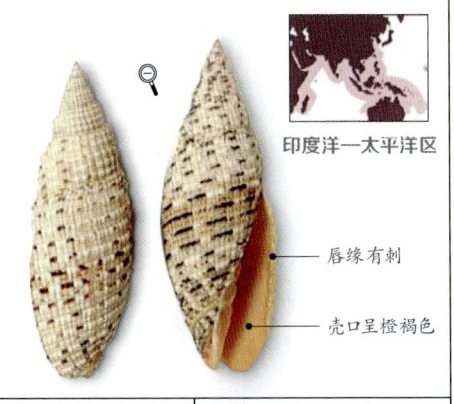

印度洋—太平洋区

- 唇缘有刺
- 壳口呈橙褐色

| 分布：热带印度洋—太平洋 | 数量： | 尺寸：5厘米 |

榧螺

榧螺是一类栖息于砂底的肉食性贝类，颜色和花纹多变，但形状和雕刻比较一致。它们螺塔低矮，缝合线呈沟状，壳口狭长，螺轴上具滑层，且生有明显的褶襞。这些动物可利用其扩张的肥厚足叶包裹和润滑壳面，因此贝壳富有光泽。所有榧螺都无壳皮和厣。它们广泛分布于热带海域。

| 超科：榧螺超科 | 科：榧螺科 | 种：*Oliva amethystina* (Röding, 1798) |

宝岛榧螺（Amethyst Olive）

贝壳厚，具光泽，螺塔中等高，呈圆锥形，缝合线呈深沟状。体螺层两侧微凸，前沟宽。外唇厚，螺轴上具强褶襞，并壳底处延伸。颜色和花纹多变，通常呈黄粉色，具紫色的三角形斑纹。

附注 这些图示标本的肩部都有明显的棱角。
栖息地 浅海砂底。

印度洋—太平洋区
壳口呈橙色
外唇内缘直

| 分布：热带印度洋—太平洋 | 数量：❋❋❋❋ | 尺寸：4厘米 |

| 超科：榧螺超科 | 科：榧螺科 | 种：*Oliva bulbosa* (Röding, 1798) |

泡榧螺（Inflated Olive）

贝壳螺塔低，缝合线深，且环绕有厚滑层。螺轴处有另一斜向下延伸的滑层。壳表呈乳白色、金色、灰色或近黑色，具褐色或灰色的条纹、"之"字纹和斑块。

附注 老壳更重，体形也更膨圆。
栖息地 潮下带砂底。

印度洋—太平洋区
螺轴上具小褶襞

| 分布：热带印度洋—太平洋 | 数量：❋❋❋❋ | 尺寸：4厘米 |

| 超科：榧螺超科 | 科：榧螺科 | 种：*Oliva oliva* (Linnaeus, 1758) |

榧螺（Common Olive）

又称"正榧螺"，为属模式种。贝壳体形小而长，螺塔短，缝合线深，其周围被厚滑层环绕。螺轴上具小且平的褶襞，轴滑层沿外唇边缘向下延伸。壳表呈乳白色至褐色，花纹丰富多变。

附注 此种千变万化的贝壳形态一度给专家们的鉴定工作带来困扰。
栖息地 潮间带砂底。

印度洋—太平洋区
壳口通常呈褐色

| 分布：热带印度洋—太平洋 | 数量：❋❋❋❋ | 尺寸：3厘米 |

腹足纲 | 177

| 超科：榧螺超科 | 科：榧螺科 | 种：*Oliva porphyria* (Linnaeus, 1758) |

风景榧螺（Tent Olive）

这一迷人的物种是世界上最大的榧螺类，贝壳重，螺塔低，缝合线呈深沟状，前沟宽。壳顶尖，高度几乎与螺塔其他部位相当。从贝壳侧面看，外唇微凹，这在榧螺科中是独树一帜的特征。轴滑层极厚，长度几乎与整个体螺层相当，其上布满褶襞，并略突出壳口顶部。轴滑层继续向斜下方延伸，且部分覆盖一薄而宽的斜滑层。壳表呈紫粉红色，层层叠叠覆盖着由细线构成的三角形花纹。

附注 此种的英文俗名源自其帐篷状的花纹，这是动物的整个生长过程中，外唇边缘分泌色素的偶然结果。

栖息地 潮间带砂底。

体螺层顶部的边缘

缝合线呈深沟状

壳底呈深紫色

巴拿马区

| 分布：加利福尼亚湾—巴拿马 | 数量： | 尺寸：9厘米 |

| 超科：榧螺超科 | 科：榧螺科 | 种：*Oliva sayana* Ravenel, 1834 |

字码榧螺（Lettered Olive）

贝壳坚实，体形修长，两侧近乎平直，螺塔中等高。缝合线呈深沟状，外面环绕一圈厚滑层。整个螺轴上生有许多褶襞，轴滑层一直向下延伸，有时蔓延至外唇边缘，且局部遮盖了较宽薄的壳滑层。壳表呈浅褐色，并带有黄色，具由深褐色的条纹和2条"之"字形螺带组成的斑驳花纹。

附注 此种的英文俗名源自其壳表花纹让人联想到英文字母；有一种产自佛罗里达沿岸的金黄色个体，因其十分罕见而深受收藏者的喜爱。

栖息地 潮间带砂底。

美东区、加勒比海区

壳口内侧呈紫色

褶襞长

| 分布：美国东南部、加勒比海 | 数量： | 尺寸：5厘米 |

| 超科：榧螺超科 | 科：榧螺科 | 种：*Oliva incrassata* ([Lightfoot], 1786) |

厚榧螺（Angled Olive）

世界最重的榧螺类，贝壳螺塔低，体螺层上部 1/3 处具中度或较强的棱角。螺塔上滑层厚，缝合线窄而深，外唇极厚。螺轴上有厚滑层，其上具间距宽阔的细褶襞。壳表呈灰色，具深色斑点和"之"字形杂纹；壳口和螺轴呈瑰红色或粉红色。

附注 偶尔有黑色、纯白色和金色的变化型出现。

栖息地 低潮区的砂底。

巴拿马区

| 分布：墨西哥西部—秘鲁 | 数量： | 尺寸：7厘米 |

| 超科：榧螺超科 | 科：榧螺科 | 种：*Oliva miniacea* (Röding, 1798) |

红口榧螺（Red-mouth Olive）

又名"橙口榧螺"，贝壳螺塔低，缝合线深，体螺层长，壳顶圆钝。外唇近直，下半部略增厚。螺轴上有许多小褶襞，壳口顶部有一滑层增厚而形成的突出物。颜色和花纹多变，但底色通常呈乳白色，其上具深褐色和紫色的条纹和螺带。

附注 红橙色的壳口为此种不变的特征。

栖息地 潮间带砂底。

印度洋—太平洋区

| 分布：热带印度洋—太平洋 | 数量： | 尺寸：6厘米 |

腹足纲 | 179

| 超科：榧螺超科 | 科：榧螺科 | 种：*Agaronia testacea* (Lamarck, 1811) |

巴拿马尖榧螺（Panama Agaronia）

又名"石墙榧螺"，贝壳体形修长，螺塔直，体螺层微凸。缝合线深，体螺层下半部被宽的滑层带环绕。螺轴上具强褶襞，且一直盘绕至壳口内。外唇薄。壳表呈灰色或灰紫色，具斑块和"之"字形条纹；缝合线上方有时会有一条浅色螺带；滑层带呈浅黄褐色；螺轴呈白色。

栖息地 潮间带砂底。

巴拿马区

褐紫色的壳口

前沟宽

| 分布：加利福尼亚湾—秘鲁 | 数量： | 尺寸：4厘米 |

| 超科：榧螺超科 | 科：榧螺科 | 种：*Agaronia junior* (Duclos, 1840) |

斑点尖榧螺（Blotchy Agaronia）

贝壳体形修长，螺塔各层略凹，体螺层微凸。缝合线深，体螺层上具宽的滑层带。螺轴通常笔直，上半部具短褶襞，下半部褶襞长。壳表呈乳黄色，具褐色的斑块和"之"字形纹。

附注 印度次大陆常见的榧螺之一。
栖息地 潮间带砂底。

印度洋—太平洋区

外唇缘可见颜色花纹

| 分布：印度、斯里兰卡 | 数量： | 尺寸：5厘米 |

| 超科：榧螺超科 | 科：榧螺科 | 种：*Agaronia hiatula* (Gmelin, 1791) |

广口尖榧螺（Olive-grey Agaronia）

贝壳体形长，螺塔短而尖，体螺层膨大。外唇上缘增厚。螺塔各层微凹，缝合线窄而深，体螺层上具宽的滑层带。螺轴上具褶襞，一直环绕至壳口内部。壳表呈黄色或灰色，具紫色条纹。

附注 轴滑层通常比图示标本更厚、更浑浊。
栖息地 潮间带砂底。

西非区

褐紫色的壳口

| 分布：西非、佛得角群岛 | 数量： | 尺寸：4厘米 |

| 超科：榧螺超科 | 科：榧螺科 | 种：*Agaronia gibbosa* (Born, 1778) |

驼背尖榧螺（Swollen Olive）

贝壳重，螺塔低，体螺层呈卵形，成熟个体极膨圆。螺塔缝合线呈浅沟状，其上方各层覆盖着极厚的滑层。螺轴滑层宽阔，且一直延伸至壳口顶端，其中上半部滑层光滑，下半部生有褶襞。壳表呈浅褐色或深褐色，具白色斑点和弯弯曲曲的线纹。

附注 有几种色型变化，包括黄绿色。
栖息地 浅海底。

体螺层边缘极锐利
滑层中有沟
外唇内缘可见壳表色彩
前沟宽
印度洋—太平洋区

| 分布：印度、斯里兰卡、泰国及马来西亚东部 | 数量： | 尺寸：5厘米 |

| 超科：榧螺超科 | 科：榧螺科 | 种：*Olivancillaria contortuplicata* (Reeve, 1850) |

扭轴弹头榧螺（Twisted Plait Olive）

又名"南羊小榧螺"，螺塔短，缝合线呈深沟状。以外唇上缘为界，上下各有一呈肿块状的厚滑层，其中下方滑层覆盖螺轴，上方滑层覆盖螺塔和体螺层的上半部分。螺轴呈白色，呈强烈扭曲状；壳表呈灰褐色。

附注 巴西沿海出产多个相似物种。
栖息地 浅海底。

加勒比海区、巴塔哥尼亚区
壳口内侧呈棕褐色

| 分布：巴西—乌拉圭 | 数量： | 尺寸：3厘米 |

| 超科：榧螺超科 | 科：榧螺科 | 种：*Callianax biplicata* (Sowerby, 1825) |

紫色小榧螺（Purple Dwarf Olive）

贝壳小巧却质地坚实，螺塔短，位于极大的体螺层顶端，体螺层细长或肿胀。缝合线窄却清晰，呈浅沟状。壳口顶端缩窄。螺轴直且平滑，底部具一细长的褶襞。螺塔早期螺层呈灰色或褐色，贝壳其余部位有褐色或紫色条纹。

附注 此种在夏季可能会成群地在沙滩上爬来爬去。
栖息地 浅海砂底。

加州区
滑层带具褐色边缘
壳口呈紫色

| 分布：加拿大不列颠哥伦比亚省—墨西哥下加利福尼亚州 | 数量： | 尺寸：2.5厘米 |

侍女螺

又称"弹头螺"，是一类暖水性的腹足纲贝类，种类繁多，喜欢栖息在砂质环境中。贝壳具光泽，有些种类滑层发达，可将螺塔的局部或全部覆盖。螺轴光滑，常扭曲。壳色主要有金褐色、橙色和红褐色。厣角质，通常较薄。

超科：榧螺超科	科：侍女螺科	种：*Ancillista velesiana* Iredale, 1936

金棕侍女螺（Golden Brown Ancilla）

又名"金棕弹头螺"，贝壳薄脆，呈卵形，壳顶钝圆，螺塔各层微凸，壳口狭长。体螺层延长，具丝质光泽。螺塔各层薄薄地覆盖着一层有光泽的滑层。缝合线被一层薄而宽的滑层覆盖。螺轴薄而光滑，微扭曲。体螺层呈浅黄褐色；壳底和次体螺层呈栗褐色；缝合线处的滑层带和早期螺层呈白色。

附注 此种的主要特征是：尺寸大，重量轻，壳顶钝及缝合线具滑层。

栖息地 深海底。

滑层不透明
缝合线滑层呈浅黄褐色
壳底褐色螺带中间具螺沟
澳大利亚区

分布：澳大利亚昆士兰南部、新南威尔士	数量：🐚🐚🐚	尺寸：7.5厘米

超科：榧螺超科	科：侍女螺科	种：*Eburna lienardii* (Bernardi, 1859)

连氏侍女螺（Lienard's Ancilla）

又名"莲娜氏弹头螺"，贝壳矮小而坚实，富有光泽，体螺层膨凸，螺塔两侧平直。螺轴弯曲，脐孔大而深，壳口上方滑层发达。壳表呈深橙色；壳口、螺轴附近及体螺层上的螺沟为白色。

栖息地 近海水域。

加勒比海区
螺轴底部增厚

分布：巴西—乌拉圭	数量：🐚🐚	尺寸：3.5厘米

超科：榧螺超科	科：侍女螺科	种：*Amalda albocallosa* (Lischke, 1873)

白滑层侍女螺（White Blotch Ancilla）

贝壳厚而高，螺塔两侧近直，体螺层两侧外凸。螺轴强烈扭曲，外唇基部略收缩。体螺层下半部具宽的滑层带，壳口上方具厚滑层。螺塔和壳底部呈褐色；体螺层呈浅褐色；螺轴呈白色。

栖息地 近海水域。

滑层延伸至外唇上缘
印度洋—太平洋区、日本区

分布：日本南部、中国东海	数量：🐚🐚🐚	尺寸：6厘米

假梯螺

　　假梯螺科种类很少，与梯螺几乎没有明显的相似之处。贝壳大都呈桶形，壳表常具螺旋雕刻，少数种类平滑，都有一个薄的角质厣。绝大多数种类生活在温暖海区。

超科：梯螺超科	科：假梯螺科	种：*Triumphis distorta* (Wood, 1828)

凯旋假梯螺（Distorted Triumph Shell）

　　贝壳厚重，体螺层大而膨胀，缝合线极深。螺塔各层具螺旋索和结节；体螺层具浅螺沟，但在贝壳的最膨胀处是光滑的。外唇厚，壳口呈卵圆形，并在唇顶有一明显增厚的凸起。壳表呈白色，带有少量褐色花纹。新鲜标本壳表覆盖着一层厚实的绿褐色壳皮。

附注　直到最近，此种还被认为是一种蛾螺。
栖息地　岩石和泥底。

体螺层中部区域几乎平滑

巴拿马区

上方螺层具螺旋索

螺沟

分布：哥斯达黎加—厄瓜多尔	数量：	尺寸：4厘米

超科：梯螺超科	科：假梯螺科	种：*Macron aethiops* (Reeve, 1847)

污黑假梯螺（Dusky Macron）

　　曾用名"污黑峨螺"，如今分类已改变。贝壳以其厚实的壳皮而闻名。体螺层大，螺塔相对较短；后期螺层肩部发达，且被宽而深的缝合线彼此隔开，使得整个贝壳看上去呈宝塔状。螺层上环绕着数条宽而平的螺肋，且彼此被窄而深的螺沟相隔，这些特征在波浪状的外唇截面上能体现出来。壳皮呈深褐色；其下方的壳表呈白色。

附注　螺肋的数量和宽度变化不一，有时完全消失。
栖息地　潮间带。

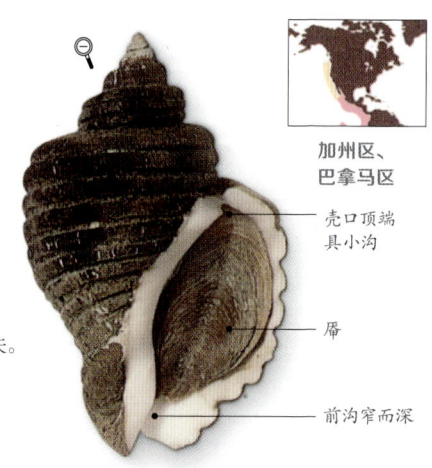

加州区、巴拿马区

壳口顶端具小沟

厣

前沟窄而深

分布：美国加州南部—墨西哥	数量：	尺寸：6厘米

芋螺

几乎所有的芋螺科成员都有一个共同特征：贝壳呈圆锥形。壳质或重或轻；壳顶或平或延伸；壳表或平滑或具有螺旋装饰。此类的色彩和花纹多变，既是鉴别种类的依据，又因此深受收藏者的欢迎。大部分芋螺都有一个小而窄的角质厣。壳皮或薄如丝，或厚而粗糙。

芋螺都是肉食性动物，主要以其他贝类、蠕虫（多毛类）和小鱼为食。芋螺在捕猎时，先通过齿舌将毒液注入猎物体内使其麻痹，然后再将其吞食。有些种类毒性猛烈，因此在采集时一定要采取保护措施，避免被蜇伤。科学家们正积极开展芋螺毒素的研究工作，其中有些成果已申请运用到医学领域。大多数芋螺生活在热带珊瑚礁环境中。

超科：芋螺超科	科：芋螺科	种：*Conus generalis* Linnaeus, 1767

将军芋螺（General Cone）

贝壳厚重，螺塔短，两侧凹，壳顶尖。后期螺层具螺沟。体螺层大，两侧近平直，肩部略圆。色彩和花纹多变，通常呈浅褐色或深褐色，并具3条白色螺带，螺带上断续分布着褐色的条纹和斑块；壳口呈白色。

附注 18世纪，包括此种在内的某些芋螺以陆军或海军军官命名。

栖息地 潮间带砂底。

分布：热带印度洋—太平洋	数量：	尺寸：7厘米

| 超科：芋螺超科 | 科：芋螺科 | 种：*Conus eburneus* Hwass in Bruguière, 1792 |

象牙芋螺（Ivory Cone）

又名"黑星芋螺"，贝壳厚重，体螺层肩部宽，壳顶近平，只有早期螺层突出。壳表几乎平滑，仅在基部有较明显的螺沟。壳表呈白色，常具黄色或橙色的浅螺带，且环绕着由深褐色斑点组成的带纹。

附注 斑点的大小和排列方式差异极大，有时甚至会融合在一起形成几乎完整的螺带。

栖息地 珊瑚和砂底。

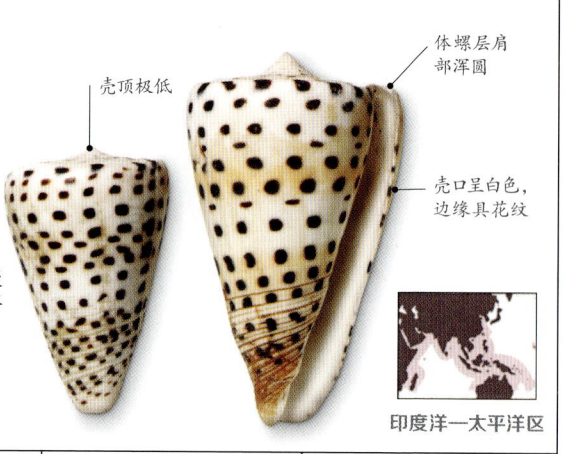

壳顶极低

体螺层肩部浑圆

壳口呈白色，边缘具花纹

印度洋—太平洋区

| 分布：热带印度洋—太平洋 | 数量：●●●● | 尺寸：5厘米 |

| 超科：芋螺超科 | 科：芋螺科 | 种：*Conus spectrum* Linnaeus, 1758 |

鬼怪芋螺（Spectral Cone）

又名"光谱芋螺"，壳质相当厚，具丝质光泽。螺塔低，壳顶尖锐。体螺层圆凸，肩部或圆或有棱角。壳表螺纹微弱，至壳底附近才可辨认。壳表具褐色的云斑状花纹，白色的底色从花纹间隙透显出来。

附注 当林奈为此种命名的时候，可能觉得其壳表的白雾状花纹如幽灵一般。

栖息地 近海砂底。

修复后留下的疤痕

唇缘锐利

底色为白色，其上覆盖着褐色或紫褐色的斑纹

印度洋—太平洋区

| 分布：西太平洋 | 数量：●●● | 尺寸：5厘米 |

| 超科：芋螺超科 | 科：芋螺科 | 种：*Conus praecellens* A. Adams, 1854 |

深闺芋螺（Admirable Cone）

又名"肿胀芋螺"，贝壳轻，呈双锥形。螺塔高，螺层数多，壳顶尖锐。体螺层肩部具棱脊，上半部外凸，下半部略凹，且被多条浅的螺沟环绕。壳表呈乳白色，具深褐色的线纹和方斑。

附注 常见的双锥形芋螺之一。

栖息地 深海底。

螺塔两侧微凹

印度洋—太平洋区

| 分布：西太平洋 | 数量：●● | 尺寸：4厘米 |

腹足纲 | 185

| 超科：芋螺超科 | 科：芋螺科 | 种：*Conus gloriamaris* Chemnitz, 1777 |

海之荣光芋螺（Glory of the Sea）

贝壳光滑而重，螺塔相当高，体螺层长度约是螺塔的2倍。螺塔各螺层略凹陷，体螺层两侧平直，缝合线呈线状。壳口长，底部略增宽。早期螺层具细小结节；后期螺层几乎平滑。壳表呈白色、蓝白色或乳白色，通常具3条不明显的宽螺带，以及大量呈密集排列、相互重叠的浅褐色或深褐色的帐篷状花纹。

附注 20世纪60年代以前，此种优雅的海贝几乎无法获得，得到该贝类成为当时人们梦寐渴求的目标。如今虽已能够从菲律宾群岛获得，但高品质、大尺寸的标本仍然非常昂贵。

栖息地 深海底。

螺塔各层均具褐色螺带

白色帐篷状花纹

螺轴长而窄

印度洋—太平洋区

| 分布：西太平洋 | 数量： | 尺寸：11厘米 |

| 超科：芋螺超科 | 科：芋螺科 | 种：*Conus textile* Linnaeus, 1758 |

织锦芋螺（Textile Cone）

贝壳或重或轻，螺塔短，两侧平直或略凸。体螺层两侧略凸或极膨圆，肩部圆钝或略有棱角。壳表除底部具低螺脊外，其余部位平滑。壳表呈白色，具大小不一且相互重叠的帐篷状花纹及3条断续排列的褐色或浅黄色螺带。

附注 毒性较强的芋螺之一。
栖息地 岩石下的砂底。

壳顶常被腐蚀

褐色区域中具纵纹

印度洋—太平洋区

| 分布：太平洋西部和中部 | 数量： | 尺寸：8厘米 |

| 超科：芋螺超科 | 科：芋螺科 | 种：*Conus geographus* Linnaeus, 1758 |

地纹芋螺（Geography Cone）

又名"杀手芋螺"，贝壳薄而轻，螺塔低，体螺层膨大，最宽处在中下部。体螺层底部环绕着几道低螺脊；螺肩肩角处具起伏的螺脊。壳表呈乳白色或蓝白色，具2～3条浅褐色或深褐色的宽螺带，且布满带褐色边缘的帐篷形花纹。

附注 此种可捕食与自身同样大的鱼。
栖息地 珊瑚礁。

印度洋—太平洋区

纵生长脊强

螺轴基部呈截形

| 分布：热带印度洋—太平洋 | 数量： | 尺寸：10厘米 |

| 超科：芋螺超科 | 科：芋螺科 | 种：*Conus imperialis* Linnaeus, 1758 |

堂皇芋螺（Imperial Cone）

又名"帝王芋螺"，贝壳厚重，螺塔低矮或几乎平顶。体螺层两侧近直或微凸，肩部及螺塔后期螺层具圆形钝结节。体螺层表面有时具数排小凹坑。壳表呈乳白色，具浅褐色螺带及呈螺旋排列的斑点和短线纹。

附注 此种在东非的地方型，现已被认作有效种。
栖息地 浅海珊瑚礁。

印度洋—太平洋区

早期螺层被腐蚀

生长脊明显

壳口底部呈深紫色

| 分布：热带印度洋—太平洋 | 数量： | 尺寸：7.5厘米 |

腹足纲 | 187

| 超科：芋螺超科 | 科：芋螺科 | 种：*Conus pulicarius* Hwass in Bruguière, 1792 |

斑疹芋螺（Flea-bite Cone）

又名"芝麻芋螺"，贝壳厚重，螺塔低，体螺层短而胖，基部明显缩窄。体螺层肩部宽，具圆钝的棱角，并有明显的圆形结节。壳表呈白色，有时夹杂着浅橙色，具黑色或红褐色的椭圆形斑点。

附注 此种命名于18世纪晚期，当时人们饱受跳蚤叮咬之苦，由此引发的斑疹伤寒肆虐。

栖息地 浅海底。

- 外唇上端强烈弯曲
- 外唇厚

印度洋—太平洋区

| 分布：印度洋—太平洋 | 数量： | 尺寸：5厘米 |

| 超科：芋螺超科 | 科：芋螺科 | 种：*Conus coccineus* Gmelin, 1791 |

花带芋螺（Scarlet Cone）

又名"棕红芋螺"，贝壳中等厚度，质轻，螺塔低，体螺层肩部以下呈桶形，但在底部明显收窄。螺塔各层表面呈起伏状。体螺层肩部具棱角，并覆盖着低螺脊。壳表呈鲜红色或咖啡色，中间有一条白色螺带，上面夹杂着褐色斑点和斑块。

附注 此种色彩变化极大，也有壳表平滑的个体。

栖息地 浅海底。

- 体螺层肩部呈波浪状
- 外唇上半部边缘直

印度洋—太平洋区

| 分布：热带太平洋 | 数量： | 尺寸：4厘米 |

| 超科：芋螺超科 | 科：芋螺科 | 种：*Conus ammiralis* Linnaeus, 1758 |

海军上将芋螺（Admiral Cone）

贝壳厚重且有光泽，螺塔低，两侧微凹，壳顶尖。体螺层两侧平直，肩部具圆角，螺轴短。壳表呈白色，具由白色斑块组成的褐色宽螺带，以及由小碎花组成的黄色或浅褐色窄螺带。

附注 有些个体肩部具结节，壳表具呈螺旋排列的小颗粒。

栖息地 砂底或珊瑚礁底。

- 早期螺层无花纹
- 外唇薄
- 壳口呈白色

印度洋—太平洋区

| 分布：热带印度洋—太平洋 | 数量： | 尺寸：6厘米 |

| 超科：芋螺超科 | 科：芋螺科 | 种：*Conus zonatus* Hwass in Bruguière, 1792 |

带斑芋螺（Zoned Cone）

又名"砖墙芋螺"，贝壳厚重而有光泽，螺塔低。早期螺层常被腐蚀，通常呈圆顶状；后期螺层及体螺层肩部具低矮的圆瘤。体螺层肩部宽，基部具螺脊，壳口上下宽度一致。壳表呈蓝灰色，具由白色斑块组成的不规则螺带，并环绕着红色的细螺线。

附注 壳色或深或浅，螺塔也可能呈阶梯状。

栖息地 浅海岩礁间。

- 整个外唇平直
- 从壳口内可透见壳表花纹
- 残留的淡绿色壳皮
- 印度洋—太平洋区

| 分布：印度洋 | 数量： | 尺寸：5厘米 |

| 超科：芋螺超科 | 科：芋螺科 | 种：*Conus cedonulli* Linnaeus, 1767 |

无敌芋螺（Matchless Cone）

贝壳坚厚，螺塔矮且略呈阶梯状。体螺层螺肩宽，表面覆盖着纤细的螺脊，在基部的螺脊最强。壳口上下宽度一致。壳表呈白色，但大部分被黄色、橙色或褐色所覆盖，只留下一些由带黑边的白色斑块和斑点组成的螺带和线纹。

附注 对于大多数18世纪的收藏者来说，只能从本书里的图片中一睹此种的风采。

栖息地 潮下带岩礁间。

- 斑点连接成串珠状
- 修复后的疤痕
- 加勒比海区

| 分布：西印度群岛 | 数量： | 尺寸：5厘米 |

| 超科：芋螺超科 | 科：芋螺科 | 种：*Conus ebraeus* Linnaeus, 1758 |

希伯来芋螺（Hebrew Cone）

又名"斑芋螺"，贝壳矮胖且重，螺塔低，常腐蚀严重，体螺层两侧外凸，螺肩圆且呈波浪状起伏。壳表呈白色，具3条由黑色大方斑组成的宽螺带。

附注 底色常呈粉红色，花纹有时会融合在一起。

栖息地 浅海底。

- 修复后的疤痕
- 印度洋—太平洋区

| 分布：热带印度洋—太平洋 | 数量： | 尺寸：5厘米 |

腹足纲 | 189

| 超科：芋螺超科 | 科：芋螺科 | 种：*Conus dorreensis* Péron, 1807 |

橄榄皮芋螺（Pontifical Cone）

贝壳厚但质轻，螺塔呈阶梯状，体螺层两侧外凸。螺塔后期螺层及体螺层的螺肩处具圆形结节。体螺层表面被呈螺旋排列的小凹坑所覆盖。贝壳呈白色；壳皮呈黄褐色，在肩部和基部附近具黑色螺带。

黑色螺带常被磨损

附注 此种只有壳皮带颜色。
栖息地 浅海底。

澳大利亚区

| 分布：西澳 | 数量： | 尺寸：3厘米 |

| 超科：芋螺超科 | 科：芋螺科 | 种：*Conus arenatus* Hwass in Bruguière, 1792 |

沙芋螺（Sand-dusted Cone）

又名"纹身芋螺"，贝壳厚重，螺塔低。体螺层两侧近直或微凸，圆润的螺肩下方为最宽处。螺塔各螺层及体螺层上方具明显的圆结节。缝合线深，螺轴短而直。壳表呈白色或乳白色，布满褐色和黑色的卵圆形小斑点。

瘤上无斑点

壳口上下宽度一致

附注 尽管它的名字十分贴切，但斑点的大小却变化极大。
栖息地 潮间带。

印度洋—太平洋区

| 分布：热带印度洋—太平洋 | 数量： | 尺寸：5厘米 |

| 超科：芋螺超科 | 科：芋螺科 | 种：*Conus purpurascens* Sowerby, 1833 |

紫花芋螺（Purple Cone）

贝壳坚固，螺塔低，有时呈阶梯状，壳顶尖或钝圆。体螺层两侧外凸，肩部圆润或具棱角，底部收窄。壳表通常呈紫色或蓝色，具呈螺旋排列的褐色短线和白色斑点，以及成片分布的褐色或灰色斑块，但在斑块区域内花纹比较稀薄。

修复后的疤痕

壳口内部呈不透明的蓝白色

附注 壳表有时环绕着褐色细纹。
栖息地 浅海底。

壳底有低螺脊

巴拿马区

| 分布：加利福尼亚湾—秘鲁 | 数量： | 尺寸：5厘米 |

| 超科：芋螺超科 | 科：芋螺科 | 种：*Conus pulcher* [Lightfoot], 1786 |

蝴蝶芋螺（Butterfly Cone）

贝壳沉重，有些个体极大，螺塔低。肩部浑圆，体螺层两侧近直或微凸。螺塔上没有任何螺旋雕刻，顶部两侧微凹。老标本壳顶总是被腐蚀。体螺层上有多达12条低螺脊，但较老的个体上螺脊已完全消失。壳表呈白色或乳黄色，具由橙褐色斑点和短线纹混合而成的宽窄不一的螺带。

附注 世界上最大的芋螺类，偶尔能发现图示这般尺寸超过20厘米的标本。

栖息地 浅海底。

螺塔各层微凹

肩部具火焰状花纹

老壳壳顶总是被腐蚀

生长脊明显

外唇底部呈截形

西非区

| 分布：西非 | 数量： | 尺寸：15厘米 |

腹足纲 | 191

| 超科：芋螺超科 | 科：芋螺科 | 种：*Conus cirumcisus* Born, 1778 |

阳刚芋螺（Circumcision Cone）

贝壳螺塔低，体螺层微凸，缝合线不明显。壳顶尖，各螺层顶部微凹。体螺层上布满低螺脊。壳表呈白色、粉红色或略带紫色，具褐色的螺带，偶尔有黑色或紫色的斑点和短线纹。

附注 色彩艳丽且布满斑点的标本备受收藏者青睐。
栖息地 浅海或深海底。

印度洋—太平洋区
外唇边缘直
壳口从上到下逐渐变宽

| 分布：西太平洋 | 数量： | 尺寸：7厘米 |

| 超科：芋螺超科 | 科：芋螺科 | 种：*Conus cordigera* Sowerby II, 1866 |

高雅芋螺（Heart Cone）

贝壳坚固，螺塔低，壳顶尖，体螺层两侧平直或微凸。顶部螺层略凹，体螺层肩部具明显的棱角。壳表呈浅褐色至红褐色，具密集的白色大斑块，这些斑块有时具深色的镶边。

附注 白色斑块通常类似心形。
栖息地 浅海或深海底。

印度洋—太平洋区
壳口内呈白色
外唇下缘极薄

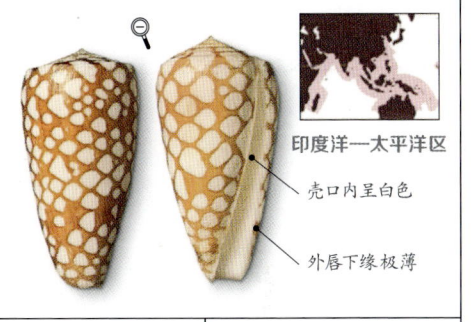

| 分布：菲律宾、印度尼西亚东部 | 数量： | 尺寸：5厘米 |

| 超科：芋螺超科 | 科：芋螺科 | 种：*Conus tessulatus* Born, 1778 |

方斑芋螺（Tiled Cone）

又名"红砖芋螺"，贝壳坚厚而有光泽，早期螺层和钝壳顶突出。各螺层顶部具螺脊。体螺层两侧近直或微凹。螺肩宽，圆润或略具棱角。壳表呈白色，有橙色或红色的长方形斑块。

附注 沉重的老壳标本壳底常呈白色而非紫色。
栖息地 浅海底。

生长沟显示此螺停止生长了一段时间
壳底呈紫色

印度洋—太平洋区

| 分布：热带印度洋—太平洋 | 数量： | 尺寸：5厘米 |

| 超科：芋螺超科 | 科：芋螺科 | 种：*Conus genuanus* Linnaeus, 1758 |

勋章芋螺（Garter Cone）

贝壳具光泽，螺塔低。体螺层平滑，仅在底部附近有一些不明显的螺脊。壳表呈灰色，略带粉红色或紫色；整个壳体环绕绿褐色的宽螺带；体螺层上布满大小不一、黑白相间的短线纹和斑点。

附注 壳表迷人的色彩很快会消退。
栖息地 浅海底。

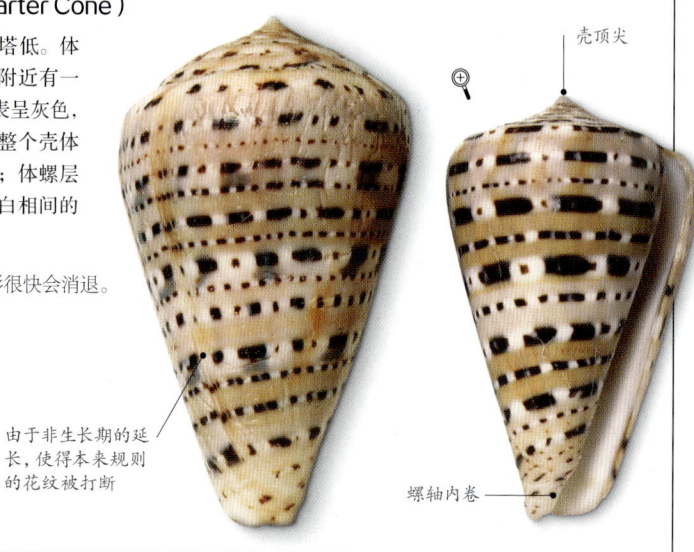

壳顶尖

由于非生长期的延长，使得本来规则的花纹被打断

螺轴内卷

西非区

| 分布：西非 | 数量： | 尺寸：5厘米 |

| 超科：芋螺超科 | 科：芋螺科 | 种：*Conus amadis* Gmelin, 1791 |

阿玛迪斯芋螺（God's Love Cone）

贝壳薄且有光泽，螺塔低，肩部具强棱脊。早期螺层明显突出，后期螺层凹陷，有时呈阶梯状。外唇弯曲。壳表呈白色，大多覆盖着或深或浅的褐色带，并杂以三角形的白色斑块；壳口和螺轴呈白色。

附注 有一种变化型具有宽阔的深色带和高耸的螺塔。
栖息地 近海水域。

螺塔上具深褐色的断续线纹

螺脊不明显

体螺层在基部上方微凹

印度洋—太平洋区

| 分布：印度洋—西太平洋 | 数量： | 尺寸：7.5厘米 |

塔螺

俗称"卷管螺",曾是海洋贝类中最大的类群,踪迹遍布全世界所有海域,成员超过数千种,现已被划分成十多个独立的科。许多大型种类都有一个高高的螺塔和长长的前沟,外唇的上端都具有一个或长或短的缝隙或缺刻。厣呈叶片状。它们靠捕食海洋中的多毛类为生。

超科:芋螺超科	科:塔螺科	种:*Turris babylonia* (Linnaeus, 1758)

巴比伦塔螺(Babylon Turrid)

又名"巴比伦卷管螺",体形修长而优雅,螺层多,壳顶尖,螺塔长于体螺层和前沟长度的总和。外唇上端缺刻深。所有螺层都被强螺脊环绕。壳表呈白色,具深褐色斑点。

栖息地 近海水域。

位于缝合线下方的斑点最大

缺刻

印度洋—太平洋区

分布:西太平洋	数量:🐚🐚	尺寸:7.5厘米

超科:芋螺超科	科:塔螺科	种:*Unedogemmula indica* (Röding, 1798)

印度乐飞螺(Indian Turrid)

又名"印度卷管螺",贝壳螺层多,螺塔长略长于前沟。外唇顶端的缺刻深而窄。螺轴直,并与长且微弯的前沟相接。所有螺层均具明显的棱脊。壳表呈白色,具褐色线纹。

附注 大型塔螺之一。
栖息地 浅海砂底。

棱脊下方具强螺脊

缺刻

印度洋—太平洋区

分布:热带印度洋—太平洋	数量:🐚🐚🐚	尺寸:7.5厘米

超科:芋螺超科	科:棒螺科	种:*Turricula javana* (Linnaeus, 1767)

爪哇拟塔螺(Java Turrid)

又名"台湾卷管螺",贝壳薄,螺塔长度小于体螺层和前沟长度的总和。螺轴弯曲,外唇顶端的缺刻较宽。所有螺层上都有棱脊,周缘具结节;棱脊上方螺肋较弱,往下逐渐增强。壳表呈浅黄褐色或深褐色。

附注 棒螺科中最常见的大型种之一。
栖息地 近海泥底。

缝合线下方具宽的浅色肋

结节平滑

印度洋—太平洋区

分布:热带印度洋—太平洋	数量:🐚🐚🐚🐚	尺寸:6厘米

| 超科：芋螺超科 | 科：拉菲螺科 | 种：*Thatcheria mirabilis* Angas, 1877 |

奇异宽肩螺（Japanese Wonder Shell）

又名"旋梯螺"或"日本奇迹贝"，贝壳薄，外形如同盘旋的楼梯。各螺层上部平坦，周缘锐利，形成略上翘的棱脊。体螺层比螺塔略长。从壳顶面观时，外唇上半部呈宽阔的深沟状。壳表呈暗黄色；壳口和螺轴呈白色。

附注 半个多世纪以来，全世界仅有唯一的标本，但如今在收藏界已极为常见。

栖息地 深海底。

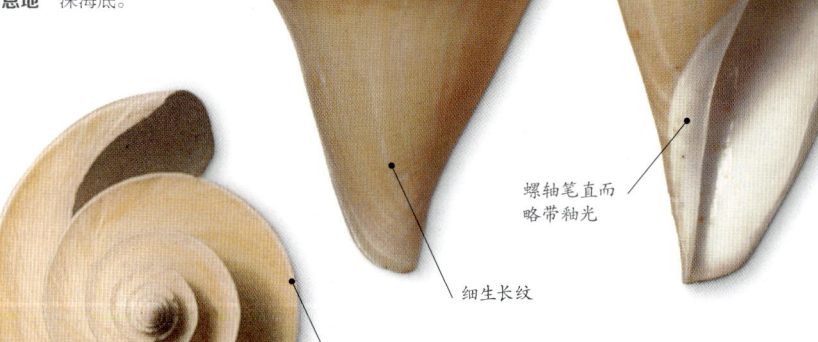

背面观 — 细螺旋线
壳口面观
螺轴笔直而略带釉光
细生长纹
螺层边缘凸起
顶面观

日本区、印度洋—太平洋区

| 分布：日本—澳大利亚北部 | 数量： | 尺寸：7.5厘米 |

| 超科：芋螺超科 | 科：伪塔螺科 | 种：*Ptychobela griffithii* (Gray, 1833) |

格里菲斯摺塔螺（Griffith's Turrid）

贝壳呈双锥形，壳顶尖锐，缝合线浅。体螺层较螺塔略长。外唇缘前方增厚，上端附近有一深的缺口，螺轴笔直。所有螺层装饰着细螺旋肋，肩部具结节。壳表呈深褐色，结节和螺旋肋呈白色。

附注 以爱德华·格里菲斯（Edward Griffith）的名字命名，他出版了居维叶关于动物界经典著作的英文版。

栖息地 浅海底。

印度洋—太平洋区

窄沟下方有肿胀突起
外唇缘有小锐尖

| 分布：红海、阿曼 | 数量： | 尺寸：4.5厘米 |

笋螺

笋螺科包含数百个物种，大都拥有一修长且具光泽的贝壳。有些种类质地厚重，有些则纤细而轻薄。壳口小，通常呈矩形，前沟短而宽；外唇薄，边缘锋利；螺轴呈螺旋状扭曲；厣较小，呈角质；无壳皮。所有笋螺都生活在温暖海域，主要栖息于潮间带，埋藏于砂中；有些则躲藏在岩石或珊瑚块下方。笋螺主要靠捕食各种海洋多毛类为生。

超科：芋螺超科	科：笋螺科	种：*Terebra taurina* ([Lightfoot], 1786)

火焰笋螺（Flame Auger）

贝壳坚固且修长，缝合线深刻，使得螺塔呈现出宝塔状的外观。各螺层微凸，其中早期螺层的上部比下部略宽。上方螺层表面具明显的细纵肋，而下方螺层已完全消失。每个螺层都被一条螺沟分成上下两个部分，其中上半部细肋较粗。较成熟个体壳口呈方形，外唇轻微扩张，前沟边缘略反曲。壳表呈乳白色，具宽的火焰状褐色斑块。

附注 约翰·莱特富特（John Lightfoot）在对波特兰女公爵在英国的所有贝壳藏品进行编目时，发现了这个物种并为其命名。

栖息地 近海砂底。

加勒比海区

次级螺沟

早期螺层上部比下部宽

螺层下半部的细肋与上半部细肋形成夹角

螺轴强烈扭曲

分布：美国得克萨斯州—巴西	数量：	尺寸：11厘米

超科：芋螺超科	科：笋螺科	种：*Terebra subulata* (Linnaeus, 1767)

锥笋螺（Subulate Auger）

又名"黑斑笋螺"，壳质虽然坚固，但早期螺层经常缺失。螺层两侧平直，壳口呈矩形。螺塔各层有时具螺沟。壳表生长纹发达。壳表呈乳黄色，有矩形的褐色斑块。

附注 种加词"*subulata*"意为"尖锥形的"。

栖息地 近海水域。

花纹通常比此图示标本的要小很多

每个螺层的顶部圆凸

体螺层具3列斑块

螺塔各螺层具2列斑块

印度洋—太平洋区

分布：热带印度洋—太平洋	数量：	尺寸：13厘米

超科：芋螺超科	科：笋螺科	种：*Terebra commaculata* (Gmelin, 1791)

块斑笋螺（Stained Auger）

贝壳极高，坚实，约有25个螺层，壳顶尖，通常保存完整。螺塔缓慢上升，以至于螺层两侧看上去几乎呈平行状。缝合线下方有2条由圆形结节排列而成的螺线，其中最上方螺线结节较大；然而成熟个体位于螺塔下半部的结节会逐渐趋向平滑。壳表呈白色，具宽的火焰状条纹。

附注 狭长的体形和连续分布的褐色斑块是此种区别于其他笋螺的重要依据。

栖息地 浅海砂底。

早期螺层两侧微凹

结节肋间有螺沟

此处以下的结节变得不那么明显

所有螺层具格子状雕刻

印度洋—太平洋区

分布：印度洋—西太平洋	数量：	尺寸：7.5厘米

超科：芋螺超科	科：笋螺科	种：*Terebra babylonia* Lamarck, 1822

巴比伦笋螺（Babylon Auger）

贝壳坚固，有光泽，螺塔尖锐。螺层微凸，被缝合线下方一条由矩形结节组成的螺带所环绕。由于此螺带略凸出，使得螺层看上去呈阶梯状。螺带下方具一条螺沟，使得螺层明显分成上下两个部分，而下部分螺层具波浪形的纵沟，并与另外两条螺沟相互交错。体螺层底部具数条细螺旋沟。从体螺层下半部的形态可以看出：其余部位的壳表雕刻使得贝壳厚度加倍。贝壳底色为红褐色，其上覆盖的雕刻呈乳白色；壳顶各螺层为纯白色。

附注 壳表花纹与一种古巴比伦城的织锦相似，故此得名。

栖息地 浅海底。

早期螺层为纯白色

螺沟延续至螺层间

体螺层下半部缺少不透明的白色装饰

印度洋—太平洋区

分布：热带印度洋—太平洋	数量：	尺寸：7.5厘米

腹足纲 | 197

| 超科：芋螺超科 | 科：笋螺科 | 种：*Oxymeris dimidiata* (Linnaeus, 1758) |

分层笋螺（Divided Auger）

又名"红笋螺"，贝壳坚固，具光泽，壳薄而易透光。成贝约有 20 个螺层，两侧近平直。缝合线深刻，其下方有一平台状的窄螺沟，看上去如同螺层上多出来一条缝合线一般。早期螺层逐渐变窄，最终形成一个细尖，并有弱的纵脊；后期螺层具纤细的生长纹。壳口呈圆形而非方形。螺轴近直，内缘有一弱的褶襞。壳表呈橙红色，具白色的纵条纹，有时被一条白色螺旋线连接在一起。

附注 每个螺层都被一条"台阶"状的螺沟分隔，故此得名。

栖息地 浅海砂底。

上1/3螺层纵生长纹更倾斜

下2/3螺层微凸

上1/3螺层白线不明显

印度洋—太平洋区

| 分布：热带印度洋—太平洋 | 数量： | 尺寸：12厘米 |

| 超科：芋螺超科 | 科：笋螺科 | 种：*Oxymeris crenulata* (Linnaeus, 1758) |

锯齿笋螺（Notched Auger）

又名"花芽笋螺"，贝壳坚实，螺层两侧近直，缝合线呈浅沟状。幼贝壳口呈方形，成熟个体壳口更椭圆一些，螺轴微曲。后期螺层上约有 15 个结节，结节下方的螺层被螺沟缩窄。前沟的边缘翻卷。壳表呈米黄色，具红褐色和乳白色斑点、纵条纹和呈螺旋排列的小斑点。

附注 多变的壳表结节导致此种被命名了多个变化型。

栖息地 浅海砂底。

斑点位置与螺沟重合

纵条纹仅延伸至结节处

唇上端尖

印度洋—太平洋区

| 分布：热带印度洋—太平洋 | 数量： | 尺寸：11厘米 |

| 超科：芋螺超科 | 科：笋螺科 | 种：*Oxymeris maculata* (Linnaeus, 1758) |

罫纹笋螺（Marlinspike）

又名"大笋螺"，贝壳重，具光泽，体螺层宽，壳口长。早期螺层具弱的纵脊；后期螺层微凸且平滑。壳表呈乳白色，具由褐色花纹组成且断续排列的螺带。

附注 此种贝壳曾被用作钻孔工具。

栖息地 浅海底。

缝合线上方无深色花纹

下排花纹小于上排花纹

缝合线浅但很明显

印度洋—太平洋区

| 分布：热带印度洋—太平洋 | 数量： | 尺寸：18厘米 |

| 超科：芋螺超科 | 科：笋螺科 | 种：*Oxymeris areolata* (Link, 1807) |

褐斑笋螺（Fly-spotted Auger）

贝壳高，有光泽，两侧近直，约有20个螺层。早期螺层具纵肋，到后期螺层逐渐消失。壳表被一条深螺沟环绕，并将每个螺层按照1∶2的比例分成上下两个部分。壳表呈乳黄色或浅黄褐色，具有呈螺旋排列的褐色斑块。

附注 学名源自拉丁语，意为"小空地"，以此形容壳表褐色的斑块。

栖息地 浅海砂底。

纵脊开始消失

缝合线上方的斑块比其他部位的大

外唇上半部具夹角

印度洋—太平洋区

| 分布：热带印度洋—太平洋 | 数量： | 尺寸：12厘米 |

超科：芋螺超科	科：笋螺科	种：*Duplicaria dussumierii* (Kiener, 1837)

白带双层螺（Dussumier's Auger）

又名"栟笋螺"，是最具特色的大型笋螺之一。贝壳坚固，看上去仿佛一根粗壮的绳索被紧紧缠绕在一起。每个螺层都具强纵肋，但肋的宽度较肋间距窄。每个螺层的上部都有一条深螺沟将纵肋与螺旋索分开，而螺旋索也是由稍弱一些的纵肋组成。缝合线大致与螺沟的深度相当。壳口长，外唇薄，螺轴微弯。壳表呈紫褐色，螺带和纵肋呈浅棕黄色。

附注 Dussumier 是 18 世纪法国的一位自然学家，有许多动物都以他的姓氏命名。

栖息地 浅海砂底。

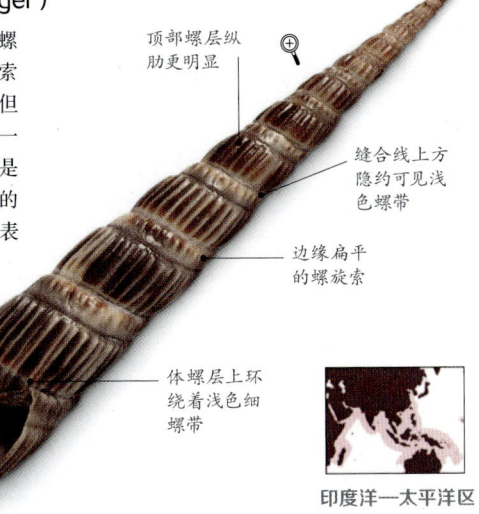

- 顶部螺层纵肋更明显
- 缝合线上方隐约可见浅色螺带
- 边缘扁平的螺旋索
- 体螺层上环绕着浅色细螺带

印度洋—太平洋区

分布：中国、韩国	数量：	尺寸：6厘米

超科：芋螺超科	科：笋螺科	种：*Hastula lanceata* (Linnaeus, 1767)

矛螺（Lance Auger）

又称"矛笋螺"，贝壳中等厚度，坚固且具有光泽。俗名贴切地描述了此种的外部特征：狭窄的螺塔和尖锐的壳顶。早期螺层上的纵肋平滑圆润，然后迅速减弱，直到最后几个螺层时变得模糊不清，甚至完全消失。缝合线虽浅，但非常明显。早期螺层外观略呈阶梯状，而后期螺层两侧几乎平直。螺轴上半部凹陷，下半部扭曲。壳表呈白色，具褐色细纵纹，在体螺层上间断排列。

附注 在所有"矛螺属"的成员中，此种是变化最小、最不易混淆的种类。

栖息地 浅海砂底。

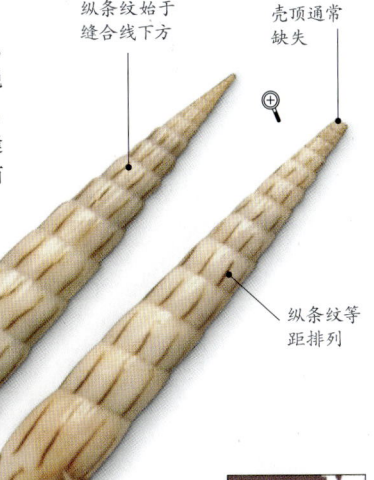

- 纵条纹始于缝合线下方
- 壳顶通常缺失
- 纵条纹等距排列
- 窄小的壳口

印度洋—太平洋区

分布：热带印度洋—太平洋	数量：	尺寸：5厘米

轮螺

轮螺科种类不多，大多生活在温暖海域，壳表装饰艳丽，在欧美也被形容成"盘卷的楼梯"。贝壳圆而扁，脐孔宽大且深，并有一条类似台阶的皱褶盘绕。壳口边缘常缺损。厣通常角质。

| 超科：轮螺超科 | 科：轮螺科 | 种：*Architectonica perspectiva* (Linnaeus, 1758) |

配景轮螺 (Clear Sundial)

又名"黑线车轮螺"，贝壳坚固，各螺层膨胀均匀，缝合线深。壳表的螺旋沟和纵沟相互交错，呈格子状雕刻。缝合线上下方的螺脊犹如一连串扁平的念珠。贝壳基部外缘围绕着两条平顶螺旋肋。壳表呈灰色至黄褐色，具白色和深褐色相间的螺旋带；脐孔边缘具深褐色斑点。

附注 脐孔内部的脊呈螺旋阶梯状。
栖息地 砂质海底。

缝合线位于深褐色窄带下方
印度洋—太平洋区
顶面观
两条宽肋间隔着一条窄肋
底面观

| 分布：热带印度洋—太平洋 | 数量： | 尺寸：5厘米 |

小塔螺

小塔螺科成员众多，踪迹遍布全世界海域。贝壳螺塔高，壳表平滑或有肋，螺轴上常具褶襞。小塔螺主要栖息于其他无脊椎动物身体上，营寄生生活。

| 超科：小塔螺超科 | 科：小塔螺科 | 种：*Pyramidella dolabrata* (Linnaeus, 1758) |

彩环小塔螺 (Hatchet Pyram)

贝壳平滑，约有10个螺层。壳顶有不到2个螺层，且偏向左侧——这是小塔螺科的特征之一，但成贝壳顶通常缺失。脐孔窄而深，螺轴上具3条强褶襞，较成熟的个体会发育出轴唇。壳表呈白色，具褐色螺旋带。

附注 每个螺层可能有一条浅色螺带。
栖息地 近海砂底。

成贝的壳顶缺失
印度洋—太平洋区
唇顶端略增厚
褶襞上方具深沟
从壳口能透见壳表螺带

| 分布：热带海域 | 数量： | 尺寸：3厘米 |

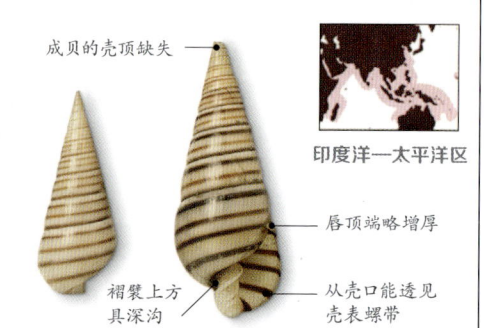

泡螺

"泡螺"只是对一些外形和内部结构相似的贝类的通俗叫法，实际上包含了多个不同科的物种。它们大都具很薄的泡状外壳，有些种类具厣。主要以藻类为食，有些种类则捕食无脊椎动物。有些种类栖息在温暖海区的泥沙质环境中。

超科：葡萄螺超科　　**科**：葡萄螺科　　**种**：*Atys naucum* (Linnaeus, 1758)

阿地螺（White Pacific Atys）

又名"白葡萄螺"，贝壳薄，呈球状，外观看上去犹如水泡一般。螺塔深陷于体螺层之中，脐孔小。壳表光滑且富有光泽。整个体螺层被螺沟环绕，其中位于中间位置的螺沟浅，间隔宽；而位于上下两端的螺沟深且密集。生长纹细弱，与螺沟相互交错。壳表呈白色，具橙褐色的壳皮。

附注　图例标本有着发达且略反曲的轴唇。
栖息地　砂质底。

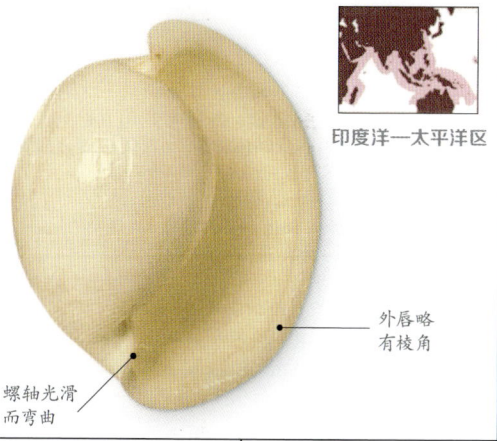

印度洋—太平洋区

外唇略有棱角

螺轴光滑而弯曲

分布：热带印度洋—太平洋　　**数量**：　　**尺寸**：4厘米

超科：捻螺超科　　**科**：捻螺科　　**种**：*Punctacteon eloiseae* (Abbott, 1973)

三彩斑捻螺（The Eloise）

贝壳呈球形，螺塔短，缝合线呈深沟状，各螺层就像彼此套接在一起一般。壳顶低，螺塔各螺层微圆，壳表布满低平的螺肋，并与纤细的生长纹相交。螺轴底部有一粗壮且扭曲的褶襞。此种最显著的特征是其醒目的颜色和花纹：在白色壳表的衬托下，体螺层上环绕着3列由橙粉色大斑组成的螺带，每个斑块都有深红褐色的镶边。

附注　这种美丽迷人的海螺以它的发现者之一——伊洛斯·波什（Eloise Bosch）的名字命名。
栖息地　潮间带低潮区的泥沙滩。

印度洋—太平洋区

滑层薄，呈粉红色

壳口呈白色

分布：阿曼的马西拉岛　　**数量**：　　**尺寸**：3厘米

| 超科：捻螺超科 | 科：饰纹螺科 | 种：*Bullina nobilis* Habe, 1950 |

华贵红纹螺（Noble Bubble）

又名"高贵艳捻螺"，贝壳薄脆，呈球形或卵形。体表布满间隔规则的扁平螺肋，缝合线深。贝壳近白色，具2条红色螺线，并与多条较细且不连贯的红色纵波纹线相交。

栖息地 浅海底。

印度洋—太平洋区、日本区

螺轴呈白色

| 分布：热带印度洋—太平洋、日本南部 | 数量： | 尺寸：2.5厘米 |

| 超科：捻螺超科 | 科：饰纹螺科 | 种：*Micromelo undatus* (Bruguière, 1792) |

波纹小泡螺（Miniature Melo）

贝壳薄，呈球形，螺塔被大的体螺层包围。壳顶宽而圆，略高于壳口。壳表呈乳白色，被3条红色的螺旋线环绕，其间有浅红色纵纹。

附注 当软体从贝壳中伸出时，足部和头叶呈蓝色，并具粉红色斑点。它们在羽毛状的绿藻丛中爬行的景象简直美不胜收。

栖息地 低潮带海藻丛。

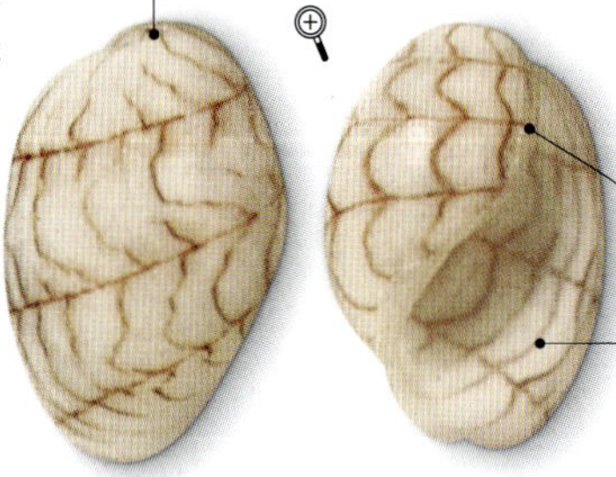

壳顶陷入后期的螺层中

加勒比海区

等距排列的螺线

新月形的纵纹

| 分布：美国佛罗里达东南部—巴西、阿森松岛 | 数量： | 尺寸：1.2厘米 |

| 超科：捻螺超科 | 科：饰纹螺科 | 种：*Aplustrum amplustre* (Linnaeus, 1758) |

宽带饰纹螺（Royal Paper Bubble）

又名"玫瑰泡螺"，贝壳薄而光滑，呈球形。螺塔平，略凹陷。螺轴直且光滑。体螺层表面通常有2条粉红色宽带，边界处饰以深褐色螺带，另有3条白色螺带，其中一条位于壳表中央。

附注 图示标本有褐色的中央螺带，而并非常见的白色。

栖息地 浅海砂底或泥底。

印度洋—太平洋区

壳口有一层薄的白釉

螺轴在底部呈截断状

| 分布：热带印度洋—太平洋 | 数量： | 尺寸：2.5厘米 |

| 超科：捻螺超科 | 科：饰纹螺科 | 种：*Hydatina albocincta* (van der Hoeven, 1839) |

白带泡螺（White-banded Bubble）

又名"三带泡螺"，壳薄如纸，碳酸钙成分含量极少，所以摸上去具有弹性。壳面平滑且富有光泽，螺塔凹陷，壳口高大于壳口宽。螺轴强烈弯曲，具一薄而透明的壁滑层。体螺层上环绕着5条白色带和4条稍宽的褐色带，每条褐色带上都排列着纤细的浅色纵线纹。壳表覆盖着一层浅琥珀色的薄壳皮。

螺带边缘凹凸不平

印度洋—太平洋区

边缘处壳皮脱落

栖息地 近海水域。

| 分布：热带印度洋—太平洋 | 数量： | 尺寸：5厘米 |

| 超科：捻螺超科 | 科：饰纹螺科 | 种：*Hydatina physis* (Linnaeus, 1758) |

泡螺（Green Paper Bubble）

又名"密纹泡螺"，本种为属模式种。壳薄易碎，壳口极大，朝下端急剧扩张。壳表富有光泽，具不规则生长纹，有时具自我修复的疤痕。螺塔凹陷，缝合线呈深沟状。脐孔窄，几乎被螺轴翻卷的边缘所遮盖，螺轴平滑且直。壳表呈乳黄色，具排列密集但宽窄不一的波纹状螺旋线；壳口呈白色。

印度洋—太平洋区

壳口上端略收缩

附注 新鲜个体具一层橙褐色或浅绿色的壳皮。
栖息地 浅海泥沙底。

唇缘略增厚

| 分布：热带海域 | 数量： | 尺寸：3厘米 |

| 超科：捻螺超科 | 科：枣螺科 | 种：*Bulla ampulla* Linnaeus, 1758 |

壶腹枣螺（Flask Bubble）

又名"台湾枣螺"，壳质薄但不透明。壳顶内陷，看起来像一个窄而深的脐孔。外唇高于贝壳的其他部位；上方变窄，下方扩大。内唇滑层不透明，并一直延伸至笔直的螺轴上。壳表呈灰色或褐色，具紫色的斑块或线纹及白色斑点，极少数个体具2条螺带；壳口呈白色，可透见壳表的颜色。

外唇上半部内弯

印度洋—太平洋区

附注 白天隐藏在砂中，夜间出来觅食海藻。
栖息地 潮间带砂底。

南非区

螺轴广泛扩张

| 分布：印度洋—太平洋、南非 | 数量： | 尺寸：5厘米 |

龟螺

为海生翼足目软体动物，贝壳通常薄脆且具玻璃光泽，主要生活在全世界海洋的上层水域，常被海浪冲上海滩。龟螺可利用软体两侧的翼状延伸进行游动，因此又被称作"蝶螺"。它们是数量较多的海洋动物之一。

超科：龟螺超科	科：龟螺科	种：*Cavolinia uncinata* (d'Orbigny, 1835)

钩龟螺（Hooked Cavoline）

又名"露珠驼蝶螺"，贝壳小而脆，外形类似一种奇怪的昆虫（林奈于1758年误将另一近似种归为昆虫）。贝壳光亮且丰满，壳口窄，部分被一个长有脊的壳盾所遮盖，在壳盾的后端延伸出3根尖刺。壳表呈琥珀色。

附注 喜欢栖息于温暖海域。
栖息地 外海。

壳口窄

全世界

具脊的背板

分布：全球海域	数量：🐚🐚🐚🐚🐚	尺寸：1.2厘米

超科：龟螺超科	科：龟螺科	种：*Cavolinia tridentata* (Forsskål, 1775)

龟螺（Three-toothed Cavoline）

又名"三齿驼蝶螺"或"三齿龟螺"，本种为属模式种。贝壳闪亮，透明，表面光滑。上半部圆凸；下半部更长、更扁平，且具有一边缘状的突出。上下两部被一条长的缝隙所分隔。贝壳中央有一根长而直的尖刺。壳表呈琥珀色。

附注 与其他龟螺类一样，无厣。
栖息地 外海。

全世界

脊的末端形成钝尖

分布：全球海域	数量：🐚🐚🐚🐚🐚	尺寸：2厘米

超科：龟螺超科	科：龟螺科	种：*Diacria trispinosa* (Blainville, 1821)

厚唇螺（Three-spined Diacria）

又名"三尖驼蝶螺"，本种为属模式种。贝壳微小且闪亮，透明，微凸。壳口上下唇缘均增厚，其中上唇边缘直且上翻。壳口两侧各具一枚尖刺，底部还有一个漏斗状的长刺。壳表无色，但在边缘处呈褐色。

栖息地 外海。

褐色边缘

全世界

上唇反卷

分布：全球海域	数量：🐚🐚🐚	尺寸：1.2厘米

掘足纲

角贝

掘足纲的代表便是"角贝",亦称"象牙贝",典型特征是:贝壳呈锥管状,壳表装饰极少,只有一些纵肋和环纹。后端开孔处或具缺刻,或有裂缝,或围绕一根短管。角贝主要栖息于近岸水域或埋栖于砂中。

| 目：角贝目 | 科：角贝科 | 种：*Dentalium elephantinum* Linnaeus, 1758 |

象牙角贝（Elephant Tusk）

又名"绿象牙贝",林奈将此种比喻为"象牙"实在是恰如其分。贝壳坚固,略带光泽,较细的后端有一不明显的缺刻。整个壳表具10条突出的纵肋,使得壳质更加坚固。纵肋间有较弱的细肋和深刻的线纹。从贝壳的横截面可以看出:纵肋间的空隙呈深深的沟槽状。壳口附近呈深绿色,越靠后端颜色越淡。

栖息地 近海砂底。

印度洋—太平洋区

后方1/3处的壳表呈白色
偶尔有深绿色带
越靠近壳口肋越强

| 分布：菲律宾南部—澳大利亚北部 | 数量：🐚🐚🐚 | 尺寸：7.5厘米 |

| 目：角贝目 | 科：角贝科 | 种：*Pictodentalium formosum* (A. Adams & Reeve, 1850) |

美丽绣花角贝（Beautiful Tusk）

又名"美丽象牙贝",与其他大型角贝的不同之处在于:其壳口端仅比后端略宽,外形也比大多数种类更直。从后端伸出一根有缺口的小管。壳表约有18条纵肋,其间有数条细肋,并与环形的生长纹相交。整个体表覆盖着绿色、紫色、红褐色、灰白色及粉红色的环纹。

栖息地 近海砂底。

印度洋—太平洋区

后端有一小管
交替分布的色环
纵肋明显

| 分布：菲律宾—日本南部 | 数量：🐚🐚 | 尺寸：7.5厘米 |

目：角贝目	科：角贝科	种：*Pictodentalium vernedei* (Hanley, 1860)

大绣花角贝（Vernede's Tusk）

又名"圆象牙贝"，贝壳相当长且微弯，相对于壳长而言，前后两端的宽度相差不大。后端有一个带"V"字形刻痕的内管，壳口边缘极薄。由于壳表雕刻不发达，所以从横截面看上去，贝壳呈圆形。壳表有纤细的纵肋，肋间具窄沟，并偶尔与生长环相交。成熟个体的壳口附近常具破损修复所留下的疤痕。壳表底色为白色，有时夹杂着宽窄不一的黄色或浅褐色环带。

附注 世界第二大角贝，以维多利亚时代的一位贝壳收藏者的名字命名。

栖息地 近海砂底。

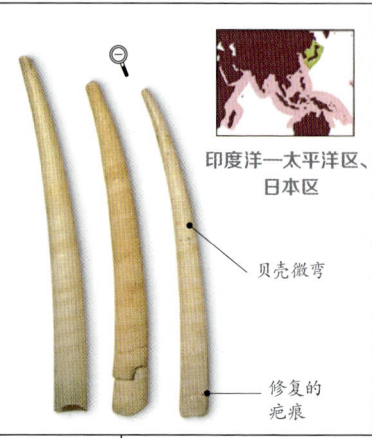

印度洋—太平洋区、日本区

贝壳微弯
修复的疤痕

分布：菲律宾—日本	数量：❋❋❋❋	尺寸：13厘米

目：角贝目	科：角贝科	种：*Antalis longitrorsa* (Reeve, 1842)

长安塔角贝（Elongate Tusk）

又名"细长象牙贝"，壳薄且富有光泽，体形修长，并以一个优美的弧度弯曲，壳口边缘粗糙。后端较窄，有一个极小的缺刻。幼贝的后端几乎呈针尖状。有些种类也拥有同样细长的贝壳，但没有一个有如此种般优美的弧度。壳表近乎光滑，仅在后端有极细弱的纵肋和少数生长环。壳表呈白色，常略带浅黄色或浅绿色。

附注 偶尔能发现粉红色或杏黄色的标本。

栖息地 近海砂底。

略带淡绿色

印度洋—太平洋区

幼贝后端极尖

分布：热带印度洋—太平洋	数量：❋❋	尺寸：9.5厘米

目：角贝目	科：角贝科	种：*Antalis dentalis* (Linnaeus, 1758)

欧洲安塔角贝（European Tusk）

又名"欧洲象牙贝"，贝壳边缘粗糙，壳口端宽于后端。壳体初始时微弯，越靠近后端弧度越大，甚至有时在中部形成角度。纵肋强，壳口上方纵肋最弱。壳表呈白色、浅褐色或粉红色。

附注 尽管壳质并不坚固，但很少有破损修复的痕迹。

栖息地 近海砂底。

地中海区

锯齿状边缘

分布：地中海及亚得里亚海	数量：❋❋❋	尺寸：3厘米

多板纲

石鳖

"石鳖"是对多板纲贝类的通俗叫法，它们的主要特征是：具8块相互重叠的壳板，且每一块均可活动，并由一条肌肉质的环带固定在适当的位置。环带表面或光滑，或具有各种装饰。石鳖也被称作"披着甲胄的贝类"，在大多数海域均有分布，主要栖息在岩石的表面和下方。

| 超科：石鳖超科 | 科：石鳖科 | 种：*Chiton tuberculatus* Linnaeus, 1758 |

西印度石鳖（West Indian Chiton）

又名"疙瘩石鳖"，与大多数石鳖一样，长度大于宽度，壳板明显呈拱形。壳板中央区光滑，两侧三角区（翼部）覆盖着密集的波浪形细纵肋，在每个翼部靠近环带的位置有大约6条念珠状的细横肋。尾板上有密集的念珠状细放射肋。整个环带几乎宽度相等，上面覆盖着小且光滑的鳞片。壳表呈灰绿色或淡褐色，鳞片和肋上的念珠呈浅绿色。

附注 环带上的装饰如鲨鱼皮一般。
栖息地 岩石海岸。

加勒比海区

环带上具暗带　重叠的壳板　前端
侧面观　底面观　背面观

| 分布：美国佛罗里达东南部、西印度群岛 | 数量： | 尺寸：6厘米 |

| 超科：石鳖超科 | 科：石鳖科 | 种：*Chiton marmoratus* Gmelin, 1791 |

大理石石鳖（Marbled Chiton）

体形长，两侧几乎平行，壳板光滑且极扁平。环带窄，其上覆盖着扁平的菱形鳞片。颜色和花纹变化极大，有橄榄绿色、褐色或灰色，带有浅色斑点或条纹；环带上交替排列着由绿色鳞片和灰色鳞片组成的带纹。

附注 壳板表面完全平滑为此种的特征。
栖息地 岩石海岸。

加勒比海区

壳板内面呈蓝绿色
后端
前端

| 分布：美国佛罗里达东南部、西印度群岛 | 数量： | 尺寸：6厘米 |

| 超科：石鳖超科 | 科：石鳖科 | 种：*Chiton magnificus* Deshayes, 1827 |

华丽石鳖（Magnificent Chiton）

又名"宽幅石鳖"，体形较大，壳板呈拱形，环带宽。每块壳板的中间位置具密集且笔直的小肋，但最高点（峰部）处常被磨平。在每块壳板两侧的三角区（翼部）具粗糙的横纹。头板和尾板具粗糙的放射肋。环带上布满光滑的方形颗粒。壳表呈黑褐色，环带呈墨绿色。

栖息地 潮间带岩石间。

秘鲁区

壳板略带光泽

前端

| 分布：智利 | 数量： | 尺寸：9厘米 |

| 超科：石鳖超科 | 科：石鳖科 | 种：*Tonicia chilensis* (Frembly, 1827) |

智利玉带石鳖（Elegant Chiton）

又名"优雅石鳖"，环带薄而宽，表面光滑。位于头板后方的第一中间板比其他壳板都大。壳表呈红褐色，具黄色的条纹和斑块，在头板、尾板和居中的中央板表面尤其明显。

附注 干燥的标本环带边缘易起皱。
栖息地 浅海岩石上。

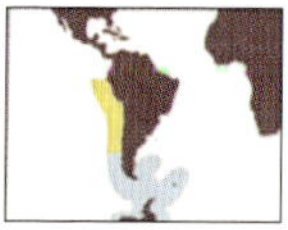

秘鲁区、麦哲伦区

此侧环带圆润

| 分布：秘鲁—智利 | 数量： | 尺寸：5厘米 |

| 超科：石鳖超科 | 科：石鳖科 | 种：*Acanthopleura granulata* (Gmelin, 1791) |

颗粒花棘石鳖（West Indian Fuzzy Chiton）

壳板强烈隆起，环带厚，表面被密集的粗棘所覆盖。在未被腐蚀的情况下，壳板表面布满颗粒，且呈褐色；但通常壳表呈灰褐色，只在峰部和侧面为深褐色；环带呈灰白色，具黑色条纹。

附注 壳板常被严重腐蚀。
栖息地 潮间带岩石间。

加勒比海区

前端

| 分布：美国佛罗里达南部、西印度群岛 | 数量： | 尺寸：6厘米 |

多板纲 | 209

| 超科：石鳖超科 | 科：锉石鳖科 | 种：*Ischnochiton comptus* (Gould, 1859) |

花斑锉石鳖（Decked Chiton）

体形修长，壳板宽，环带窄，其上覆盖着密集的小鳞片。壳板光滑，呈红色、黑色、白色、黄色或是混合色；环带近绿色。

附注 环带上覆盖着鳞片的几个相似种之一。
栖息地 浅海岩石下方。

环带窄

对比强烈的色彩

日本区

| 分布：日本 | 数量： | 尺寸：2.5厘米 |

| 超科：石鳖超科 | 科：毛带石鳖科 | 种：*Chaetopleura papilio* (Spengler, 1797) |

蝶斑毛带石鳖（Butterfly Chiton）

又名"蝴蝶石鳖"，体形硕大，环带宽，新鲜个体的环带上生有硬刚毛。壳板略呈拱形，沿中线略微隆起，表面极光滑。壳表呈深褐色，每片壳板的中央有一块布满斑点的黄褐色区域；壳板底部近白色，侧边偶尔有蓝白色污点；环带呈深褐色；壳板内面呈黄白色。

附注 壳板看上去就像抛光后的红木。
栖息地 退潮后的岩石下方。

后端

壳板光滑

前端

南非区

| 分布：南非 | 数量： | 尺寸：6厘米 |

| 超科：鬃毛石鳖超科 | 科：小玉带石鳖科 | 种：*Tonicella insignis* (Reeve, 1847) |

高贵小玉带石鳖（Distinguished Chiton）

又名"晦石鳖"，身体扁平，呈卵形，环带宽且富有弹性。壳板平滑，呈深红色，其上花纹多变，常见到的是白色波浪状线纹。图示标本保留了动物的软体，展示了一些解剖结构。

附注 少数几种拥有迷人花纹的冷水石鳖之一。
栖息地 潮间带岩石间。

肌肉发达的单足

肛门位于后端

环北极区

鳃

口位于前端

背面观   底面观

| 分布：美国阿拉斯加—华盛顿 | 数量： | 尺寸：4.5厘米 |

双壳纲

蛏螂

又被称作"芒蛤",壳薄且易碎,呈长型,壳表覆盖一层具光泽的壳皮。铰合部无齿,韧带长,既有内韧带型,又有外韧带型。壳皮薄,呈红褐色,常有浅色放射带。蛏螂是一类原始的双壳纲族群,分布比较广泛,但种类稀少。

| 超科: 蛏螂超科 | 科: 蛏螂科 | 种: *Solemya togata* (Poli, 1791) |

蛏螂 (Toga Awning Clam)

又名"土嘉芒蛤",为属模式种。壳薄易碎,呈雪茄状,两端均开口。壳皮具光泽,并一直延伸出壳缘,在前端尤为突出。壳顶发育不全,所以铰合线看上去几乎呈一条直线。后闭壳肌前方有一条不发达的放射肋。贝壳无色,壳皮呈深褐色,并有浅色放射带。

栖息地 泥沙底。

壳缘

地中海区

西非区、南非区

| 分布: 地中海—南非 | 数量: | 尺寸: 5厘米 |

胡桃蛤

又名"银锦蛤",是一类小型双壳纲贝类,贝壳呈三角形,壳顶明显,前端较后端突出。铰合部明显呈拱形,具一系列锐利的小齿,并排成两列,分别位于壳顶的两侧。主要栖息于近海泥砂质海底,全世界均有分布。

| 超科: 胡桃蛤超科 | 科: 胡桃蛤科 | 种: *Nucula sulcata* Bronn, 1831 |

欧洲胡桃蛤 (Furrowed Nut Shell)

又名"欧洲银锦蛤",贝壳坚固,呈三角形,表面光泽暗淡,壳顶尖。壳表具纤细的同心肋,并与不明显的放射肋相互交错。壳顶两侧各具一列尖齿。贝壳下缘呈锯齿状。壳表呈黄绿色,壳内面有珍珠光泽。

栖息地 近海泥沙底。

北欧区、地中海区

前端

| 分布: 北海—安哥拉 | 数量: | 尺寸: 2厘米 |

爱神蛤

　　贝壳厚，呈褐色，轮廓多呈三角形，壳表或光滑，或具同心脊。在生活状态下具厚壳皮。两壳各有2个闭壳肌痕，且通过外套线连接在一起。无外套窦。大多数种类生活在极寒冷的海域。

超科：厚壳蛤超科	科：爱神蛤科	种：*Astarte castanea* (Say, 1822)

栗色爱神蛤（Chestnut Astarte）

　　贝壳扁平，轮廓呈圆三角形。壳顶明显突出，近似钩状。壳表光滑，具低矮的同心脊。铰合部宽，两壳各具3枚主齿，韧带小。壳内缘呈锯齿状。壳表呈浅褐色。

附注　壳皮易脱落。
栖息地　近海泥、砂及砾石底。

北欧区、美国北部

分布：加拿大的新斯科舍—美国新泽西	数量：	尺寸：2.5厘米

厚壳蛤

　　贝壳沉重，侧扁，轮廓呈三角形，具褐色厚壳皮。个别种类具同心肋。内韧带位于一个三角形的韧带槽中。右壳具3枚主齿，左壳具2枚主齿。厚壳蛤科在澳大利亚南部沿海较为常见。

超科：厚壳蛤超科	科：厚壳蛤科	种：*Eucrassatella decipiens* (Reeve, 1842)

南澳厚壳蛤（Deceptive Crassatella）

　　贝壳厚重，壳顶尖，铰合线沿壳顶两边极度倾斜。内韧带呈三角形。后侧齿较前侧齿长。壳表呈褐色，有时具浅红色放射带；壳内面下部呈乳白色，上部呈杏黄色。

附注　闭壳肌痕为栗色。
栖息地　近海水域。

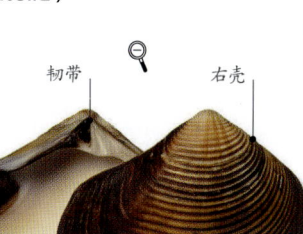

澳大利亚区

分布：澳大利亚南部及西南部	数量：	尺寸：7.5厘米

心蛤

又名"算盘蛤",贝壳坚固,呈船形,具粗壮的放射肋,并与环肋相交错。铰合部发达,朝向前端,具外韧带。两壳各有2个闭壳肌痕,无外套窦。壳内缘呈锯齿状。广泛分布于温暖海区。

超科:心蛤超科	科:心蛤科	种: *Megacardita turgida* (Lamarck, 1819)

厚壳帘心蛤(Thickened Cardita)

贝壳厚重,呈船形,约有16条宽而圆的放射肋。小月面极小,韧带长。壳表呈白色,具褐色或粉红色环带;壳内面呈白色。

附注 图示标本为常见的粉红色型。

栖息地 潮间带岩石下方。

澳大利亚区

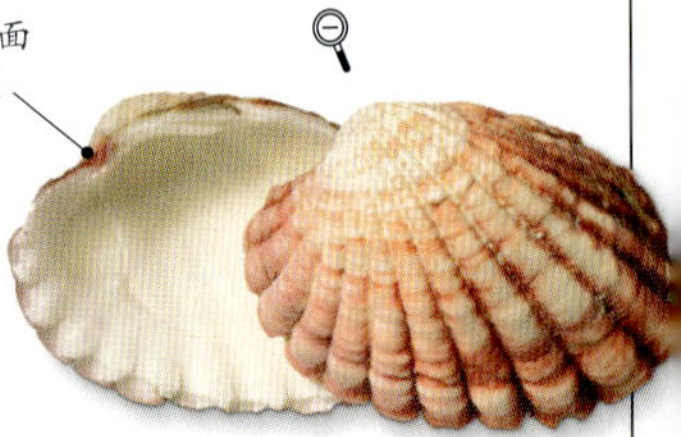

分布:澳大利亚(南部海岸除外)	数量:●●●	尺寸:4厘米

海神蛤

又被称作"潜泥蛤",是一类大型的双壳纲贝类,主要栖息于潮间带或近海的淤泥中。两壳侧边均张开,且各具1枚主齿。具外韧带。

超科:缝栖蛤超科	科:缝栖蛤科	种: *Panopea glycimeris* (Born, 1778)

欧洲海神蛤(European Panopea)

又名"欧洲潜泥蛤",贝壳大而膨胀,呈斜矩形,三侧边张开,铰合部是唯一连接之处。壳顶低而宽。两壳各具一枚小型主齿。外套窦宽,但不深。

栖息地 近岸泥底。

韧带位于齿丘后方

左壳

粗糙的生长纹

地中海区

分布:大西洋东部—地中海	数量:●●	尺寸:24厘米

刀蛏

"刀蛏"是对多个外形相近的物种的中文统称,因为它们都具有锋利的边缘和光滑的外表,在美国被称作"杰克的小刀",在南非被称作"棒状鱼饵",在澳大利亚又被称作"手指牡蛎"……铰合部位于贝壳前端,具外韧带,主齿不明显,侧齿薄。自然状态下埋栖于砂中生活。

超科:竹蛏超科　　**科**:灯塔蛏科　　**种**:*Ensis siliqua* (Linnaeus, 1758)

大弯刀蛏 (Giant Razor Shell)

贝壳狭长,截面呈"O"形,去除软体之后,透过壳前端主齿清晰可见。壳表近白色,具紫褐色的条纹和斑块,并被一条贯穿壳表的斜纹分隔;橄榄绿色的壳皮覆盖在壳缘。

附注　闭壳肌痕是鉴别此种的重要依据。

栖息地　浅海细沙底。

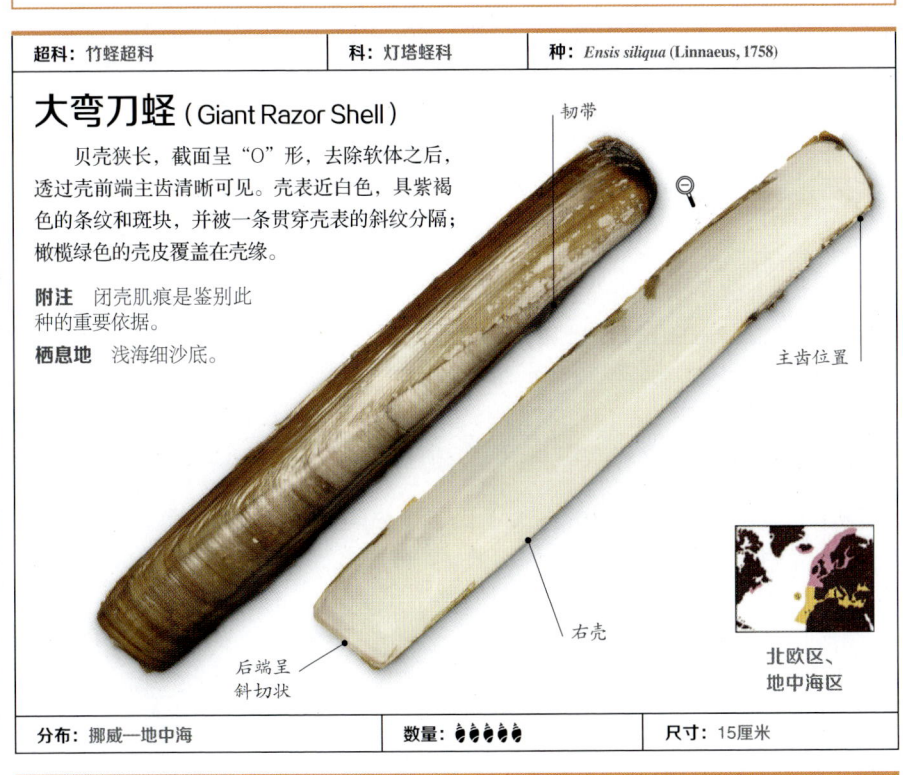

韧带 / 主齿位置 / 后端呈斜切状 / 右壳

北欧区、地中海区

分布:挪威—地中海　　**数量**:　　**尺寸**:15厘米

超科:竹蛏超科　　**科**:灯塔蛏科　　**种**:*Siliqua radiata* (Linnaeus, 1758)

辐射荚蛏 (Sunset Siliqua)

又名"光芒豆蛏",贝壳极薄,具光泽,呈船形。两壳前端张开,后端接触在一起。从壳顶下方斜射出一条宽而平的脊,并一直延伸至对面壳缘。壳表呈紫色,具4条白色的放射带。

附注　最前端的放射带与内脊相对应。

栖息地　浅海泥底。

内肋的位置 / 韧带

印度洋—太平洋区

分布:巴基斯坦、中国　　**数量**:　　**尺寸**:7.5厘米

里昂司蛤

里昂司蛤是一类生活在淤泥中或寄生在海绵和海鞘体内的双壳纲贝类。它们的贝壳薄而易碎,壳表有时黏附沙粒。壳皮薄,壳面具珍珠光泽。贝壳前端较凸;后端具开口。无铰合齿。

超科:帮斗蛤超科	科:里昂司蛤科	种:*Lyonsia californica* Conrad, 1837

加州里昂司蛤(Californian Lyonsia)

贝壳极薄,呈半透明状,壳顶靠近前端。内韧带位于壳顶下方的一小块石灰质韧带片后方。壳表近白色。

栖息地 近海泥沙底。

加州区

壳顶下方的石灰质韧带片

被腐蚀掉的壳皮

分布:美国阿拉斯加—下加利福尼亚	数量:	尺寸:2.5厘米

色雷西蛤

贝壳薄而轻,易碎。左壳较小,其壳顶可刺穿右壳的壳顶。无铰合齿,韧带大多位于壳内,外套窦较发达。大多数种类为冷水习性,埋栖于砂或泥质环境中。

超科:色雷西蛤超科	科:色雷西蛤科	种:*Thracia pubescens* (Pulteney, 1799)

欧洲色雷西蛤(Downy Thracia)

又名"曙色雷西蛤",贝壳薄而易碎,呈船形,左壳极扁,右壳较大。左壳顶将右壳顶刺穿,并留下一个小洞。除了偶尔有生长纹之外,壳表较平滑。通体白色或乳白色。

栖息地 近海泥沙底。

西非区

北欧区、地中海区

平滑脊

生长纹

左壳

分布:不列颠群岛—西非	数量:	尺寸:7.5厘米

鸭嘴蛤

又名"薄壳蛤",是脆弱的双壳纲贝类之一,贝壳呈船形,铰合部无齿,壳顶下方各具一枚突出的着带板。贝壳无色,表面暗淡,而内面富有光泽。鸭嘴蛤主要分布于热带海区,埋栖在淤泥中。

超科:未确定	科:鸭嘴蛤科	种:*Laternula anatina* (Linnaeus, 1758)

鸭嘴蛤(Duck Lantern Clam)

又名"鸭嘴薄壳蛤",贝壳薄且易碎,呈船形,拉丁学名源自其鸭嘴形的外观。除了具着带板和壳顶裂缝之外,此种贝壳几乎没有什么特点。

栖息地 近海泥底。

印度洋—太平洋区

着带板
右壳上的裂缝

分布:印度洋、红海	数量:🐾🐾🐾	尺寸:7.5厘米

筒蛎和棒蛎

又被统称为"滤管蛤",从极小的胎壳期开始,它们会逐渐发育成一根钙质的壳管,而胎壳则附着于管壁表面。底部是一个多孔且外凸的圆盘,周缘连接许多小管子。该种类主要栖息于温暖海区,但人们对这一类奇特软体动物的生活史仍然一无所知。

超科:筒蛎超科	科:棒蛎科	种:*Verpa philippinensis* (Chenu, 1843)

菲律宾棒蛎(Philippine Watering Pot)

又名"喷管蛤",必须仔细观察才能发现这种奇特双壳类的胎壳——位于成熟期贝壳的壳管一侧。壳管上还黏附着沙粒和贝壳碎片。流苏状的圆盘埋藏在沙中,而另一端则向上突出。

附注 自然状态下常聚集成小群生活。

栖息地 近海砂底。

印度洋—太平洋区

被沙粒覆盖的壳管
从下方看到底盘周缘呈流苏状
壳管
盘
盘的周缘生有小管
从这张放大图中,刚好能看到2片胎壳
胎壳

分布:日本南部—澳大利亚北部	数量:🐾🐾🐾	尺寸:15厘米

海笋

又被称作"海鸥蛤",贝壳薄,呈长形,两壳常张开。能钻孔于黏土、木材或岩石中。壳表尤其是靠近前端位置常具鳞。另有几块附加壳板,能够使壳内软体得到额外的保护。两壳内侧还各有一枚指状的突起物(即壳内柱)。

| 超科:海笋超科 | 科:海笋科 | 种:*Pholas dactylus* Linnaeus, 1758 |

指形海笋(European Piddock)

又名"指形海鸥蛤",贝壳长,呈船形,表面具带鳞的同心脊。壳顶下方各有一枚长的壳内柱;壳顶上方的铰合部边缘升高且反卷。外套窦宽而深。

附注 此种曾被古罗马作家老普林尼提及。

栖息地 木材、岩石和砂中。

北欧区、地中海区

壳内柱

壳顶翻卷处形成的空腔

| 分布:欧洲西南部—地中海 | 数量: | 尺寸:11厘米 |

| 超科:海笋超科 | 科:海笋科 | 种:*Cyrtopleura costata* (Linnaeus, 1758) |

天使之翼海笋(Angel Wing)

此种也许是唯一能被冠以"天使之翼"美名的海笋,它们的贝壳薄而易碎,呈半透明状。壳表为白垩质(摩擦之后,会在手指上留下白色粉末)。具放射肋,且越靠近前端肋越突出,肋间隔也越宽,肋上生有凹槽状鳞片,鳞肋在壳内部对应为坑坑洼洼的凹沟。壳顶上方的壳缘反曲,并有宽阔的匙状壳内柱从壳顶下方突出。铰合部无齿,外套窦宽而深,但不易见。壳内外呈白色。

附注 两壳有时略带有粉红色。

栖息地 浅海泥底。

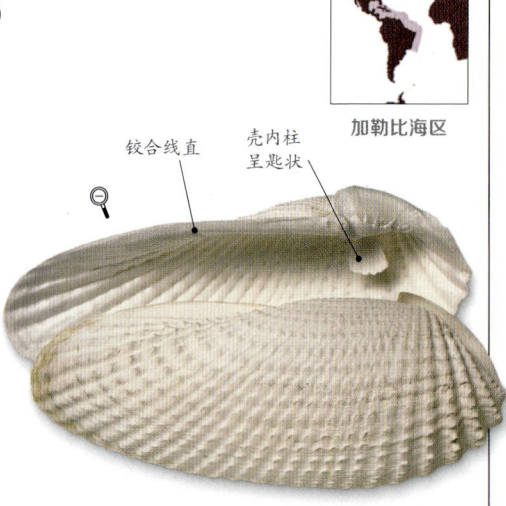

加勒比海区

铰合线直

壳内柱呈匙状

| 分布:美国东部—巴西 | 数量: | 尺寸:13厘米 |

海螂

　　海螂是一类冷水性的双壳纲贝类，它们的白垩质贝壳很薄，色彩单调，主要栖息在淤泥中。两壳大小不等，具内韧带。在左壳的铰合部中央有一突出的着带板，韧带便附着于此。

| 超科：海螂超科 | 科：海螂科 | 种：*Mya arenaria* Linnaeus, 1758 |

砂海螂（Soft-shell Clam）

　　壳体长，右壳比左壳略微膨凸，两壳前后端均有开口。壳表布满粗糙的生长纹。左壳的着带板大，并深深嵌入右壳中。外套窦狭长。壳表呈污白色。

栖息地　潮间带泥质滩涂。

加州区、美东区

北欧区

分布：西欧—美国东、西部　　**数量**：　　**尺寸**：10厘米

满月蛤

　　贝壳大多呈圆盘状，小月面极小，韧带长，有内韧带型或外韧带型。虽然与帘蛤科相似，但满月蛤的前闭壳肌痕大而窄，而且缺少外套窦。主要分布于温暖海区，埋栖于砂或污泥中。

| 超科：满月蛤超科 | 科：满月蛤科 | 种：*Codakia punctata* (Linnaeus, 1758) |

刻纹厚大蛤（Pitted Lucine）

　　又名"刻纹满月蛤"或"胭脂满月蛤"，贝壳厚，呈圆盘状，壳顶尖，小月面极小，内韧带型。壳表具不规则的放射沟，并与强生长纹交错。两壳各具2枚主齿，无外套窦。壳表呈乳白色，略带紫色；壳内面外套痕以内的区域为黄色，以外的区域为橙红色。

栖息地　浅海砂底。

印度洋—太平洋区

分布：热带印度洋—太平洋　　**数量**：　　**尺寸**：7.5厘米

超科：满月蛤超科	科：满月蛤科	种：*Phacoides pectinatus* (Gmelin, 1791)

厚满月蛤（Thick Lucine）

贝壳厚，扁平，从壳顶至后缘有一条圆脊。壳表具间隔宽且锐利的同心脊。前闭壳肌痕狭长。小月面隆起，使得贝壳前缘看上去蜿蜒曲折。壳表呈淡黄色。

栖息地 浅海底。

加勒比海区、美东区

分布：美国北卡罗来纳州—巴西	数量：	尺寸：5厘米

超科：满月蛤超科	科：满月蛤科	种：*Divalucina cumingi* (A. Adams & Angas, 1864)

异纹满月蛤（Cuming's Lucine）

异纹满月蛤属只有3个外形相近的种类，而本种为属模式种。贝壳膨胀，轮廓近似圆形。典型特征为壳表被由许多条紧密排列的窄沟所组成的"V"字形宽纹横穿。前闭壳肌痕狭长，韧带长。壳内面呈白色。

栖息地 近海泥底或砂底。

新西兰区

分布：新西兰	数量：	尺寸：4厘米

棱蛤

又称"船蛤"，种类较少，贝壳呈梯形，质地坚固，有时具粗糙的放射肋，并在壳顶后方具一外韧带。主齿短但极厚。棱蛤主要栖息在珊瑚礁附近。

超科：熊蛤超科	科：棱蛤科	种：*Trapezium oblongum* (Linnaeus, 1758)

长棱蛤（Oblong Trapezium）

又名"方形船蛤"，贝壳坚固，通常厚重，壳宽大于壳高。轮廓呈梯形，壳顶位于前方。侧齿短但非常发达。外韧带短，位于壳顶后方。壳表或光滑，或具粗糙的放射肋及明显的同心生长脊。壳表呈白色或灰色。

栖息地 浅海珊瑚礁附近。

印度洋—太平洋区

分布：热带印度洋—太平洋	数量：	尺寸：6厘米

双壳纲 | 219

鸟蛤

又名"鸟尾蛤"，是一类全球性分布的双壳纲贝类，其中有几种与人们的关系极为密切。两壳对称，具放射肋，肋上有时具发达的棘刺，壳内缘呈锯齿状。闭壳肌痕有2个且大小相等，无外套窦。外韧带位于壳顶后方，两壳各具有2枚主齿。大多数鸟蛤埋栖在泥沙中，有时在一小块区域中聚集的数量极多。

| 超科：鸟蛤超科 | 科：鸟蛤科 | 种：*Cerastoderma edule* (Linnaeus, 1758) |

欧洲鸟蛤（Common European Cockle）

贝壳膨胀，外韧带明显，呈拱形。前缘圆，后缘或具棱角或近直。放射肋粗壮，其上布满钝鳞。壳表呈浅黄色或淡褐色；壳内面呈白色；后闭壳肌痕略带褐色。

附注 本种为西北欧重要的经济海贝之一。
栖息地 浅海砂底。

北欧区、地中海区

右壳

壳内侧有放射沟

| 分布：拉普兰—西非 | 数量： | 尺寸：4厘米 |

| 超科：鸟蛤超科 | 科：鸟蛤科 | 种：*Acrosterigma attenuatum* (Sowerby II, 1841) |

尖顶滑鸟蛤（Attenuated Cockle）

又名"金华鸟尾蛤"，贝壳坚固，呈桨形，两侧边陡斜，表面具光泽。壳顶尖，彼此相接。壳表布满纤细的放射线，并在壳内面相对应的位置形成浅沟。铰合部短，强烈弯曲呈拱形。右壳的前侧齿极发达，其中位于最里面的齿最大。壳内缘呈锯齿状。壳表呈黄色，具橙红色的斑纹和环带。

附注 壳顶呈粉红色。
栖息地 浅海底。

韧带位置

后侧直

壳内缘呈黄色

壳内缘有细锯齿

印度洋—太平洋区

| 分布：热带印度洋—太平洋 | 数量： | 尺寸：5厘米 |

| 超科: 鸟蛤超科 | 科: 鸟蛤科 | 种: *Fragum unedo* (Linnaeus, 1758) |

莓实脊鸟蛤（Strawberry Cockle）

又名"草莓鸟尾蛤"，贝壳厚，呈四方形，壳顶明显，外韧带短。有25～30条放射肋，其上装饰着低平的鳞片。贝壳内缘有锯齿，在后缘处锯齿突出，呈尖刺状。壳表呈白色或黄色；鳞片呈紫红色；壳内面呈白色。

2枚前侧齿

印度洋—太平洋区

栖息地 浅海底。

| 分布: 热带印度洋—太平洋 | 数量: | 尺寸: 4厘米 |

| 超科: 鸟蛤超科 | 科: 鸟蛤科 | 种: *Lyrocardium lyratum* (Sowerby II, 1840) |

斜纹鸟蛤（Lyre Cockle）

又名"琴鸟蛤"，贝壳很薄，轮廓近圆形，壳顶浑圆且相连。铰合部薄且微弯。两壳的前半部约有16条间距宽阔的斜脊，为此属的标志性特征。壳表呈红紫色；壳内面呈粉红色和黄色。

左壳

印度洋—太平洋区、日本区

栖息地 近海水域。

| 分布: 日本—澳大利亚北部 | 数量: | 尺寸: 4厘米 |

| 超科: 鸟蛤超科 | 科: 鸟蛤科 | 种: *Acanthocardia echinata* (Linnaeus, 1758) |

欧洲棘鸟蛤（European Prickly Cockle）

又名"海胆鸟尾蛤"，贝壳极膨胀，壳顶宽阔，在铰合线上高高突起。壳表有许多放射肋，肋上生有尖棘，且在棘刺基部彼此相连。壳顶周围棘刺稀疏，但越靠近贝壳后端和下端，棘刺数量越多、分布越密集，而且越来越长，后端棘刺是最长的。在贝壳前方，棘刺往往被光滑的疣状结节所取代。贝壳内缘呈锯齿状。壳表呈黄色或淡褐色，有时具斑点。

前端鳞增厚
壳顶周围棘刺较少
最长的棘刺
右壳

北欧区、地中海区

栖息地 近海砂底。

| 分布: 挪威—地中海 | 数量: | 尺寸: 6厘米 |

双壳纲 | 221

| 超科：鸟蛤超科 | 科：鸟蛤科 | 种：*Maoricardium pseudolima* (Lamarck, 1819) |

巨卵鸟蛤（Giant Cockle）

世界最大、最重的鸟蛤。两壳极厚且膨胀，壳顶内卷，几乎相连。从前端或从后端看，闭合的双壳呈心形。放射肋宽而平，肋间沟"V"形。在生长后期，肋上具钝棘。壳表呈橙褐色至紫色渐变；壳内面呈白色略带粉红色。

附注 年轮线明显。
栖息地 近海砂底。

印度洋—太平洋区

右壳
偶尔有钝棘
后闭壳肌痕
互相咬合的锯齿

| 分布：东非—印度尼西亚 | 数量： | 尺寸：15厘米 |

| 超科：鸟蛤超科 | 科：鸟蛤科 | 种：*Corculum cardissa* (Linnaeus, 1758) |

心鸟蛤（True Heart Cockle）

又名"鸡心蛤"，贝壳脆弱，呈半透明状。从前方或从后方看时，两片精致的贝壳共同组成了心形的轮廓。边缘具锐利且略微前倾的棱脊，其上偶尔有锯齿。壳前半部具放射肋。壳色有黄色、紫色、白色或粉红色，有时具粉红色斑点。

附注 右壳顶覆盖左壳顶。
栖息地 近海砂底。

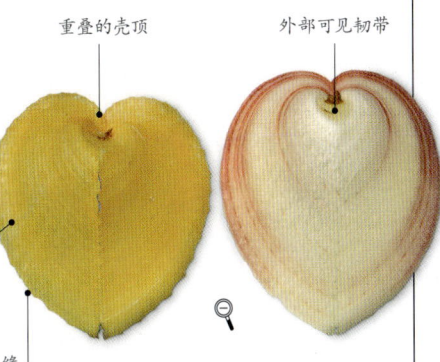

重叠的壳顶
外部可见韧带
放射肋扁平
锯齿状边缘

印度洋—太平洋区

| 分布：菲律宾—西太平洋 | 数量： | 尺寸：5厘米 |

砗磲

贝壳极厚重，放射肋强，沟槽状鳞片或有或无。壳缘呈扇形，两壳能够相互咬合。足丝孔位于两壳之间，两闭壳肌痕相邻。约有十余种砗磲生活于热带印度和太平洋海域的珊瑚礁间。目前，所有的砗磲都被CITES公约严格保护，任何采集、买卖及国际运输都是违法的行为。

| 超科：鸟蛤超科 | 科：鸟蛤科 | 种：*Tridacna squamosa* Lamarck, 1819 |

鳞砗磲（Fluted Giant Clam）

贝壳极厚，呈杯状，边缘呈扇形。就大小比例而言，该种是所有砗磲中相对最重的，但还是远远不及经典的大砗磲［*Tridacna gigas*（Linnaeus, 1758）］的尺寸和重量。壳顶后方有一个宽大的足丝孔。壳表具4～12条较圆且突出的放射肋，肋的宽度从壳顶至壳缘迅速增大。肋上装饰着凹槽状的鳞片，从上至下逐渐增大。贝壳边缘的轮廓与肋和肋间沟的形状相对应。贝壳呈白色，常带有橙色和黄色；壳内面呈白色。

附注 突出的鳞片是本种的标志性特征。

栖息地 珊瑚礁。

后端 — 左壳
铰合部
足丝孔

凹槽状鳞片覆盖边缘
左壳
扇形边缘

印度洋—太平洋区

| 分布：东非—南太平洋 | 数量： | 尺寸：25厘米 |

同心蛤

尽管在化石记录中极具代表性，但目前大约有 10 个现生种幸存。它们的壳顶大而内卷，具外韧带。有的种类从壳顶至后缘有一条龙骨状的棱脊。

超科：同心蛤超科	科：同心蛤科	种：*Glossus humanus* (Linnaeus, 1758)

龙王同心蛤（Ox-heart Clam）

贝壳大而沉重，壳顶强烈卷曲，如"心脏"般的外形使其在贝类家族中独树一帜。除壳顶外，壳表布满纤细的同心纹。各壳具 3 枚主齿，外套线连续，具外套窦。壳表呈黄褐色或黄白色；壳内面呈白色；大多数个体壳表覆盖着褐色的壳皮。

栖息地 近海砂底或泥底。

壳皮有光泽

北欧区、地中海区

分布：冰岛—地中海	数量：▪▪▪▪	尺寸：9厘米

囊螂

这些来自深海的大型双壳类是由专业的微型潜艇和遥控潜水器发现的。它们已完全适应在极深的海底硫化物的喷口处（黑烟囱）生活。

超科：同心蛤超科	科：囊螂科	种：*Turneroconcha magnifica* (Boss & Turner, 1980)

大囊螂（Giant Vent Clam）

贝壳极大且厚，呈长卵形，外套窦小。具外韧带，各壳具数枚主齿。壳表中断的生长线常组成同心环纹。壳表呈白色或乳白色，在自然状态下被一层松散的壳皮覆盖。

附注 它们生活在水深超过 2500 米的极端环境中，鳃中共生的硫化细菌能氧化硫化氢，以此为自身提供营养。

栖息地 深海热液口。

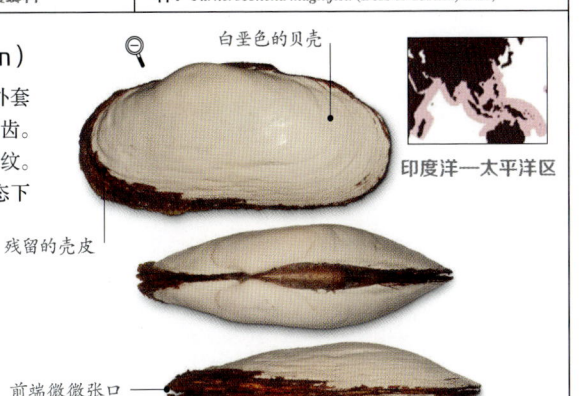

白垩色的贝壳

残留的壳皮

前端微微张口

印度洋—太平洋区

分布：东太平洋	数量：▪▪	尺寸：18厘米

蛤蜊

蛤蜊又被称作"马珂蛤",是一类全球性分布的双壳纲贝类,贝壳外形似船或呈三角形,壳顶居中。外套窦深,每片贝壳各有2个闭壳肌痕。蛤蜊科最明显的特征是拥有着带板——一个凹槽状的小窝,用来附着内韧带。主要埋栖于砂中。

| 超科: 蛤蜊超科 | 科: 蛤蜊科 | 种: *Mactra stultorum* (Linnaeus, 1758) |

射线蛤蜊(Rayed Trough Shell)

又称"射线马珂蛤",贝壳薄,具光泽,呈三角形,前端略有棱角。壳顶下方是一个宽大的三角形着带板。外套窦宽而深。壳表呈白色,略带有紫色;壳内面呈白色或紫色。

附注 壳表有时具浅色放射带。
栖息地 近海洁净的砂底。

北欧区、地中海区

左壳上的着带板

| 分布: 挪威至塞内加尔、地中海 | 数量: | 尺寸: 5厘米 |

| 超科: 蛤蜊超科 | 科: 蛤蜊科 | 种: *Mactrellona exoleta* (Gray, 1837) |

大蛤蜊(Mature Trough Shell)

又称"大马珂蛤",贝壳大而薄,半透明,表面具纤细的同心纹,从壳顶至后缘有一条龙骨状脊。着带板深,侧齿短。贝壳内外表面均为黄白色。

栖息地 近海砂底。

巴拿马区

着带板
侧齿短

| 分布: 加利福尼亚湾—秘鲁 | 数量: | 尺寸: 10厘米 |

| 超科: 蛤蜊超科 | 科: 蛤蜊科 | 种: *Spisula solida* (Linnaeus, 1758) |

坚固蛤蜊(Solid Trough Shell)

又名"坚固马珂蛤",贝壳坚固,两壳膨胀相同,铰合部厚,壳顶低而圆。壳表布满细的同心纹和沟。右壳具3枚分离的主齿、2枚前侧齿和2枚后侧齿。贝壳里外均为白色。

附注 壳表的年轮线明显。
栖息地 近海砂底。

右壳 主齿

北欧区、地中海区

| 分布: 挪威—地中海 | 数量: | 尺寸: 4厘米 |

斧蛤

　　斧蛤是一类世界性分布的双壳纲贝类，贝壳呈三角形或楔形，壳顶靠近后端。外韧带短，每片贝壳各有2枚主齿。外套窦深。埋栖于砂中。有些种类色彩艳丽，有些可供食用。

| 超科：樱蛤超科 | 科：斧蛤科 | 种：*Donax scortum* (Linnaeus, 1758) |

皮革斧蛤（Leather Donax）

　　贝壳三角形，壳顶内卷，后端拉长并突出呈尖状。从壳顶向后缘伸出一条锐利的脊，壳表布满同心脊。壳表呈浅褐色；壳内面呈紫色。

附注　壳皮呈深褐色。
栖息地　浅海泥底。

标注：单一主齿、左壳、壳缘处有突出的脊
印度洋—太平洋区

| 分布：印度洋 | 数量：🐚🐚🐚🐚 | 尺寸：6厘米 |

| 超科：樱蛤超科 | 科：斧蛤科 | 种：*Donax cuneatus* Linnaeus, 1758 |

楔形斧蛤（Cradle Donax）

　　和大多数斧蛤一样，贝壳呈三角形，两侧扁，前端比后端更圆，外韧带短。外套窦极大。壳表呈灰白色，具褐色或紫色的放射带。

栖息地　沙滩。

标注：生长脊、左壳
印度洋—太平洋区

| 分布：印度洋—太平洋 | 数量：🐚🐚🐚 | 尺寸：4厘米 |

| 超科：樱蛤超科 | 科：斧蛤科 | 种：*Donax trunculus* Linnaeus, 1758 |

截形斧蛤（Truncate Donax）

　　贝壳中度膨胀，呈长三角形，壳顶圆，韧带前方部位比后方部位要长得多。壳表具纤细的辐射纹。贝壳内缘有密集的锯齿。壳色有橙色、褐色、黄色、紫色及白色，常有放射带；壳内面通常呈紫色。

栖息地　浅海砂底。

标注：左壳的主齿、壳内缘呈白色
地中海区

| 分布：欧洲西南部—地中海 | 数量：🐚🐚🐚🐚 | 尺寸：3厘米 |

紫云蛤

紫云蛤是一群栖息在淤泥中的双壳纲贝类,它们的贝壳呈船形,壳顶位置近中央,两壳有时不对称。外韧带位于从铰合部向上突出的薄板(齿丘)上。外套窦通常很大。壳表大多光滑,呈紫色或粉红色。

| 超科:樱蛤超科 | 科:紫云蛤科 | 种:*Psammotella cruenta* ([Lightfoot], 1786) |

血红紫蛤(Blood-stained Sanguin)

又名"牙买加紫红蛤",右壳凸,左壳极扁平。后端略有棱角,前端较圆。壳内外均呈粉红色;壳顶呈红色。

栖息地 浅海砂底。

韧带附着处

外套窦　右壳

加勒比海区

| 分布:加勒比海—巴西 | 数量: | 尺寸:6厘米 |

| 超科:樱蛤超科 | 科:紫云蛤科 | 种:*Hiatula diphos* (Linnaeus, 1771) |

双线紫蛤(Diphos Sanguin)

贝壳大而薄,呈船形,两壳后端略有缝隙。齿丘(韧带附着之处)突出于铰合部上方。壳表呈紫色,具浅色的同心带。

附注 新鲜个体具橄榄绿色壳皮,可食用,俗称"西施舌"。

栖息地 浅海泥底。

白色齿丘　左壳

印度洋—太平洋区、日本区

| 分布:印度洋—太平洋、日本 | 数量: | 尺寸:9厘米 |

| 超科:樱蛤超科 | 科:紫云蛤科 | 种:*Asaphis violascens* (Forsskål, 1775) |

对生荫蛤(Pacific Asaphis)

又名"紫晃蛤",贝壳厚,船形,前端圆,后部呈截形。壳表放射肋强,与明显的同心生长纹相交。壳表呈黄白色,略带紫色。

栖息地 浅海底。

后缘内面呈紫色

印度洋—太平洋区

| 分布:热带印度洋—太平洋 | 数量: | 尺寸:6厘米 |

樱蛤

樱蛤是一类色彩艳丽且体形优雅的双壳纲贝类，贝壳大都两侧扁平，前端圆，后方具棱角。外韧带位于铰合部的后半部。外套窦大而深。大多数种类生活在温暖海区。

超科：樱蛤超科	科：樱蛤科	种：*Tellina radiata* Linnaeus, 1758

辐射樱蛤（Sunrise Tellin）

贝壳长，壳表极光滑，两壳十分膨胀。后端下方略凹陷；前端圆。外套窦大，几乎与前闭壳肌痕相接。壳表呈乳白色，具粉色、黄色或浅红色的放射带。

附注 色彩多变，但壳顶通常呈红色。
栖息地 浅海珊瑚砂底。

铰合部薄而长　　右壳

凹陷

加勒比海区、美东区

分布：美国东南部—南美洲的东北部	数量：🐚🐚🐚🐚	尺寸：7.5厘米

超科：樱蛤超科	科：樱蛤科	种：*Peronaea madagascariensis* (Gmelin, 1791)

西非肌樱蛤（West African Tellin）

贝壳薄，侧扁，壳顶几乎位于中央，壳下缘笔直，后端钝尖。壳表纤细的同心线产生丝绸般的光泽。外套窦深。壳表呈粉色；壳内面呈粉红色。

栖息地 浅海底。

前闭壳肌痕大

西非区

分布：西非	数量：🐚🐚🐚🐚	尺寸：7.5厘米

超科：樱蛤超科	科：樱蛤科	种：*Tellinella virgata* (Linnaeus, 1758)

散纹小樱蛤（Striped Tellin）

又名"日光樱蛤"，贝壳侧扁，呈长三角形，前方圆，后方具棱角，从壳顶至后缘有一条弱脊。壳表布满纤细的放射肋。壳面呈粉色，具白色放射带。

栖息地 浅海砂底。

位于后方斜面上的脊

印度洋—太平洋区

分布：热带印度洋—太平洋	数量：🐚🐚🐚🐚	尺寸：6厘米

| 超科：樱蛤超科 | 科：樱蛤科 | 种：*Tellinella listeri* (Röding, 1798) |

李斯特小樱蛤（Speckled Tellin）

贝壳很厚，侧扁，从壳顶至后缘有一条斜脊。壳表布满同心线纹。壳面呈白色，具紫褐色的短线纹和"之"字形纹；壳内面略带黄色。

栖息地 近海砂底。

美东区、加勒比海区

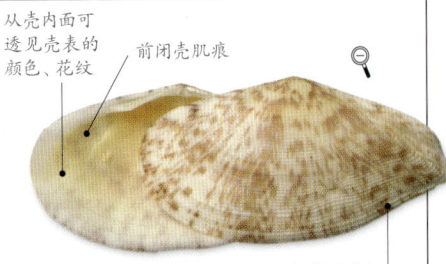

从壳内面可透见壳表的颜色、花纹

前闭壳肌痕

轻微的弯曲

| 分布：美国北卡罗来纳州—巴西 | 数量：●●● | 尺寸：7.5厘米 |

| 超科：樱蛤超科 | 科：樱蛤科 | 种：*Scutarcopagia scobinata* (Linnaeus, 1758) |

盾弧樱蛤（Rasp Tellin）

又名"锉纹樱蛤"，贝壳厚，近似圆形，从壳顶至后缘有一条斜脊，从壳内面看呈沟状。壳表布满呈同心环排列的小鳞片。外套窦极大。

附注 壳表鳞片酷似金属锉刀。
栖息地 浅海砂底。

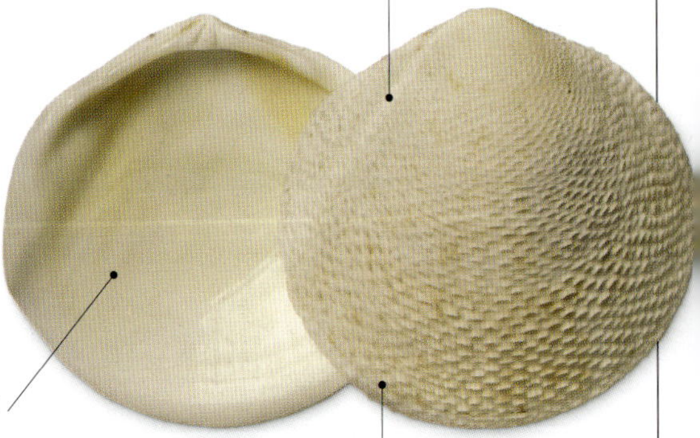

印度洋—太平洋区

斜脊

外套窦

右壳

| 分布：热带印度洋—太平洋 | 数量：●●●● | 尺寸：6厘米 |

| 超科：樱蛤超科 | 科：樱蛤科 | 种：*Scutarcopagia linguafelis* (Linnaeus, 1758) |

猫舌樱蛤（Cat's-tongue Tellin）

贝壳坚固，侧扁，呈圆卵形，从壳顶至后缘有一条斜脊。铰合部窄，韧带小。壳表布满细小且粗糙的鳞片。除壳顶呈朱红色外，壳表呈全白色。

附注 林奈将此种壳表比作猫舌，真是生动形象。
栖息地 浅海砂底。

印度洋—太平洋区

前侧齿

左壳

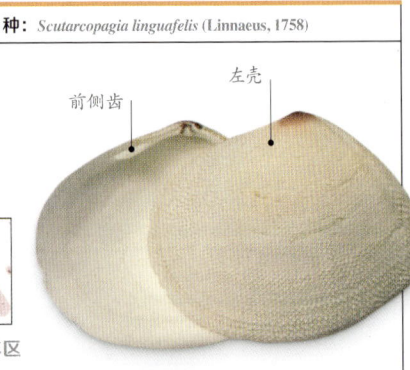

| 分布：西南太平洋 | 数量：●● | 尺寸：4.5厘米 |

双壳纲 | 229

| 超科：樱蛤超科 | 科：樱蛤科 | 种：*Phylloda foliacea* (Linnaeus, 1758) |

叶樱蛤（Leafy Tellin）

又名"枯叶樱蛤"，贝壳轻，极扁，半透明，呈宽阔的三角形。壳顶低，居中。两壳前缘略微裂开，从壳顶向后缘射出一条斜脊。壳表近乎光滑，仅在斜脊与铰合部之间有纤细的褶皱。壳表呈黄橙色，具白色的同心环纹；其上有一层薄薄的褐色壳皮。

栖息地 近海砂底。

韧带位置
后方的斜脊
印度洋—太平洋区
残留的壳皮

| 分布：热带印度洋—太平洋 | 数量：🐚🐚🐚 | 尺寸：8厘米 |

| 超科：樱蛤超科 | 科：樱蛤科 | 种：*Tellidora burneti* (Broderip & Sowerby, 1829) |

伯氏螂樱蛤（Burnet's Tellin）

贝壳外形奇特，左壳扁平，右壳微凸。壳顶尖，两侧边向下方急剧倾斜，其上有高低不平的锯齿。壳下缘优雅地弯曲。壳表布满纤细的不规则同心纹，生长脊明显。壳表呈全白色，有时略带蓝色。

栖息地 浅海底。

巴拿马区
生长脊
右壳

| 分布：加利福尼亚湾—厄瓜多尔 | 数量：🐚🐚 | 尺寸：4厘米 |

| 超科：樱蛤超科 | 科：樱蛤科 | 种：*Laciolina laevigata* (Linnaeus, 1758) |

光滑樱蛤（Smooth Tellin）

贝壳坚固，圆卵形，略扁平，从壳顶至后缘有一条圆形斜脊。壳表平滑，富有光泽，布满了纤细的放射线和同心纹。贝壳通体白色，或具有橙色的放射带和环带；壳内面呈白色或黄色。

栖息地 浅海砂底。

2枚主齿
美东区、加勒比海区
右壳
壳缘锋利

| 分布：美国东南部—加勒比海 | 数量：🐚🐚🐚 | 尺寸：7.5厘米 |

双带蛤

贝壳通常色彩艳丽，两壳间略有缝隙，壳顶位于中央。内韧带深陷于韧带槽中。两壳各有2枚主齿，外套窦深且宽。它们主要生活在河口和海湾，埋栖于海底泥沙中。

超科：樱蛤超科	科：双带蛤科	种：*Semele purpurascens* (Gmelin, 1791)

紫双带蛤（Purplish Semele）

铰合部窄，两壳各有2枚主齿。壳表布满纤细的同心肋。壳面呈乳白色或灰色，具紫色或橙色斑点；内壁具紫色大斑块。

栖息地 浅海砂底。

加勒比海区

分布：美国北卡罗来纳州—巴西	数量：	尺寸：3厘米

帘蛤

帘蛤是双壳纲中色彩丰富的类群之一，外形变化多端，或呈圆形或呈三角形；壳表或光滑或有肋。楯面和小月面极发达，壳内面常具外套窦。绝大多数种类埋栖在沙中，有一些种类栖息在河口地带。全世界温暖海区均有分布。

超科：帘蛤超科	科：帘蛤科	种：*Hysteroconcha dione* (Linnaeus, 1758)

女神刺帘蛤（Royal Comb Venus）

又名"女神黄文蛤"，贝壳上缘从壳顶开始，以一条平缓的曲线向后缘倾斜；其下方有一条脊，上面生有长棘，且位于每条同心脊的末端。壳表呈粉紫色；壳内面呈白色。

附注 此种是极少数真正具有棘刺的帘蛤之一。

栖息地 近海砂底。

加勒比海区

分布：西印度群岛	数量：	尺寸：4厘米

双壳纲 | 231

| 超科：帘蛤超科 | 科：帘蛤科 | 种：*Circe scripta* (Linnaeus, 1758) |

美女蛤（Script Venus）

左壳的韧带

又名"唱片帘蛤"，贝壳坚固，两侧极扁，从壳顶至后缘有一条不发达的脊。壳表布满强同心肋。具3枚大的主齿。壳表呈淡黄色，具褐色放射纹、带纹及"之"字形线纹；壳内面呈白色。

附注 不同个体的颜色和花纹差异极大。

栖息地 浅海砂底。

印度洋—太平洋区

| 分布：热带印度洋—太平洋 | 数量： | 尺寸：4厘米 |

| 超科：帘蛤超科 | 科：帘蛤科 | 种：*Gafrarium divaricatum* (Gmelin, 1791) |

歧脊加夫蛤（Forked Venus）

右壳的闭壳肌痕

又称"歧纹纵帘蛤"，贝壳厚而扁，呈圆三角形，壳顶宽，韧带下陷。每片贝壳的前半部具弱的结节状肋，且彼此相交呈"人"字纹。壳内面下缘具细的锯齿。壳表呈乳白色，具红褐色条纹、线纹及帐篷状花纹。

栖息地 浅海砂底。

印度洋—太平洋区

| 分布：热带印度洋—太平洋 | 数量： | 尺寸：4厘米 |

| 超科：帘蛤超科 | 科：帘蛤科 | 种：*Chione subimbricata* (Sowerby, 1835) |

阶梯鬼帘蛤（Stepped Venus）

贝壳呈三角形，壳顶宽而平。壳表具大且间隔宽阔的同心环肋。小月面和楯面不明显。内韧带短。壳表呈白色，具褐色的"之"字形线纹，以及2~3条深褐色的放射带。

附注 同心脊的数量和强度变化极大。

栖息地 潮间带沙滩。

巴拿马区

红褐色斑纹

内缘有锯齿

| 分布：墨西哥下加利福尼亚州—秘鲁北部 | 数量： | 尺寸：3厘米 |

超科：帘蛤超科	科：帘蛤科	种：*Callista erycina* (Linnaeus, 1758)

棕带仙女蛤（Red Callista）

又名"仙女长文蛤"，贝壳大型、坚固且膨胀，呈船形，壳顶突出并朝向前方，外韧带长，壳前端较后端更圆。壳表具间隔一致、宽且扁平的环肋，肋间沟窄。闭壳肌痕清晰，韧带长。壳表呈乳白色、淡褐色及橙红色，并有红褐色的放射带；壳内面呈黄白色；壳缘处为橙红色。

栖息地 潮间带低潮区的砂质滩涂。

印度洋—太平洋区

韧带部位
左壳
壳顶处具褐色条纹
外套痕

分布：印度洋—西太平洋	数量：	尺寸：7.5厘米

超科：帘蛤超科	科：帘蛤科	种：*Dosinia anus* (Philippi, 1847)

环镜蛤（Old-woman Dosinia）

又称"老娘镜文蛤"，为几十个相似种之一，它们的贝壳近圆，两侧压扁，色彩柔和，彼此之间仅有细微的差异。本种壳顶小而尖，指向前方。小月面呈心形，且下陷。壳表布满粗糙的同心环肋，肋的后端几乎呈鳞片状；壳顶后方的铰合线向下方倾斜。铰合面宽大，主齿发达。壳表呈米黄色，具红褐色的同心环带；壳内面呈白色。

栖息地 砂质滩涂。

生长轮
新西兰区
鳞状肋
左壳

分布：新西兰	数量：	尺寸：7厘米

双壳纲 | 233

| 超科：帘蛤超科 | 科：帘蛤科 | 种：*Chamelea gallina* (Linnaeus, 1758) |

鸡帘蛤（Chicken Venus）

贝壳厚，呈船形，后端尖，前端圆。小月面短，呈心形，表面具纤细的放射脊。壳表遍布规则的同心环脊，相邻环脊间的沟槽内具纤细的环线。壳表呈黄白色，具红褐色的放射带。

栖息地 近岸砂质底。

生长脊
右壳的外套痕
北欧区、地中海区

| 分布：欧洲西北部—地中海 | 数量：▮▮▮▮ | 尺寸：4厘米 |

| 超科：帘蛤超科 | 科：帘蛤科 | 种：*Paphia rotundata* (Linnaeus, 1758) |

巴非蛤（Butterfly-wing Venus）

又名"蝴蝶横帘蛤"，贝壳优雅，呈船形，有瓷质感，前后两端浑圆。壳顶宽，向前方突出。壳表遍布宽而平的环肋，肋间有窄沟。铰合部薄，具一长的韧带和3枚主齿。壳表呈黄橙色，具浅褐色斑点，有4条呈断续排列的红褐色放射带。

栖息地 浅海砂底。

右壳的韧带
间断状放射带
印度洋—太平洋区

| 分布：热带印度洋—太平洋 | 数量：▮▮▮▮ | 尺寸：7.5厘米 |

| 超科：帘蛤超科 | 科：帘蛤科 | 种：*Lioconcha castrensis* (Linnaeus, 1758) |

光壳蛤（Tented Venus）

又名"秀峰文蛤"，贝壳质地坚实，壳顶圆而突出。生长线细弱，使得壳表呈现丝质光泽。楯面大；内韧带型；外套窦浅。前侧齿发达。壳面呈白色，具三角形"帐篷纹"或如象形文字般的花纹。

栖息地 浅海砂底。

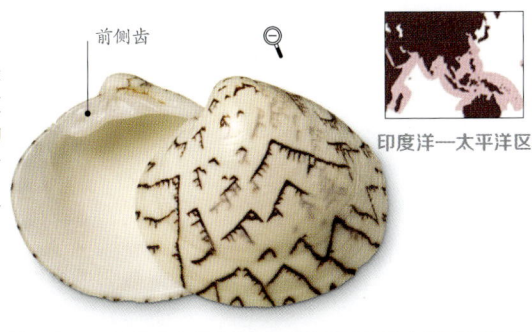

前侧齿
印度洋—太平洋区

| 分布：热带印度洋—太平洋 | 数量：▮▮▮▮ | 尺寸：4厘米 |

猿头蛤

又称"偏口蛤"，贝壳既厚又重，壳顶弯曲，外观形似色彩鲜艳的牡蛎。全部固着生活。壳表具鳞片或棘刺，但这些特征常被壳表覆盖的沉积物所遮掩。除极少数种类外，大部分猿头蛤生活在热带海域。

超科：猿头蛤超科	科：猿头蛤科	种：*Chama lazarus* Linnaeus, 1758

翘鳞猿头蛤（Lazarus Jewel Box）

又称"菊花偏口蛤"，为大型猿头蛤之一，以其较浅的左壳将自身固着在坚硬的物体上；右壳外凸，通过宽大的铰合部与左壳连接在一起。右壳自壳顶至下缘，同心排列着层层叠叠的叶状板肋。壳表呈白色、黄色或橙色；具2～3条红紫色放射线纹；壳内面呈白色。

附注 幼贝色彩较鲜艳。
栖息地 浅海岩石表面。

左（下）壳的铰合部
肋板在边缘处呈沟槽状
印度洋—太平洋区

分布：热带印度洋—太平洋	数量：●●●	尺寸：7.5厘米

三角蛤

三角蛤科在远古时期较为常见，但现生种十分稀少，堪称"活化石"，目前仅分布于澳大利亚沿海。它们的贝壳呈扇形，壳内面珍珠层发达，其中一片贝壳具3枚铰合齿，另一片具2枚铰合齿。

超科：三角蛤超科	科：三角蛤科	种：*Neotrigonia margaritacea* (Lamarck, 1804)

新三角蛤（Australian Brooch Clam）

又名"澳大利亚三角蛤"，贝壳坚固，呈扇形，放射肋上布满颗粒。壳内面包括大的铰合齿在内，都具珍珠光泽。壳表呈粉白色；壳内略带金色。

附注 新鲜个体具褐色壳皮。
栖息地 近海泥质底。

澳大利亚区
边缘平直
放射肋在壳内面所对应的沟

分布：澳大利亚东南部、塔斯马尼亚	数量：●●●	尺寸：5厘米

双壳纲 | 235

蚶

又称"魁蛤",是双壳纲中的一个大科。它们的贝壳较长,具强肋;铰合部具齿列;韧带区宽。在自然状态中,它们会通过从贝壳缝隙中伸出的足丝,将自己固定在坚硬的基质上。有许多种类广泛分布于全世界。

超科: 蚶超科	科: 蚶科	种: *Arca noae* Linnaeus, 1758

诺亚蚶(Noah's Ark)

壳体极长,壳顶位于前端。铰合部具许多小齿,两壳的前后闭壳肌痕大小相等。放射肋粗糙。壳表近白色,具"之"字形的褐色条纹。

壳顶下方壳质最薄
韧带区宽

附注 足丝孔位于壳顶下方。
栖息地 近海岩石底。

地中海区

分布: 地中海和大西洋东部	数量:	尺寸: 7厘米

超科: 蚶超科	科: 蚶科	种: *Anadara uropigimelana* (Bory de Saint-Vincent, 1827)

鹅绒粗饰蚶(Burnt-end Ark)

又名"焦边毛蚶",贝壳膨胀,质地坚厚,轮廓几乎呈长方形。两壳壳顶宽阔,彼此紧密贴合在一起。放射肋强,表面光滑且平整。两壳内缘呈深沟状。壳表呈白色,具褐色壳皮;壳内面呈淡黄色。

紧密排列的小齿

栖息地 潮间带岩石缝隙间。

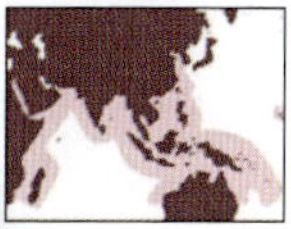

印度洋—太平洋区

分布: 热带印度洋—太平洋	数量:	尺寸: 6厘米

超科: 蚶超科	科: 蚶科	种: *Tegillarca granosa* (Linnaeus, 1758)

泥蚶(Granular Ark)

又名"血蚶",贝壳厚重,壳顶宽,位于铰合部的上方中央。具齿列,位于壳顶下方的齿最短。放射肋强且排列规则,肋上布满厚实的鳞片。壳表呈白色,具厚实的褐色壳皮。

宽阔的锯齿状边缘

附注 放射肋上的厚鳞是本种的标志性特征。
栖息地 沿海泥沙底。

印度洋—太平洋区

分布: 印度洋—太平洋	数量:	尺寸: 6厘米

| 超科: 蚶超科 | 科: 蚶科 | 种: *Barbatia amygdalumtostum* (Röding, 1798) |

棕蚶（Burnt-almond Ark）

又称"红杏胡魁蛤"，贝壳两边平行，前后端浑圆。铰合部两端的齿较大。同心脊与放射脊随贝壳的增长而逐渐增强。壳表呈深紫褐色，具褐色的纤维状壳皮；闭壳肌痕呈紫褐色。

附注　壳皮易脱落。
栖息地　岩石和珊瑚下方。

印度洋—太平洋区

壳内面近白色

| 分布: 热带印度洋—太平洋 | 数量: | 尺寸: 4厘米 |

| 超科: 蚶超科 | 科: 蚶科 | 种: *Barbatia foliata* (Forsskål, 1775) |

叶蚶（Leafy Ark）

又称"胡魁蛤"，贝壳扁，两壳下缘间具宽阔的空隙。韧带与铰合部等长。放射肋强，壳表常装饰着或强或弱的同心肋。壳表呈白色，具深褐色的刚毛状壳皮。

栖息地　近海岩石下方。

韧带区呈深沟状

印度洋—太平洋区

南非区

| 分布: 印度洋—太平洋和南非 | 数量: | 尺寸: 6厘米 |

| 超科: 蚶超科 | 科: 蚶科 | 种: *Trisidos tortuosa* (Linnaeus, 1758) |

扭蚶（Propeller Ark）

又名"扭魁蛤"，贝壳强烈扭曲，并形成一条棱褶，与铰合线形成锐角（内部为深沟）。铰合部长，近似直线。两壳下缘弯曲。壳表具纤细的放射肋和粗糙的同心生长脊。壳表呈黄白色，具褐色壳皮。

附注　铰合齿不发达。
栖息地　浅海底。

印度洋—太平洋区

下缘弯曲

| 分布: 热带太平洋 | 数量: | 尺寸: 7.5厘米 |

蚶蜊

贝壳厚，齿列的存在表明它们与蚶类的关系密切。全世界约有100种，它们的贝壳轮廓呈卵形或圆形，壳顶明显，具外韧带，壳表平滑或有放射肋。蚶蜊主要分布在近海水域，埋栖于砂或砾石中。

超科：蚶超科	科：蚶蜊科	种：*Glycymeris glycymeris* (Linnaeus, 1758)

欧洲蚶蜊（European Bittersweet）

贝壳坚厚，轮廓近似圆形。壳顶居中，韧带位于其下方一个宽阔的三角形区域中。壳面呈白色，具深浅相间的褐色带纹和"之"字形花纹。

附注 壳表具深褐色壳皮。
栖息地 近海泥沙底。

锯齿状边缘

北欧区、地中海区

分布：北海—地中海	数量：●●●●	尺寸：6厘米

超科：蚶超科	科：蚶蜊科	种：*Glycymeris reevei* (Mayer, 1868)

里氏蚶蜊（Reeve's Bittersweet）

又称"瑞氏蚶蜊"，贝壳膨胀，前方具棱角，壳顶两侧边倾斜。壳表呈褐色；放射肋宽，肋间沟呈浅黄色；壳前端具白色污斑。

附注 四边形的轮廓为此种的标志性特征。
栖息地 浅海砂底。

深褐色的闭壳肌痕

印度洋—太平洋区

分布：西南太平洋	数量：●●●	尺寸：5厘米

超科：蚶超科	科：蚶蜊科	种：*Glycymeris formosa* (Reeve, 1843)

优美蚶蜊（Beautiful Bittersweet）

贝壳厚而扁，轮廓近似圆形。铰合线微弯，两壳内侧下缘具密集的锯齿。壳表呈淡黄色，具深褐色的放射线纹；壳内面呈白色，具大片的褐色斑块。

附注 壳顶小而尖。
栖息地 近海砂底。

铰合部宽

西非区

分布：西非	数量：●●●	尺寸：4厘米

不等蛤

又称"银蛤",贝壳脆弱,无固定外形,标志性特征是在其下(右)壳表面有一个大孔,软体从中伸出一个肉柄,可将自身黏附在坚硬的基质表面。内韧带位于新月状的凹槽中。贝壳具珍珠光泽,相互碰撞的时候,会产生"叮叮当当"的声音。

超科:不等蛤超科	科:不等蛤科	种:*Anomia ephippium* Linnaeus, 1758

欧洲不等蛤(European Jingle Shell)

又名"欧洲银蛤",贝壳薄,光泽耀眼。轮廓不规则,外形随所黏附物体的形状而有相应变化。左壳有3个小的闭壳肌痕,右壳有1个大的肌痕。

附注 左壳覆于右壳之上。
栖息地 浅海底。

残留的韧带
北欧区、地中海区
细长的足丝孔

分布:欧洲西北部、地中海、西非	数量:	尺寸:4厘米

牡蛎

牡蛎科是具有重要经济价值的双壳纲贝类,由于贝壳形状不固定,因此很难鉴定。它们会将自己的左壳黏附在岩石或其他贝壳表面。具内韧带,铰合部无齿,个别种类有锯齿状边缘。大多数牡蛎可供食用,有些种类已开展人工养殖。

超科:牡蛎超科	科:牡蛎科	种:*Lopha cristagalli* (Linnaeus, 1758)

脊牡蛎(Cock's-comb Oyster)

又名"锯齿牡蛎",壳质坚厚,每片贝壳都有尖锐的棱脊,在壳缘处形成4~6个强拱,且两片贝壳所对应的强拱能够相互咬合。棱脊上生有棘刺状的突起,在壳顶附近尤为明显。壳表呈暗紫色,上面布满密集的颗粒;壳内面呈褐紫色。

附注 有些标本褶皱发达,常覆盖着鳞脊。
栖息地 近海水域簇生。

壳顶附近的棘刺
一排排小疣粒
内缘有大的疣粒
内壁光滑

印度洋—太平洋区

分布:热带印度洋—太平洋	数量:	尺寸:9厘米

扇贝

又称"海扇蛤",是知名度最高的双壳纲贝类。贝壳呈扇形,在壳顶的前后方有2个尺寸不等的壳耳。韧带位于壳顶下方的一个三角形韧带槽中。成体铰合部无齿。在每片贝壳的近中央位置有一大的闭壳肌痕(闭壳肌被视为美味佳肴)。幼贝通常分泌足丝将自身附着在坚硬的物体表面。扇贝科种类繁多,遍布世界各个海域。

超科:扇贝超科	科:扇贝科	种:*Pecten maximus* (Linnaeus, 1758)

大扇贝(Great Scallop)

又称"巨海扇蛤",是所有海贝中最著名的种类——已被用作商标,大量制成烟灰缸,并出现在波提切利的不朽画作《维纳斯的诞生》中。贝壳轮廓近乎圆形,右(下)壳凸圆,与平坦或内凹的左(上)壳略微重叠。两壳耳极明显,长度几乎相等。两壳表面有15~17条宽阔的放射肋,并与纤细的同心纹相交。两壳边缘呈宽的锯齿状。壳表颜色富于变化,从白色到淡黄色,再到褐色;有时具深褐色的同心纹和"之"字纹;贝壳内面呈白色。

附注 此种栖息在海床上,扁平的左壳位于上方。

栖息地 近海砂底或砾石底。

左壳肋顶部扁平

右壳肋圆凸

北欧区、地中海区

右壳强烈弯曲

分布:挪威—地中海	数量:	尺寸:13厘米

| 超科：扇贝超科 | 科：扇贝科 | 种：*Chlamys islandica* (Müller, 1776) |

冰岛栉孔扇贝（Iceland Scallop）

又名"冰岛海扇蛤"，贝壳呈窄扇形，前壳耳的长度是后壳耳的2倍。两壳微凸，且弧度近等。壳表约有50条排列紧密的粗糙放射肋，且每条肋在靠近壳缘处一分为二；在贝壳内面有与放射肋相对应的沟槽。壳表呈白色、乳黄色或红褐色，通常具同心环纹；壳耳的颜色较淡。

附注 壳内面色彩与壳表相似，但颜色更深。

栖息地 浅海和深海。

北欧区　　环北极区

边缘具细锯齿

| 分布：北极海—美国西北部和东北部 | 数量： | 尺寸：9厘米 |

| 超科：扇贝超科 | 科：扇贝科 | 种：*Mimachlamys asperrima* (Lamarck, 1819) |

粗面类栉孔扇贝（Austral Scallop）

又名"澳大利亚海扇蛤"，贝壳两侧从壳顶处陡峭倾斜，然后迅速变宽，最终形成完整的扇形。前壳耳比后壳耳要长得多，而且表面鳞片更加发达。壳表约有20条圆形放射肋，肋间有弧形的沟槽。每条肋上布满小尖鳞，其中短肋上的鳞片更加明显。贝壳颜色多变，有橙色、紫色、黄色等。

栖息地 近海水域。

同一种颜色的不同深浅变化可在壳表同时呈现

短肋上的鳞片较明显

色彩艳丽且无杂色

澳大利亚区

边缘呈明显的扇形

| 分布：澳大利亚南部和西部 | 数量： | 尺寸：7.5厘米 |

双壳纲 | 241

| 超科：扇贝超科 | 科：扇贝科 | 种：*Aequipecten opercularis* (Linnaeus, 1758) |

女王扇贝（Queen Scallop）

　　左壳比右壳更加外凸；两侧边自壳顶处缓缓倾斜。两壳耳大小略有差异。壳表约有20条呈细波纹状的圆放射肋。壳色包括粉红色、红色、褐色、黄色和紫色。

附注　图示标本展现了此种较少见的花色变化。

栖息地　近海砾石和泥沙质海底。

北欧区、地中海区

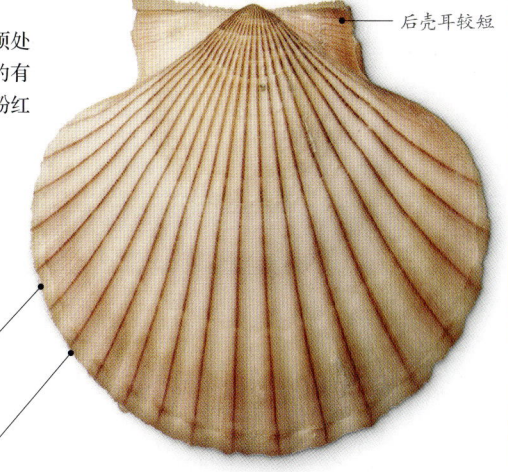

后壳耳较短

壳前缘

左壳

| 分布：挪威—地中海 | 数量： | 尺寸：7.5厘米 |

| 超科：扇贝超科 | 科：扇贝科 | 种：*Amusium pleuronectes* (Linnaeus, 1758) |

长肋日月贝（Asian Moon Scallop）

　　贝壳非常扁平，呈圆盘状，光滑且精致，两壳耳几乎相等。每片贝壳内面有30～35条放射肋。右壳呈白色；左壳呈暗粉红色，并有紫色的放射线纹和红褐色的同心环纹。

附注　此种常被用来制成手工装饰品。
栖息地　近海水域。

壳耳呈深褐色

壳耳侧边较圆

边缘锋利

左壳呈暗粉红色

右壳呈白色

印度洋—太平洋区

| 分布：印度洋、西南太平洋 | 数量： | 尺寸：9厘米 |

超科：扇贝超科	科：扇贝科	种：*Gloripallium pallium* (Linnaeus, 1758)

荣套扇贝（Royal Cloak Scallop）

又名"油画海扇蛤"，贝壳坚厚，左右壳弧度相等，但前后壳耳略不对称。壳表有 13～14 条间距相等且明显隆起的放射肋，在每条肋的表面又具 2～3 条细肋。在所有肋的表面生有细小的鳞片。在贝壳的内面具有与螺肋相对应的沟。壳表呈白色，具红紫色的斑块和斑点；壳顶周围通常呈白色；贝壳内面呈白色，但在边缘处与壳表颜色相同。

栖息地　珊瑚礁。

印度洋—太平洋区

壳耳表面具鳞状肋
肋上鳞片层层叠叠
左壳

分布：热带印度洋—太平洋	数量：	尺寸：6厘米

超科：扇贝超科	科：扇贝科	种：*Nodipecten nodosus* (Linnaeus, 1758)

狮爪扇贝（Lion's Paw）

又名"狮爪海扇蛤"，贝壳厚重，壳宽与壳高大致相当；前壳耳的长度约是后壳耳的 2 倍。每片贝壳具 9～10 条大而宽的放射肋，肋上生有大而中空的结节。壳表覆盖着发达的细放射肋，并与细的同心脊相交。壳表颜色包括暗红色、鲜红色、橙色和黄色。

栖息地　近海水域。

加勒比海区

肋上具大而中空的瘤
窄而凸起的细肋覆盖整个贝壳

分布：美国东南部—巴西	数量：	尺寸：10厘米

双壳纲 | 243

海菊蛤

海菊蛤的英文名是"Thorny Oysters"，即"带刺的牡蛎"，这其实是一个误区，因为它们与扇贝的关系更为密切。在生长的早期阶段，这些色彩艳丽的双壳类会利用右（下）壳将自身固定在坚硬的物体上。壳表的棘刺具有伪装和防护的作用。每片贝壳各具2枚强齿，能相互嵌入所对应的凹槽中；韧带深陷于两只不发达的"壳耳"间。海菊蛤大多生活在热带海区。

| 超科：扇贝超科 | 科：海菊蛤科 | 种：*Spondylus crassisquama* Lamarck, 1819 |

中美海菊蛤（Pacific Thorny Oyster）

又名"王侯海菊蛤"，贝壳重，棘刺厚而宽，末端钝且微弯，在生长后期变得密集。在数列较长的棘刺之间，具较尖的短棘和放射肋。壳表通常呈红色或粉红色；棘刺常为白色；壳内面呈白色，但在边缘处与壳表颜色一致。

附注 此种深受收藏者的青睐。
栖息地 坚硬的基质。

巴拿马区

- 右壳上的韧带
- 右壳上的棘刺
- 左壳上的弯曲棘刺

| 分布：加利福尼亚湾—秘鲁 | 数量：●●● | 尺寸：12厘米 |

| 超科：扇贝超科 | 科：海菊蛤科 | 种：*Spondylus visayensis* Poppe & Tagaro, 2010 |

菲律宾海菊蛤（Visayan Thorny Oyster）

贝壳呈卵圆形，但在成贝中却很难分辨，因为会被边缘上生出的尖锐棘刺所遮蔽。在壳顶周围通常有一块无棘刺的区域。壳表呈橘褐色、黄色或淡紫色；壳顶周围通常呈玫瑰色；壳内面呈白色。

附注 生长在隐蔽环境中的个体棘刺可能更长。
栖息地 近海珊瑚间。

印度洋—太平洋区

- 壳顶下方无长棘刺
- 壳缘处的棘刺最长
- 肋上的棘刺

| 分布：菲律宾 | 数量：●● | 尺寸：8.5厘米 |

锉蛤

又名"狐蛤",贝壳呈不等边形,壳耳短,韧带槽位于中间。由于很多种类的放射肋上具发达的鳞片,形似锉刀,故此得名。铰合部无齿,每片贝壳各具1个闭壳肌痕。在自然状态下,它们能通过拍打双壳在水中游动。锉蛤科种类繁多,成员遍布全世界。

超科:锉蛤超科	科:锉蛤科	种:*Lima vulgaris* (Link, 1807)

习见锉蛤 (Pacific File Shell)

又名"太平洋狐蛤",贝壳呈桨状,两壳弧度均等,铰合线沿三角形韧带槽的两侧急剧倾斜。壳顶区宽圆,由此辐射出约20条排列紧密的圆肋,肋上生有锐利的凹槽状鳞片。两壳内缘呈宽锯齿状,并在贝壳后端略微张口。壳表呈黄白色;壳内面呈白色。

附注 漂白后的贝壳呈纯白色。
栖息地 浅海底。

印度洋—太平洋区
肋上布满鳞片
右(下)壳
锯齿状边缘

分布:热带印度洋—太平洋	数量:	尺寸:6厘米

贻贝

贻贝科是双壳纲中数量最庞大的族群,踪迹遍布全世界的岩石和砾石质海岸。贝壳薄,铰合部短,无明显铰合齿,两片贝壳被位于前半部的一条长韧带相连。在生活状态下,贻贝会分泌足丝将自身附着在固体表面。

超科:贻贝超科	科:贻贝科	种:*Mytilus edulis* Linnaeus, 1758

贻贝 (Common Blue Mussel)

本种为属模式种,贝壳薄但坚固,轮廓近似三角形,壳顶位于前端。韧带区直,并一直延伸至距贝壳最高点的一半处。贝壳内面局部或完全被珍珠层覆盖。壳表呈褐色或蓝色,常有深色放射带;壳内面呈白色。

附注 此种在全世界被大量食用。
栖息地 潮间带岩石及砾石海岸。

全世界

前端具小齿

分布:大部分海域	数量:	尺寸:7.5厘米

江瑶

贝壳通常薄而扁平，中等至大型，外形呈桨状，或宽或窄，通常具沟槽状或管状的鳞片。壳顶位于前端，韧带与平直且无齿的铰合部长度一致。广泛分布于全世界的温暖海区。

超科：江瑶超科	科：江瑶科	种：*Pinna rudis* Linnaeus, 1758

鳞江瑶（Rough Pen Shell）

贝壳薄，呈桨状，两壳沿中线呈拱形。放射肋在生长后期发育成沟槽状或管状鳞片。壳表呈橄榄褐色，鳞片颜色稍浅。

附注 两片贝壳于宽阔的后端处形成明显张口。

栖息地 近海砂底。

铰合线
后端布满鳞片
前端平滑

地中海区

分布：地中海、西非、加勒比海	数量：	尺寸：20厘米

超科：江瑶超科	科：江瑶科	种：*Atrina vexillum* (Born, 1778)

旗江瑶（Flag Pen Shell）

贝壳大型，轮廓呈三角形，其中两侧近浑圆。两壳近中央处最膨胀。壳表有时近乎平滑，有时具带鳞片的放射肋。贝壳内面具彩虹般的光泽，后半部宽大，具一大的闭壳肌痕。壳表呈红褐色至黑色。

附注 贝壳外形酷似飞扬的旗帜，故此得名。

栖息地 近海砂底。

铰合线
局部壳皮被腐蚀
珍珠层
前闭壳肌痕
浅色边缘

印度洋—太平洋区

分布：印度洋—波利尼西亚	数量：	尺寸：25厘米

珍珠贝与珠母贝

珍珠贝与珠母贝是关系很近的两个科，它们的主要区别是：大多数珍珠贝的前后端具发达的翼状突起，在自然状态中喜欢通过足丝将自身附着于柳珊瑚的枝杈上；而珠母贝无翼状突起，体形更圆，通常附着于坚硬的物体上。它们的共同点是：铰合齿较弱或缺失；壳内面都具发达的珍珠层。

| 超科：珍珠贝超科 | 科：珍珠贝科 | 种：*Pteria tortirostris* (Dunker, 1849) |

扭喙珍珠贝（Twisted Wing Oyster）

又名"扭莺蛤"，与同属其他成员一样，它的贝壳较薄，右壳略小于左壳。铰合线两端具翼状延伸，其中后翼更长更宽。右壳的壳顶下方具2枚弱齿，左壳仅有1枚齿。在每片贝壳壳顶后面的铰合部下方各具一条细长的脊。在两壳内面的近中央处各具一大的闭壳肌痕。壳表呈深褐色至浅褐色，有时具波浪形的环带或放射线；壳内面具珍珠层。

附注 翼状的壳耳能够帮助动物自我定位。

栖息地 近海，附着于柳珊瑚上。

标注：小齿、足丝孔、闭壳肌痕、右壳

印度洋—太平洋区

| 分布：印度洋—太平洋 | 数量： | 尺寸：7.5厘米 |

| 超科：珍珠贝超科 | 科：珠母贝科 | 种：*Pinctada imbricata* Röding, 1798 |

射肋珠母贝（Rayed Pearl Oyster）

有几种珠母贝的外形变化极大，因此鉴定十分困难。本种贝壳呈卵圆形或盘状，右壳比左壳略小。壳表具同心脊，并在靠近壳缘处具层层叠叠的鳞片。铰合部长，两端各有1枚小齿。在每片贝壳的中央有一大的闭壳肌痕。壳表呈浅褐色或灰色，具红褐色的强放射带；贝壳内面具珍珠层。

附注 较大的个体栖息在更深的水域。

栖息地 浅海岩石底。

标注：韧带、珍珠层边缘

印度洋—太平洋区

| 分布：热带印度洋—太平洋 | 数量： | 尺寸：7.5厘米 |

锯齿蛤

锯齿蛤为珍珠贝的近亲，因许多成员喜欢附着于红树的气根表面，故又被称作"树牡蛎"。韧带位于铰合部的一系列沟槽或凹坑中。每片贝壳都有一个大的闭壳肌痕。

| 超科：珍珠贝超科 | 科：单韧穴蛤科 | 种：*Crenatula picta* (Gmelin, 1791) |

彩绘锯齿蛤（Painted Tree Oyster）

又称"彩纹障泥蛤"，贝壳薄，极扁平，外形几乎呈矩形。壳顶小而尖，靠近贝壳前端。沿铰合部有一列小凹坑，以容纳韧带。壳表呈黄色，具褐色波纹状放射带；铰合部下方具珍珠层。

栖息地 海绵中。

一系列凹坑　壳顶位置

印度洋—太平洋区

| 分布：热带印度洋—太平洋 | 数量： | 尺寸：5厘米 |

丁蛎

丁蛎科种类较少，因一两个代表种外形酷似锤头或呈"丁"字形，故此得名。贝壳狭长，边缘呈波浪状。无铰合齿。韧带短，其下方有一大的闭壳肌痕。在自然环境中，丁蛎主要栖息于砂质或泥沙质的海底。

| 超科：珍珠贝超科 | 科：丁蛎科 | 种：*Malleus albus* Lamarck, 1819 |

白丁蛎（White Hammer）

贝壳狭长，两侧边缘起伏呈波浪状。两翼延伸，使贝壳呈"丁"字形。两壳顶小而尖，紧邻短的韧带。在壳内面韧带的止下方有一巨大的闭壳肌痕。壳表呈污白色；闭壳肌痕呈黑色。

附注 此种的贝壳有时会被误认为是一把包裹了硬壳的锤子。

栖息地 浅海砂底。

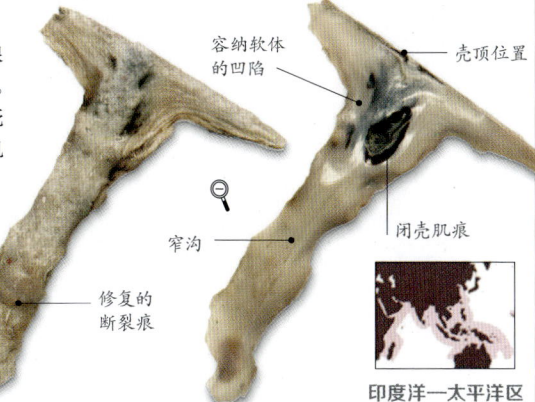

容纳软体的凹陷　壳顶位置
窄沟　闭壳肌痕
修复的断裂痕

印度洋—太平洋区

| 分布：热带印度洋—太平洋 | 数量： | 尺寸：15厘米 |

头足纲

鹦鹉螺

鹦鹉螺是头足纲中唯一真正拥有外壳的贝类,它们曾是古代海洋中最具优势的无脊椎动物,如今残存数种,生活于印度洋—太平洋海域中。它们的贝壳轻盈,内部具有许多腔室,里面充满气体,以此来调节身体的沉浮。

| 目:鹦鹉螺目 | 科:鹦鹉螺科 | 种:*Nautilus pompilius* Linnaeus, 1758 |

鹦鹉螺(Chambered Nautilus)

贝壳质薄而轻,呈螺旋形盘卷,只有将贝壳纵切之后观察才比较明显。贝壳内被分隔成许多腔室,且彼此之间被一条中空的管道相连。贝壳两侧对称,壳口大,无脐孔。壳表呈白色或乳白色,从脐区辐射出多条红色的斑马纹,但并未延伸至螺层的最宽处。

印度洋—太平洋区

附注 鹦鹉螺科的所有现生种类目前都受到 CITES 公约的保护。
栖息地 在海里自由游泳。

褐色印记处为动物的住室所在

条纹密集

条纹消失

条纹间隔较宽

分布:印度洋—太平洋　　数量:　　尺寸:15厘米

头足纲 | 249

旋乌贼

旋乌贼的贝壳极小，具与鹦鹉螺贝壳十分相似的内部构造：拥有一系列充满气体的腔室。但是，这个盘卷的贝壳被整个包裹在动物的身体内，这与鹦鹉螺类完全不同。旋乌贼科仅有一属一种。

超科：旋乌贼超科	科：旋乌贼科	种：*Spirula spirula* (Linnaeus, 1758)

旋乌贼（Common Spirula）

又名"卷壳乌贼"，贝壳薄脆，呈松散盘绕状，内部被分隔成许多腔室，隔板在壳表形成相对应的浅沟。贝壳终生被包裹在乌贼状的软体内。

附注 壳口呈圆形。
栖息地 在海里自由游泳。

剖面显示一系列腔室

贝壳剖面

全世界

分布：全世界温暖海区	数量：	尺寸：2.5厘米

船蛸

船蛸是一类外表酷似章鱼的软体动物，它们所谓的"贝壳"，实际上是雌性动物制造的钙质分泌物罢了，而并非真正的贝壳，其作用是储藏受精卵，一旦孵化出幼体，"贝壳"就会被丢弃。船蛸科在全世界的温暖海区均有分布。

超科：船蛸超科	科：船蛸科	种：*Argonauta hians* [Lightfoot], 1786

锦葵船蛸（Brown Paper Nautilus）

又名"阔船蛸"，为船蛸科中体形较小的成员，它们的"贝壳"（实际上是由雌性分泌用来储存卵的临时性外壳）薄脆但膨胀，壳表具间距宽阔的辐射肋，其末端于周缘处形成大且有时呈棘状的结节。壳表呈浅褐色，结节呈深褐色。

附注 有些个体无结节。
栖息地 在海里自由游泳。

尖锐的侧翼

壳脊在内壁形成沟槽

壳缘处的肋较弱

全世界

分布：全世界温暖海区	数量：	尺寸：9厘米

术语表

本书虽然尽可能回避使用技术性过强的用语，但有些基础性的专有名词是很难避免的。下列名词都是关于软体动物及它们贝壳的专业术语，并都做了简明扼要的定义。有些释义经过了简化和通俗化处理，并仅限于在本书中使用。读者还可以查看第18—19页的注释插图，便于进一步了解贝壳相关部位的专有名词。

- **凹槽状** 指贝壳边缘或肋间呈波浪状或连续的拱形。
- **贝类学家** 专门从事软体动物及贝壳研究的学者。
- **闭壳肌痕** 双壳类的闭壳肌在贝壳内侧留下的痕迹。闭壳肌是将两片贝壳闭合的肌肉。
- **CITES** 为《濒危野生动植物种国际贸易公约》的英文简写，其中包括软体动物在内的某些动植物野生物种贸易的协议。
- **超科** 由科集合而成的分类单元。
- **齿** 位于腹足类贝壳内、外唇表，以及双壳类贝壳铰合部上的尖锐或圆钝的突出结构。
- **齿丘** 位于某些双壳类铰合部的窄片状突起物，为外韧带的附着之处。
- **唇** 腹足类贝壳壳口内侧或外侧的边缘部分，被称为内唇或外唇。
- **雕刻** 贝壳表面的结构，包括凸起、凹陷、棘刺、褶皱、横纵肋等，是贝类的分类依据之一。
- **楯面** 双壳类壳顶后方的凹陷区，常包围着外韧带。
- **反曲** 向上或向下方弯曲。
- **放射状的** 形容双壳类壳表从壳顶发出至边缘的一系列突出或凹陷状雕刻。
- **缝合线** 连接腹足类贝壳上下螺层的线状构造。
- **凤螺缺刻** 凤螺科贝壳外唇下方形成的凹陷结构，生活时，动物的右眼从此处伸出。
- **腹足** 腹足类动物的肉质足，具有爬行、滑动或吸附的作用。
- **腹足类** 软体动物门的一个纲，是名副其实"以腹为足"的贝类，它们的头部拥有触角和眼睛。
- **钙质** 含碳酸钙或白垩质成分。
- **疙瘩** 小而圆的突起，比小结节更小。
- **沟** 位于腹足类壳口顶部或底部（即后端和前端）的沟槽，用以容纳水管。
- **管** 某些掘足类贝壳后端的小管状突起物。
- **核** 软体动物的贝壳或厣最开始生长的部位。
- **环带** 多板纲的特有构造，为肌肉质带状物，其作用是环绕并连接壳板。
- **棘刺** 贝壳表面或钝或尖锐的突出物。
- **角质层** 由甲壳素（非钙质层）组成。
- **铰合部** 位于双壳类壳顶内下方，通常以韧带和铰合齿连接两片贝壳。
- **结节** 块状隆起物，比瘤略小。
- **锯齿状** 常指贝壳边缘出现的一系列连续的沟槽或小尖，并形成波浪形的轮廓。
- **科** 超科之下的分类单元，包含着一到两个，甚至多个具密切关系的属。
- **颗粒状** 指表面覆盖着小鼓包。
- **壳瓣** 双壳类或多板类贝壳中的一片。
- **壳底** 腹足类贝壳最后形成的部分。
- **壳顶** 指腹足类或双壳类贝壳最早形成的部位，为贝壳生长的起点。
- **壳耳** 双壳类铰合部的延伸区域，如扇贝。
- **壳管** 空心管，呈螺旋状或平直，所有掘足类、绝大多数腹足类及某些双壳类都有此构造。
- **壳口** 腹足类和掘足类贝壳前端的开口。
- **壳内柱** 某些双壳类贝壳内面的指状或匙状突起物，位于壳顶的下方，为韧带的附着之处。
- **壳皮** 覆盖在许多新鲜贝壳表面的纤维状角质层。
- **壳缘** 贝壳边缘。
- **肋** 贝壳表面连续不断隆起的线。
- **棱脊** 多少有些锐利的边缘。
- **两侧对称** 左侧与右侧完全精准对应。
- **裂缝** 位于某些腹足类贝壳边缘，或某些双壳类壳顶处的或深或浅的切口。
- **鳞** 壳表突出的装饰性雕刻，边缘尖锐，有时呈凹槽状。

术语表 | 251

- **瘤** 大而圆的突出物。
- **卵形** 顾名思义，外形像蛋一样。
- **螺层** 腹足类贝壳沿一条中空的螺轴所盘绕的一整圈。
- **螺肩** 腹足类螺层上的棱角，位于缝合线位置或其正下方。
- **螺塔** 腹足类贝壳位于体螺层上方的螺旋结构。
- **螺旋形** 腹足类和掘足类贝壳横向生长的方式（即与纵向垂直）。
- **螺轴** 腹足类贝壳的中柱，从壳口内可见。
- **目** 由超科集合而成的分类单元。
- **内弯** 向内侧弯曲的。
- **滑层** 为或厚或薄的贝壳质层，通常平滑且具光泽，常呈透明状。
- **脐孔** 腹足类贝壳底部的开口，体螺层以此为中心环绕，也是螺塔各螺层的中心位置。
- **切刻** 细缺口。
- **球形** 指贝壳体形膨胀似球。
- **韧带** 连接双壳类两片贝壳、具有弹性的角质构造。
- **软体动物** 身体柔软且不分节，具有外套膜和齿舌，并通常能形成石灰质贝壳的一类无脊椎动物。
- **生长纹（或脊）** 壳表或粗或细的隆起线，显示了贝壳生长过程中的暂停阶段。
- **石鳖** 软体动物门多板纲动物的别称，它们足部宽大，头部生有触角，背部有 8 块壳板，周围被环带包盖。
- **属** 科以下的分类阶元，包含一到多个近缘种。
- **栓塞** 填充掘足类贝壳后端小管的壳质。

- **双壳类** 软体动物门的一个纲，成员都具有 2 片贝壳。
- **双锥形** 两端逐渐变细，就像把两个圆锥体宽的一端接合在一起。
- **水管** 腹足类和双壳类软体上可自由伸缩的肉质管状物，为觅食和排泄的通道。
- **前沟（前水管沟）** 腹足类壳口前（下）端的管状或槽状构造，可容纳并支持前水管。
- **体螺层** 腹足类成贝最后形成的螺层。
- **同心肋** 双壳纲贝壳表面凸起或凹陷的环形肋，与壳缘平行。
- **外套窦** 外套线上的明显凹痕，或深或浅，为水管肌附着之处。
- **外套膜** 软体动物表皮延伸出的叶状构造，能保护内脏并形成贝壳，在贝壳内面常留下外套痕。
- **外套线** 外套膜边缘在双壳类贝壳内侧留下的痕迹，通常与壳缘平行。
- **网格** 即格子状雕刻，由垂直相交的螺肋或螺纹组成。
- **线纹** 贝壳表面如同刮痕般的沟状结构。
- **小齿** 小而圆的齿状雕刻。
- **小肋** 壳表连续不断隆起的线，位于肋间。
- **小月面** 双壳类贝壳位于壳顶前方的凹陷，通常呈心形。
- **斜面** 位于螺层缝合线下方的一个宽阔且平顶的平台。
- **厣** 俗称"口盖"，腹足类足部末端附着的角质或石灰质构造，功能是关闭壳口，保护软体。
- **晕色** 反射出彩虹色的。
- **着带板** 某些双壳类壳顶下方的匙状物，为内韧带的附着之处。

- **珍珠质** 位于贝壳表面或内层，具有珍珠般的光泽。
- **种** 一个拥有相同特征的群体，与其他群体都不相同，包含在一个属内。
- **轴唇** 腹足类螺轴后方的内唇部分。
- **轴盾** 遮盖某些腹足类壳口的薄板。
- **主齿** 双壳类的壳顶下方，位于铰合部的突出物。
- **装饰** 贝壳表面的凸起或凹陷的特征。
- **纵向** 对于腹足类贝壳来说，指的是从壳顶到壳底的方向；对于石鳖来说，指的是从头板到尾板的方向。
- **纵胀肋** 腹足类贝壳生长过程中，由上一个壳口边缘增厚形成的肋状物。
- **足丝** 某些双壳类分泌的一束丝状线，作用是将贝壳附着于固体表面。

索引

A

阿地螺 201
阿拉伯毛利涡螺 164
阿拉伯长笛螺 61
阿玛迪斯芋螺 192
阿莫斯前锥螺 112
爱神蛤 211
澳大利亚大圣螺 155
澳大利亚雉螺 39
澳洲翼嵌线螺 89

B

巴巴多斯钥孔 32
巴比伦笋螺 196
巴比伦塔螺 193
巴菲蛤 233
巴拿马尖框螺 179
白带泡螺 203
白带双层螺 199
白丁蛎 247
白滑层侍女螺 181
白口蛾螺 105
白兰地芭蕉螺 134
白兰地涡螺 165
白衣笠螺 65
百肋竖琴螺 159
百眼嵌线螺 90
斑鹑螺 81
斑点尖框螺 179
斑点小桃螺 168
斑凤螺 58
斑核螺 114
斑疹芋螺 187
宝贝 67
宝岛框螺 176
宝冠螺 86
宝石甲螺 35
宝塔肩棘螺 150
宝塔类鸠螺 156
鲍 33
贝壳储存 8
贝壳的结构 17
贝壳的生长 17
贝氏管骨螺 146
贝氏山黛豆螺 127
泵骨螺 133
鼻螺 61
笔螺 173
滨螺 52
冰岛栉孔扇贝 240
波浪织纹螺 119
波纹甲虫螺 111

波纹小泡螺 202
伯氏螂樱蛤 229
不等蛤 238
部分中小型细带螺 127

C

采集工具 6
彩带雉马蹄螺 36
彩环小塔螺 200
彩绘锯齿蛤 247
苍白中柱螺 111
测量贝壳尺寸 8
长安塔角贝 206
长刺骨螺 137
长笛螺 61
长棘赤蛙螺 100
长口核螺 113
长肋日月贝 241
长肋星帽贝 30
长棱蛤 218
长犬齿螺 152
蜡螺 37
砗磲 222
陈列贝壳 9
蛏蛾 210
齿凤螺 57
齿纹花生螺 174
刍秣螺 140
船蛸 249
船形窦螺 77
鹑螺 78
刺螺 43
刺球骨螺 138
粗糙拟滨螺 52
粗面类枇孔扇贝 240
粗皮鬘螺 86
粗纹锉棒螺 50
锉蛤 244

D

大肚织纹螺 120
大凤螺 53
大管骨螺 146
大蛤蜊 224
大理石石鳖 207
大理石织纹螺 118
大马蹄螺 38
大囊螂 223
大琵琶螺 101
大桑葚螺 161
大扇贝 239
大竖琴螺 160

大鸵足螺 64
大弯刀蛏 213
大西洋扭螺 95
大西洋棕螺 123
大绣花角贝 206
带斑芋螺 188
带鹑螺 79
丹尼森菖蒲螺 157
单齿刺坚果螺 141
蛋白乳玉螺 76
刀蛏 213
德雷琴涡螺 165
灯笼嵌线螺 92
地纹芋螺 186
地中海嵌线螺 91
地中海蛙螺 99
蝶斑笔螺 175
蝶斑毛带石鳖 209
丁蛎 247
东凤螺 158
独齿螺 49
镀金花帽贝 31
对生葫蛤 226
钝梭螺 73
盾弧樱蛤 228
多皱荔枝螺 141

E

俄勒冈网目螺 90
鹅绒粗饰蚶 235
蛾螺 105
耳鲍 33
饵螺 147

F

法螺 88
帆螺 66
方斑芋螺 191
方格腹螺 51
方格海神螺 36
方格桑葚螺 161
纺锤螺 130
纺锤真螺 109
菲律宾棒蛎 215
菲律宾海菊蛤 243
菲氏山黛豆螺 127
榧螺 176
分层笋螺 197
风景框螺 177
凤核螺 115
凤螺 53
辐射荚蛏 213

索引

辐射樱蛤 227
辐射蛹螺 74
斧蛤 225
覆瓦小蛇螺 48

G

橄榄皮芋螺 189
高贵小玉带石鳖 209
高雅芋螺 191
鸽螺 128
格里菲斯摺塔螺 194
格子衲螺 172
根干环棘螺 138
沟鹑螺 81
沟纹笛螺 63
钩刺鸽螺 129
钩龟螺 204
古氏非螺 109
骨螺 133
罫纹笋螺 198
管骨螺 146
管角螺 124
冠螺 83
冠犬齿螺 151
光滑樱蛤 229
光滑缘螺 169
光壳蛤 233
光螺 104
光织纹螺 117
广口尖榧螺 179
广口紫螺 142
龟螺 204
鬼怪芋螺 184
蛤蜊 224

H

海豹骨螺 139
海德利深海犬齿螺 153
海菊蛤 243
海军上将芋螺 187
海螂 217
海神蛤 212
海笋 216
海豚螺 45
海蜗牛 104
海之荣光芋螺 185
蚶 235
蚶蜊 237
核果螺 145
核螺 113
褐斑笋螺 198
黑笔螺 174

黑齿嵌线螺 93
黑口乳玉螺 76
黑口蛙螺 98
黑线细带螺 126
亨特涡螺 167
红斑笔螺 173
红鲍 33
红褐嵌线螺 94
红口榧螺 178
红口甲虫螺 111
红口荔枝螺 144
红口土发螺 97
红肋嵌线螺 94
红翁戎螺 34
宏凯海豚螺 45
厚凹缘蛾 32
厚唇螺 204
厚榧螺 178
厚壳蛤 211
厚壳帘心蛤 212
厚满月蛤 218
胡桃蛤 210
壶腹枣螺 203
葫鹑螺 80
蝴蝶芋螺 190
虎斑宝贝 70
虎斑毛利丽口螺 35
花斑锉石鳖 209
花斑纺锤螺 131
花斑雉螺 39
花带芋螺 187
花凤螺 57
花冠织纹螺 117
华贵红纹螺 202
华丽光螺 104
华丽石鳖 208
环带蛾螺 108
环带小桃螺 169
环镜蛤 232
黄斑核果螺 145
黄核螺 114
黄金宝贝 69
汇螺 49
活生生的贝类 16
火焰冠螺 84
火焰笋螺 195
货贝 68

J

鸡帘蛤 233
畸形珊瑚螺 148
棘螺 136
鹡鸰链棘螺 133

脊牡蛎 238
麂眼螺 51
加勒比犬齿螺 152
加氏左旋纺锤螺 132
加州里昂司蛤 214
加州蛙螺 99
假榧螺 182
尖顶滑鸟螺 219
尖角马蹄螺 38
尖帽螺 66
坚固蛤蜊 224
坚果螺 140
肩棘螺 150
江瑶 245
将军芋螺 183
角贝 205
角瘤荔枝螺 144
角螺 124
角嵌线螺 92
角犬齿螺 151
阶梯鬼帘蛤 231
结瘤花斑纺锤螺 132
截形斧蛤 225
金带嵌线螺 94
金斧凤螺 56
金拳凤螺 56
金网笔螺 174
金棕侍女螺 181
锦蜑螺 46
锦葵船蛸 249
巨卵鸟蛤 221
巨乳涡螺 166
锯齿蛤 247
锯齿笋螺 197

K

卡氏褶骨螺 134
凯旋假榧螺 182
科森核螺 113
颗粒花棘石鳖 208
可变荔枝螺 144
克莱特蛾螺 108
刻纹沟螺 63
刻纹厚大蛤 217
口螺 37
块斑笋螺 196
宽带饰纹螺 202
宽凤螺 55
盔螺 122

L

拉马克眼球贝 68

蜡台北方饵螺 147
蓝线帽贝 31
乐谱涡螺 162
雷神盔星螺 44
肋脊螺 157
类鸠螺 156
棱蛤 218
梨形盔螺 123
梨形美洲香螺 110
李斯特孔 32
李斯特小樱蛤 228
里昂司蛤 214
里氏蚶蜊 237
丽口螺、马蹄螺和扭柱螺 35
栗色爱神蛤 211
粒蛙螺 98
连氏侍女螺 181
帘蛤 230
亮螺 121
猎女神螺 74
鳞砗磲 222
鳞江瑶 245
龙宫翁戎螺 34
龙骨螺 102
龙王同心蛤 223
路易斯扁玉螺 75
卵黄宝贝 69
卵梭螺 74
轮肋螺 140
轮螺 200

M

麻布阿玛螺 103
马蹄螺 37
脉红螺 143
满月蛤 217
猫舌樱蛤 228
毛里求斯泡织纹螺 116
毛嵌线螺 93
矛螺 199
帽贝和笠贝 30
玫瑰底尖轴螺 36
玫瑰棘螺 136
莓实脊鸟蛤 220
梅氏珊瑚螺 148
美东棱鸽螺 128
美好鱼篮螺 121
美丽绣花角贝 205
美女蛤 231
美西织纹螺 118
美洲香螺 110
苗条管螺 106
牡蛎 238

N

衲螺 171
南澳厚壳蛤 211
南非大缘螺 168
南非泡织纹螺 116
南非蝶螺 42
南极饵螺 147
囊螂 223
泥蚶 235
鸟蛤 219
鸟爪拟帽贝 31
扭蚶 236
扭喙珍珠贝 246
扭螺 95
扭蛇首螺 112
扭轴弹头榧螺 180
诺氏织纹螺 121
诺亚蚶 235
女神刺帘蛤 230
女神涡螺 166
女王扇贝 241

O

欧拉宽口涡螺 167
欧洲安塔角贝 206
欧洲斑带鬘螺 87
欧洲不等蛤 238
欧洲蛾螺 106
欧洲海神螺 212
欧洲蚶蜊 237
欧洲胡桃蛤 210
欧洲棘鸟蛤 220
欧洲丽口螺 35
欧洲帽贝 30
欧洲鸟蛤 219
欧洲色雷西蛤 214
欧洲蟹守螺 50
欧洲锥螺 47

P

泡榧螺 176
泡螺 201
泡螺 203
泡缘螺 169
泡织纹螺 116
配景轮螺 200
膨肚琵琶螺 102
皮革斧蛤 225
皮氏蛾螺 106
琵琶螺 101
平顶独齿螺 49
平濑电光螺 164
平轴螺 51
苹果螺 82

苹果叶骨螺 135
普通核螺 115

Q

栖息地 14
奇异宽肩螺 194
歧脊加夫蛤 231
棋盘鬘螺 87
旗江瑶 245
鳍蝌蚪螺 91
翅鳞猿头蛤 234
清洗贝壳 8
蚯蚓锥螺 48
球核果螺 145
曲面织纹螺 118
犬齿螺 151
犬牙苹果螺 82

R

染料骨螺 135
日本东风螺 158
荣套扇贝 242
蝶螺 40
蝶螺 41

S

塞巴氏缘螺 170
三彩斑捻螺 201
三角蛤 234
三翼翼紫蛤 141
散纹小樱蛤 227
色雷西蛤 214
沙芋螺 189
砂海螂 217
珊瑚螺 148
闪亮镰玉螺 77
扇贝 239
舌形核螺 115
蛇螺 48
蛇目宝贝 72
蛇首货贝 68
蛇首螺 112
射肋珠母贝 246
射线蛤蜊 224
深缝鹑螺 78
深沟东风螺 158
深沟衲螺 171
深闺芋螺 184
神眼眼球贝 67
圣螺 154
狮爪扇贝 242
石鳖 207
似鲍红螺 142
侍女螺 181

绶贝 71
鼠宝贝 71
竖琴螺 159
双带蛤 230
双线紫蛤 226
水晶凤螺 58
水字螺 60
四角细肋螺 125
笋螺 195
梭螺 73
索氏纺锤螺 130
索氏蛇首螺 112

T

塔滨螺 52
塔螺 193
太平洋盔螺 122
太阳衣笠螺 65
唐冠螺 85
堂皇芋螺 186
梯螺 103
鹈足螺 64
天使之翼海笋 216
条纹缘螺 170
铁斑凤螺 57
同心蛤 223
筒蛎和棒蛎 215
头足纲 248
图纹宝贝 72
土产螺 111
土发螺 96
驼背尖柯螺 180
驼背山黛豆螺 127
鸵足螺 64

W

蛙螺 96
王冠管骨螺 146
网格织纹螺 120
网纹笔螺 175
网纹衲螺 171
望远镜螺 49
温氏肩棘螺 150
翁戎螺 34
涡螺 162
乌黑假柯螺 182
无敌芋螺 188
芜菁螺 149
五彩游螺 146

X

西澳冠螺 83
西非肌樱蛤 227
西非竖琴螺 160

西印度盔螺 122
西印度石鳖 207
吸血菖蒲螺 157
希伯来涡螺 163
希伯来玉螺 75
希伯来芋螺 188
习见赤蛙螺 100
习见锉蛤 244
细斑蛾螺 109
细带螺 126
细雕叶状骨螺 137
细肋螺 125
细纹管蛾螺 108
香螺 107
向日葵星螺 44
象牙角贝 205
象牙芋螺 184
橡子织纹螺 119
小狐菖蒲螺 157
小球海豚螺 45
小塔螺 200
楔形斧蛤 225
斜纹鸟蛤 220
蟹守螺 50
心蛤 212
心鸟蛤 221
新三角螺 234
星斑玉螺 76
星螺 43
雄鸡凤螺 54
袖扣凸梭螺 73
旋乌贼 249
靴螺 66
血斑蛙螺 98
血齿蚶螺 46
血红紫蛤 226
勋章芋螺 192

Y

压缩扭螺 95
压缩织纹螺 120
鸭嘴蛤 215
岩螺 140
眼斑白带鸽螺 129
阳刚芋螺 191
钥孔 32
叶蚶 236
叶樱蛤 229
夜光蝾螺 40
伊氏类鸠螺 156
衣笠螺 65
贻贝 244
异纹满月蛤 218
异足类 102
翼嵌线螺 89

银口蝾螺 41
印度乐飞螺 193
印度泡织纹螺 116
印度圣螺 154
英俊蛾螺 105
樱蛤 227
鹦鹉螺 248
优美蚶蜊 237
优美核螺 113
优美衲螺 172
优美涡螺 163
优美长鼻螺 62
疣织纹螺 119
渔夫衲螺 171
玉螺 75
芋螺 183
郁金香细带螺 126
圆角纺锤螺 131
缘螺 168
猿头蛤 234
云斑缘螺 170

Z

杂色牙螺 114
赞氏银杏螺 139
枣红眼球贝 67
爪哇拟塔螺 193
鹬鸽篮螺 143
鹬鸽鹑螺 80
珍笛螺 62
珍珠贝与珠母贝 246
真玉螺 77
织锦芋螺 185
织纹螺 117
蜘蛛螺 59
指形海笋 216
智利玉带石鳖 208
雉螺 39
中国土发螺 97
中美海菊蛤 243
中美瘤鸽螺 128
肿胀织纹螺 117
朱红帽贝 30
侏儒冠螺 84
珠带拟蟹守螺 50
锥螺 47
锥笋螺 195
桌形香螺 107
紫唇拟棘螺 134
紫带笔螺 175
紫端蚪蚪螺 91
紫花芋螺 189
紫口珊瑚螺 148
紫罗兰蜘蛛螺 60
紫色小柯螺 180

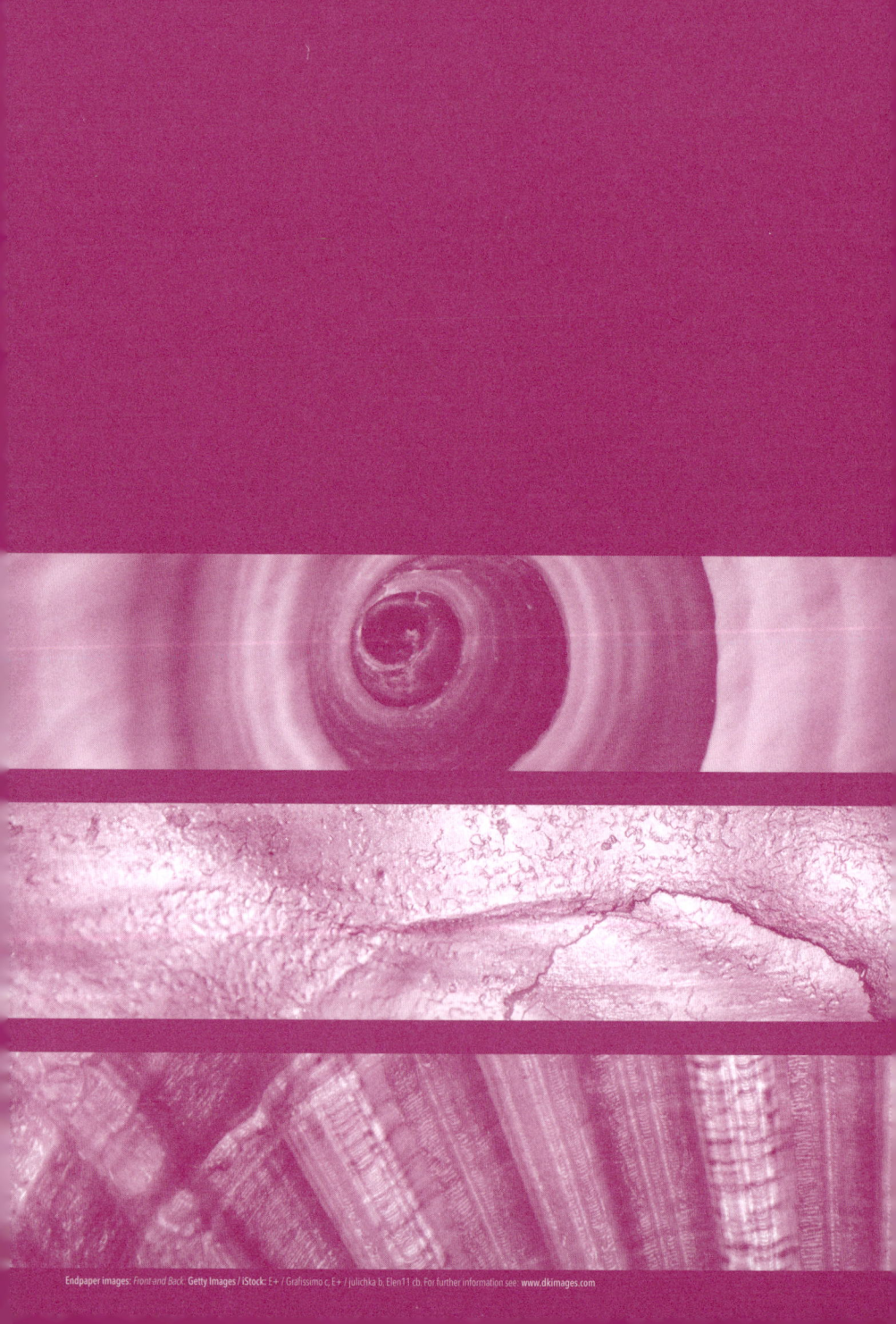

Endpaper images: *Front and Back:* **Getty Images** / **iStock:** E+ / Grafissimo c, E+ / julichka b, Elen11 cb. For further information see: www.dkimages.com